U0150803

王宇韬　吴子湛◎编著

零基础学

Python

网络爬虫案例实战

全流程详解｜入门与提高篇｜

机械工业出版社
China Machine Press

图书在版编目（CIP）数据

零基础学 Python 网络爬虫案例实战全流程详解：入门与提高篇 / 王宇韬，吴子湛编著 . — 北京：机械工业出版社，2021.6（2023.1 重印）

ISBN 978-7-111-68368-1

Ⅰ . ①零… Ⅱ . ①王… ②吴… Ⅲ . ①软件工具 – 程序设计 Ⅳ . ① TP311.561

中国版本图书馆 CIP 数据核字（2021）第 103775 号

　　网络爬虫是当今获取数据不可或缺的重要手段。本书讲解了 Python 爬虫的基础知识和必备技能，帮助零基础的读者快速入门并熟练使用爬虫。

　　全书共 8 章。第 1 章讲解 Python 开发环境的安装与配置以及 Python 的基础语法知识。第 2 章讲解如何运用 Requests 库和 Selenium 库获取网页源代码。第 3 章讲解如何运用正则表达式和 BeautifulSoup 库解析和提取数据。第 4 章深入讲解 Selenium 库在商业实战中的进阶应用。第 5 章讲解爬虫数据的处理与可视化。第 6 章讲解爬虫数据结构化神器 pandas 库，以及如何通过 Python 在 MySQL 数据库中读写数据。第 7 章讲解如何运用多线程和多进程技术提高爬虫效率。第 8 章讲解如何运用 IP 代理应对网站的反爬机制。

　　本书对于编程新手来说非常友好，从 Python 基础到爬虫原理再到实战应用，循序渐进地帮助读者打好基础。对于有一定 Python 爬虫基础的读者，本书也针对实战中常见的疑点和难点提供了解决技巧。

零基础学 Python 网络爬虫案例实战全流程详解（入门与提高篇）

出版发行：机械工业出版社（北京市西城区百万庄大街 22 号　邮政编码：100037）

责任编辑：刘立卿　　　　　　　　　　　　责任校对：庄　瑜

印　　刷：三河市宏达印刷有限公司　　　　版　　次：2023 年 1 月第 1 版第 3 次印刷

开　　本：186mm×240mm　1/16　　　　　印　　张：21.5

书　　号：ISBN 978-7-111-68368-1　　　　定　　价：99.00 元

客服电话：（010）88361066　68326294

PREFACE | 前言

笔者编写的《Python 金融大数据挖掘与分析全流程详解》于 2019 年出版面市后，陆续有不少读者表示对该书的爬虫部分非常感兴趣，想做进一步的学习。笔者由此萌生了一个想法：专门针对 Python 爬虫技术编写一套书籍，在保留之前核心内容的基础上，新增更多实战案例，方便读者在练中学，并体会 Python 爬虫在实战中的应用。

书稿编写完成后，为了更好地满足不同水平读者的需求，方便他们根据自身情况更灵活地学习，笔者决定将书稿分为两册出版：第一册为《零基础学 Python 网络爬虫案例实战全流程详解（入门与提高篇）》，主要针对编程零基础的读者；第二册为《零基础学 Python 网络爬虫案例实战全流程详解（高级进阶篇）》，主要针对有一定 Python 爬虫编程基础并且需要进阶提高的读者。

本书为《零基础学 Python 网络爬虫案例实战全流程详解（入门与提高篇）》，分 8 章讲解了 Python 爬虫的基础知识和必备技能，帮助零基础的读者快速入门并熟练使用爬虫。

第 1 章从 Python 开发环境的安装与配置讲起，循序渐进地过渡到 Python 的基础语法知识，包括变量、数据类型、语句、函数与库等，让新手读者能够自己输入简单的代码并使其运行起来。

任何爬虫任务的起点都是获取网页源代码。第 2 章讲解了 Python 爬虫中用于获取网页源代码的两个核心库——Requests 库和 Selenium 库，并简单介绍了网页结构和 HTML 标签的知识，为第 3 章学习数据的解析与提取做好铺垫。

获取网页源代码后，接着需要从中解析与提取数据。第 3 章讲解了 Python 爬虫中解析与提取数据的两种核心方法——正则表达式和 BeautifulSoup 库，并通过丰富的案例进行实战演练，包括百度新闻、证券日报网、中证网、新浪微博的数据爬取，以及上海证券交易所 PDF 文件和豆瓣电影海报图片的下载等。

讲解完 Python 爬虫的基础知识和基本技能，第 4 章进一步深入讲解爬虫神器 Selenium 库，并通过案例讲解了商业实战中常用的大量进阶爬虫技术，案例包括新浪财经股票行情数据爬取、东方财富网（股吧、新闻、研报）相关数据爬取、上海证券交易所问询函信息爬取及 PDF 文件下载、银行间拆借利率爬取、雪球股票评论信息爬取、京东商品评价信息爬取、淘宝天猫商品销量数据爬取、网页自动投票等。

第 5 章讲解爬虫数据的处理与可视化，包括数据清洗、文本内容过滤、乱码问题处理、舆情评分、中文分词、词云图绘制等，让读者可以对获取的数据进行深入的整理与挖掘。

第 6 章讲解爬虫数据结构化与数据存储。首先介绍了爬虫数据结构化神器 pandas 库，并通过多个案例进行实战演练，包括新浪财经资产负债表获取、百度新闻文本数据结构化、百度爱企查股权穿透研究、天天基金网股票型基金信息爬取、集思录可转债信息爬取、东方财富网券商研报信息爬取等。然后介绍了用于存储和管理数据的 MySQL 数据库，以及如何通过 Python 在 MySQL 数据库中读写数据。

第 7 章讲解如何运用多线程和多进程技术提高爬虫效率，重点分析了线程和进程的概念、多线程和多进程的逻辑，并通过百度新闻的多线程和多进程爬取进行实战演练。

在爬虫任务中最让人烦恼的就是遇到网站的反爬机制，因此，第 8 章讲解了应对反爬机制的常用手段——IP 代理的原理和使用方法，并以爬取微信公众号文章为例对 IP 代理进行了实战演练。

本书对于编程零基础的读者来说非常友好，从 Python 基础到爬虫原理再到实战应用，循序渐进地帮助读者打好基础。对于有一定 Python 爬虫基础的读者，本书也针对实战中常见的疑点和难点提供了解决技巧。

读者如果想进一步学习反爬机制应对、手机 App 内容爬取、爬虫框架、爬虫云服务器部署等技术，可以阅读《零基础学 Python 网络爬虫案例实战全流程详解（高级进阶篇）》。

由于笔者水平有限，本书难免有不足之处，恳请广大读者批评指正。读者可扫描封底上的二维码关注公众号获取资讯，也可通过"本书学习资源"中列出的方法与我们交流。

编　者

2021 年 5 月

本书学习资源

本书提供了丰富的配套学习资源，主要内容如下。

1．代码文件与勘误文档

用手机微信扫描封底上的二维码，关注微信公众号。进入公众号后发送关键词"爬虫基础"，即可获得学习资源说明文档的链接。该文档中以附件的形式提供了代码文件的压缩包，单击即可下载。文档中还会提供勘误文档的链接，勘误文档的主要内容是讲解最新代码，校正书中的疏漏，并解答部分读者反馈的问题。

2．在线学习网站

为方便初学者快速入门，笔者开发了一个在线学习网站 https://edu.huaxiaozhi.com/。读者可以在这个网站上免费观看 Python 基础课的教学视频，并在线编写本书第 1 章的 Python 代码（无须下载和安装 Python 相关软件）。

3．读者交流与服务

笔者的微信号：huaxz001

读者服务与答疑 QQ 群：930872583

目录│CONTENTS

第2章 爬虫第一步：获取网页源代码

第3章 爬虫第二步：数据解析与提取

第 4 章　爬虫神器 Selenium 库深度讲解

第 5 章　数据处理与可视化

第 6 章　数据结构化与数据存储

第 7 章　Python 多线程和多进程爬虫

第 8 章　IP 代理使用技巧与实战

第1章
Python 基础

工欲善其事，必先利其器。在利用 Python 完成各种精彩的爬虫项目前，我们先要学习 Python 的基础知识。基础知识看似简单，却是各种复杂代码的基石，只有把基础打扎实，在之后的进阶学习中才能游刃有余。

▌ 1.1 Python 快速上手

本节先讲解如何安装 Python 以及如何编写第一个 Python 程序，带领初学者入门，然后介绍两款常用的集成开发环境（IDE）——PyCharm 和 Jupyter Notebook。

1.1.1 安装 Python

学习 Python 的第一步是什么？自然是安装 Python 了。这里介绍一种非常方便的安装方法——Anaconda 安装法。Anaconda 是 Python 的一个发行版本，安装好了 Anaconda 就相当于安装好了 Python，并且 Anaconda 还集成了很多用于科学计算的 Python 第三方库，避免了烦琐的手动安装，大大提升了编程体验。

在搜索引擎中搜索"Anaconda 官网"，或者直接在浏览器中打开 Anaconda 的官网下载页面 https://www.anaconda.com/products/individual，单击"Download"按钮，然后根据自己的操作系统类型选择下载对应的安装包。具体的安装过程通过视频为大家进行详细介绍，用手机微信扫描右侧二维码，即可在线观看。

⚙ 补充知识点 1：Anaconda 备选下载方法

如果 Anaconda 的官方网站下载速度较慢，可以从清华大学开源软件镜像站下载，网址为 https://mirrors.tuna.tsinghua.edu.cn/anaconda/archive/。该网站的服务器位于国内，因而下载速度较快。下载时同样要注意根据自己的操作系统类型选择对应的安装包。

此外，本书的配套学习资源也包含 Anaconda 安装包，读者可按照文前给出的说明获取。笔者个人网站（https://edu.huaxiaozhi.com/）的下载专区也提供了 Anaconda 安装包下载。

补充知识点 2：免费 Python 基础在线编程网站

　　笔者在和读者交流的过程中发现，很多读者学习 Python 的第一步就被绊倒在软件安装上，从而丧失了学习的热情。因此，笔者开发了一个免费的 Python 基础在线编程网站 https://edu.huaxiaozhi.com/python，如下图所示。读者无须安装 Anaconda，直接在该网站上就可以进行 Python 基础代码的编写与学习（配套免费教学视频）。

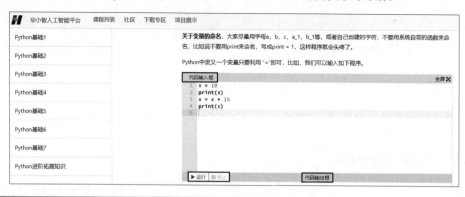

　　Anaconda 的安装有三个重要的注意事项。第一个是安装路径不要含有中文字符，建议使用默认的安装路径。第二个是安装到下图这一步时，一定要勾选第一个复选框，这样可以自动配置环境变量，免去手动配置的麻烦。

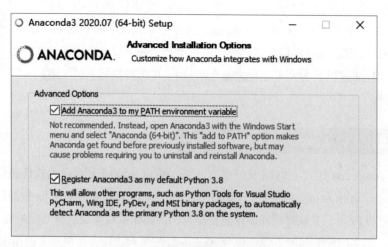

　　第三个是有些版本的 Anaconda 在安装过程中会询问是否安装 Microsoft Visual Studio

Code，如下图所示。本书不会用到这个软件，因此单击"Skip"按钮跳过即可。

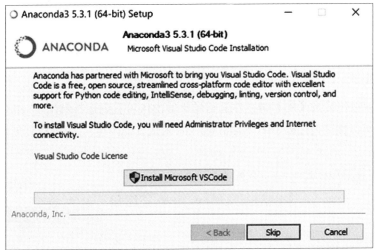

1.1.2　编写第一个 Python 程序

安装完 Python，大家是不是有点跃跃欲试了呢？下面就来编写第一个 Python 程序。虽说用任意一个文本编辑软件都可以编写代码，如 Windows 自带的"记事本"，但笔者还是建议使用专业的集成开发环境（IDE）来编写代码。IDE 将各种关于编程的功能集成在一起，能够帮助我们更方便快捷地编写、运行和调试代码。

安装 Anaconda 的同时也安装了一些不错的 IDE，如 Spyder 和 Jupyter Notebook。笔者常用的是 PyCharm 和 Jupyter Notebook，它们会分别在 1.1.3 节和 1.1.4 节详细介绍。这里先使用 Spyder 编写程序。

在"开始"菜单中找到并展开"Anaconda"文件夹，单击 Spyder 的快捷方式，启动该程序。Spyder 的界面如下图所示，左侧是代码编辑区，右侧是运行结果输出区，上方工具栏中的▶是运行代码的按钮，也可以按【F5】键运行代码。

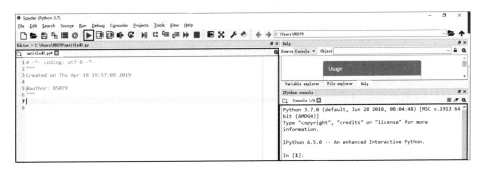

　　将输入法切换到英文模式，在左边的代码编辑区中输入如下代码：

```
1    print('hello world')
```

▌**注意**：输入代码时必须将输入法切换到英文模式。在 Python 中，单引号和双引号没有本质区别，因此，上面这行代码中的单引号也可以换成双引号。

　　然后单击▶按钮或按【F5】键，在运行结果输出区可看到运行结果"hello world"，如下图所示。读者可以试试把代码中的"hello world"改成其他内容，看看会得到怎样的运行结果。

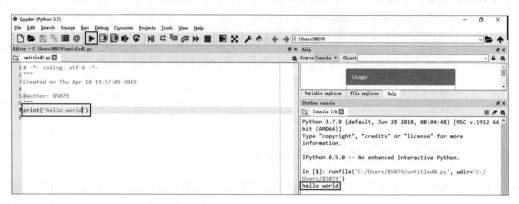

1.1.3　PyCharm 的安装与使用

　　PyCharm 界面美观，功能强大，得到众多 Python 开发者的青睐。在安装 PyCharm 之前，先要从 PyCharm 的官网下载安装包。在浏览器中打开网址 https://www.jetbrains.com/pycharm/download/，在页面中选择操作系统类型，然后根据需求下载 Professional 版（专业版）或 Community 版（社区版）。其中 Professional 版需要付费购买才能正常使用，而 Community 版则是免费的。对于本书的学习来说，下载 Community 版即可。

　　页面中默认显示的是最新版本安装包的下载链接，但是笔者建议初学者安装 2019 版 PyCharm，用起来会更流畅。2019 版 PyCharm 安装包的下载方法为：单击页面左侧的"Other versions"链接，然后在打开的页面中下载版本号以"2019"开头的安装包，如"2019.3.5 – Windows (exe)"，这里同样要注意选择下载 Community 版。

　　下载完安装包就可以开始安装了。下面以 2019.3.5 版 PyCharm 为例，详细讲解具体的安装过程以及初次使用时的要点。读者也可用手机微信扫描右侧二维码，观看在线教学视频。

第 1 步：双击 PyCharm 安装包，进入安装界面后，单击"Next"按钮，如下图所示。

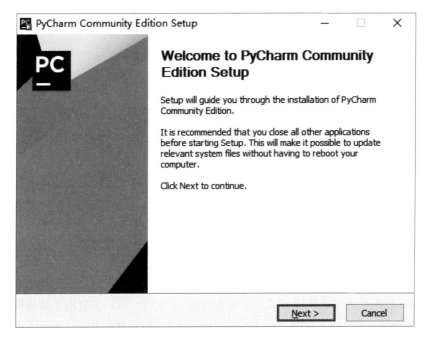

第 2 步：接下来要选择安装路径，如下图所示。可使用默认路径，也可单击"Browse"按钮选择其他路径，建议使用默认路径。选择好后单击"Next"按钮。

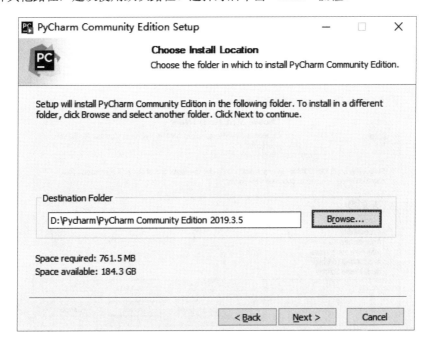

第 3 步：如下图所示，这一步要设置安装选项。

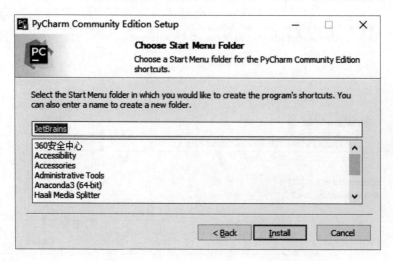

建议勾选左边的 3 个复选框，它们的含义分别解释如下：

❶创建 64 位系统的桌面快捷方式（如果系统是 32 位的，可以去官网下载支持 32 位系统的 2018 版 PyCharm，网址为 https://www.jetbrains.com/pycharm/download/other.html）。

❷在文件夹的右键快捷菜单中添加将文件夹作为 PyCharm 项目打开的命令。

❸将 PyCharm 设置为打开 Python 文件（扩展名为".py"）的默认程序。

右边的复选框表示将 PyCharm 添加到环境变量，可以不勾选。设置好安装选项后单击"Next"按钮。

第 4 步：这一步可以不用更改设置，直接单击"Install"按钮，如下图所示。

　　第 5 步：之后便开始安装，通常会有进度条显示安装进度，此时耐心等待即可。安装完毕后，❶在界面中勾选 "Run PyCharm Community Edition"（运行 PyCharm 社区版）复选框，❷然后单击 "Finish" 按钮，如下图所示。

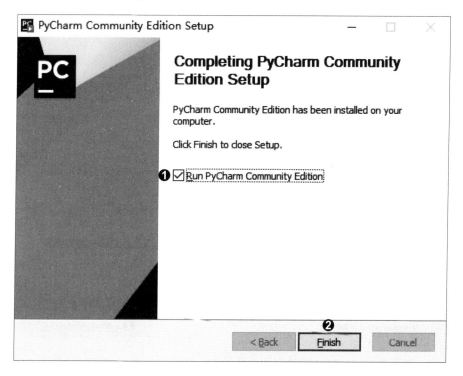

　　第 6 步：随后会弹出对话框，询问用户是否要导入之前保存的软件设置。这里因为是初次安装，所以没有设置可供导入，❶单击 "Do not import settings"（不导入设置）单选按钮，❷然后单击 "OK" 按钮，如下图所示。

第 7 步：如下图所示，这一步要选择界面主题风格，建议选择左边默认的暗色主题。这里为了在后续的步骤中更清晰地呈现软件界面，❶先选择右边的亮色主题，❷然后单击"Next: Featured plugins"按钮。

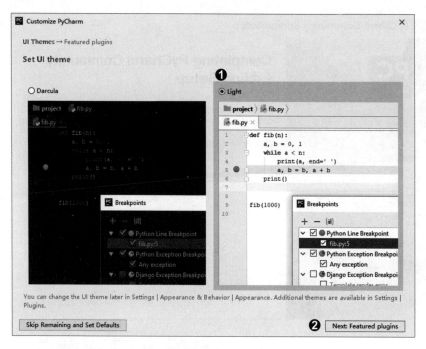

第 8 步：如下图所示，这一步是安装特色插件。这里选择不安装，直接单击"Start using PyCharm"按钮。

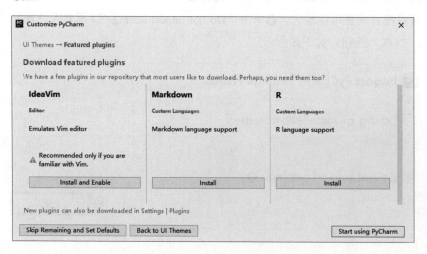

第 9 步：来到 PyCharm 的欢迎界面，可以新建或打开项目，如下图所示。这里要新建一个项目，因此单击"Create New Project"（有些版本中为"New Project"）按钮。

第 10 步：这一步的设置很关键。❶在"Location"选项中设置保存项目的文件夹，❷然后展开"Project Interpreter"（有些版本中为"Python Interpreter"）选项组，❸单击"Existing interpreter"单选按钮，❹再单击"Interpreter"选项右边的 ▦ 按钮，如下图所示。

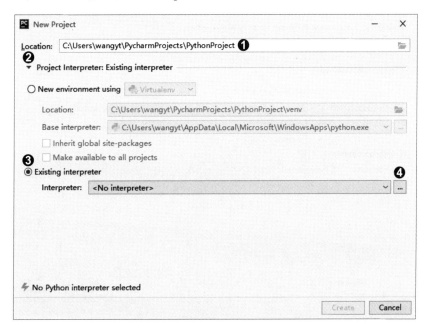

❶在弹出的对话框中单击左侧的"System Interpreter"选项，❷可在右侧看到"Interpreter"被设置成 Anaconda 中的 python.exe，❸然后单击"OK"按钮，如下图所示。

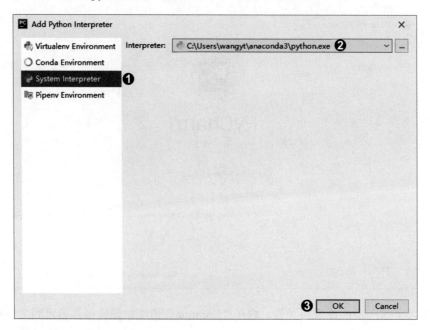

返回如下图所示的界面，单击"Create"按钮。

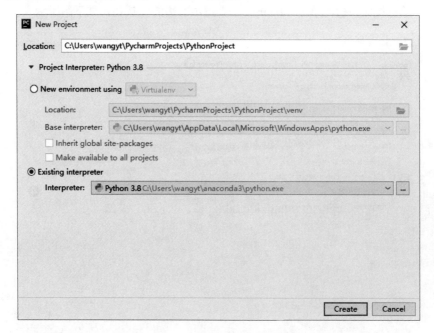

第 11 步：随后会打开 PyCharm 的窗口。❶关闭技巧提示对话框，❷然后等待界面底部的 Index 缓冲完毕，如下图所示。Index 缓冲过程其实是在配置 Python 的运行环境，这也是第一次安装 PyCharm 时一个比较让人头疼的地方，因为必须等到 Index 缓冲完毕才能顺畅地执行后续操作。第一次运行 PyCharm 时 Index 缓冲的时间较长，以后就好多了。

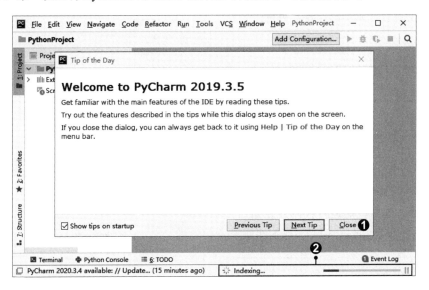

第 12 步：Index 缓冲完毕后，就可以创建 Python 文件了。❶右击第 10 步创建的项目文件夹，❷在弹出的快捷菜单中执行"New>Python File"命令，如下图所示。

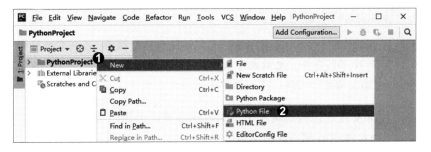

在弹出的对话框中输入 Python 文件的文件名，如"hello world"，如右图所示，然后按【Enter】键。

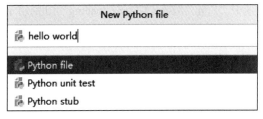

之后如果要新建项目，可以执行"File>New Project"菜单命令，如右图所示。然后重复第 10 步的操作，注意将"Project Interpreter"设置为"Existing interpreter"。或者把"hello world.py"文件复制到新的位置，再重命名。

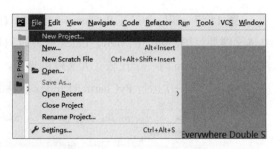

第 13 步：将输入法切换到英文模式，在代码编辑区输入"print('hello world')"，如右图所示。其中的单引号可以换成双引号，但一定要在英文模式下输入。

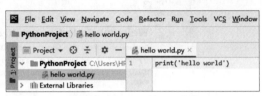

输入完毕后，❶右击文件标签，❷在弹出的快捷菜单中选择"Run 'hello world'"命令，如右图所示。这样就能运行代码并在窗口下方看到运行结果"hello world"，如下图所示。

注意：要等到 Index 缓冲结束、运行环境配置完毕才能运行代码，否则右键快捷菜单中不会显示"Run 'hello world'"命令。之后也可通过单击窗口右上角的 hello world ▶ 按钮或按快捷键【Ctrl＋Shift＋F10】来运行代码。建议初学者使用右击文件标签的方式，这样不容易出错。

第 14 步：如果要设置代码编辑区文本的显示格式，可执行"File>Settings"菜单命令，如下左图所示。❶在弹出的对话框中展开"Editor>Font"选项组，❷在右侧即可设置格式，其中"Font""Size""Line spacing"分别用于设置字体、字号、行距，如下右图所示。

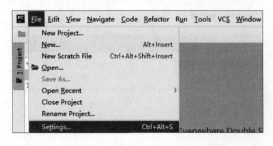

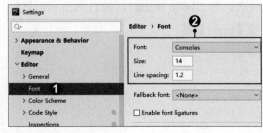

🔧 **补充知识点：PyCharm 使用中的常见问题**

问题 1：为什么第一次打开 PyCharm 要等待很久才能进行下一步操作？

回答 1：第一次打开 PyCharm 时会进行 Index 缓冲，特别是第一次安装时，Index 缓冲的时间较长。耐心等待 Index 缓冲完毕，再进行后续操作就没有问题了。

问题 2：为什么重新打开 PyCharm 时会显示 "No Python interpreter configured for the project"（没有为项目配置 Python 解释器）？如下图所示。

回答 2：可以将 Python 解释器简单地理解为 Python 的运行环境。每次重新打开 PyCharm 时，它都会默认建立一个新的项目（project），Python 文件是属于这个项目的。如果这个项目没有配置运行环境，那么项目中的 Python 文件就无法运行。解决方法分 "治标" 和 "治本" 两种：前者是为当前项目配置运行环境，后者则是为所有新项目配置一个默认使用的运行环境。

先介绍 "治标" 的方法。单击上图右侧的 "Configure Python interpreter"（配置 Python 解释器，即配置运行环境），或者执行 "File>Settings" 菜单命令，进入设置 Project Interpreter 的界面，如下图所示。可以看到 "Project Interpreter" 列表框中显示的是 "No interpreter"，说明默认的运行环境为空（2020 版的界面会稍有不同，但核心都是找到 "Project Interpreter" 选项）。❶单击右侧的 ⚙ 按钮，❷在弹出的菜单中选择 "Show All" 命令。

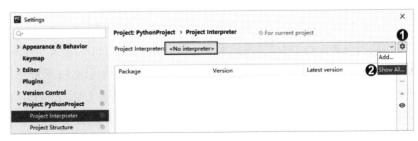

在弹出的对话框中选择下图所示的运行环境即可。

　　再介绍"治本"的方法。执行"File>Other Settings>Settings for New Projects"菜单命令（在有些旧版本中为"Default Settings"命令），如下图所示。

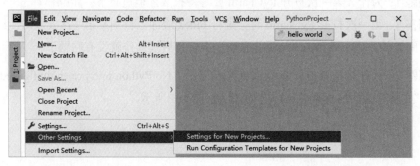

　　在弹出的对话框中进入设置"Project Interpreter"选项的界面，然后用和"治标"的方法相同的操作选择已有的 Python 解释器，单击右下角的"Apply"按钮，再单击"OK"按钮退出即可。这样就设置好了一个默认的运行环境，以后打开 PyCharm 时就再也不用配置运行环境了。

　　问题 3：为什么用 2020 版 PyCharm 打开 Python 文件之后不能运行呢？

　　回答 3：2020 版 PyCharm 增加了一个"轻文本"模式，在此模式下打开一个新的 Python 文件后，只能查看代码内容，界面中没有运行按钮，右键快捷菜单中也没有"Run"命令，因而无法运行代码。要退出"轻文本"模式，可右击界面，在弹出的快捷菜单中选择"Open File in Project"（在项目中打开文件）命令。这个问题读者简单了解即可，不想使用"轻文本"模式的读者可以安装 2019 版 PyCharm。

　　问题 4：为什么有时代码下方会出现红色或黄色的波浪线呢？

　　回答 4：PyCharm 会自动用红色波浪线标出有语法错误的代码，用黄色波浪线标出书写格式不规范的代码。把鼠标指针放在波浪线上会显示对应的提示信息。

　　对于有语法错误的代码，可以参考提示信息改正错误。对于书写格式不规范的代码，可以不做处理，因为并不会影响运行结果。不过为了提高代码的可读性，最好还是进行规范化处理。方法也很简单，只要单击黄色波浪线，然后按快捷键【Alt+Enter】，在弹出的菜单中单击"Reformat file"命令，PyCharm 就会对代码的书写格式自动进行规范化处理。

　　如果代码没有语法错误，格式也符合规范，代码编辑区右上角会显示绿色 ☑ 图标。

　　常见的代码书写格式规范有：定义函数的代码段前后要留两个空行；运算符前后一般要有空格，但是函数括号内参数的赋值运算符前后则没有空格，如 color='red'。读者可以在用 PyCharm 编写代码的过程中慢慢体会这些规范，也可以通过阅读本书配套学习资源中的源代码来学习。

1.1.4　Jupyter Notebook 的使用

Jupyter Notebook 是 Anaconda 自带的一款优秀的 IDE，非常适合 Python 初学者使用，它有如下特点：

- 可以非常方便地将代码分区块运行；
- 可以自动保存运行结果，不需要在之后重复运行代码；
- 可以直接在单个区块中输入变量名来打印输出数据，非常便于调试代码。

笔者常在 Jupyter Notebook 中进行代码的学习、调试与整理，最终在 PyCharm 中运行完整的项目。初次接触 Jupyter Notebook 时，会感觉其启动方式和打开文件的方式与 PyCharm 相比稍显麻烦，不过其启动速度非常快，熟悉之后就能方便地使用。下面就来讲解 Jupyter Notebook 的基本操作，供感兴趣的读者参考。如果读者想快速进入 Python 语法知识的学习，可以跳过本节，阅读 1.2 节。

1．启动 Jupyter Notebook

Jupyter Notebook 的启动方式有两种，下面分别介绍。

（1）在 C 盘环境下启动

单击桌面左下角的"开始"按钮，在弹出的"开始"菜单中展开"Anaconda"文件夹，单击"Jupyter Notebook"，如右图所示。

随后会弹出 Jupyter Notebook 的管理窗口（一个命令行窗口），如下图所示。正常情况下不会用到这个管理窗口，但是不可以关闭它，否则 Jupyter Notebook 会无法启动。

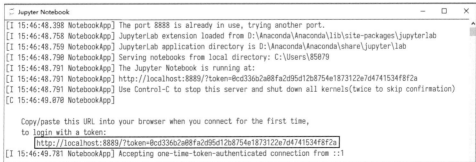

　　等待一段时间后，会在默认浏览器中打开 Jupyter Notebook 界面。此时的浏览器只是一个工具载体，不需要连网就能使用。如果浏览器中没有自动打开 Jupyter Notebook 界面，也可以把上图中框出的那一行链接复制、粘贴到浏览器的地址栏中打开。

　　Jupyter Notebook 的初始界面如下图所示。可以看到界面中显示的是 C 盘中的一些文件和文件夹，我们可以在其中的任意一个文件夹下创建 Python 文件（方法将在后面讲解）。其中的"Desktop"文件夹即桌面文件夹。

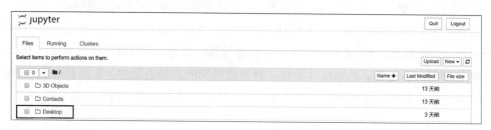

> **注意**：在使用 Jupyter Notebook 的过程中同样不能关闭它的管理窗口，否则浏览器中的 Jupyter Notebook 会显示连接断开。

（2）在指定文件夹下启动

　　以上面介绍的方式启动 Jupyter Notebook 时，界面中默认显示的是 C 盘中的文件和文件夹。如果用 Jupyter Notebook 创建的 Python 文件存储在其他磁盘中，例如，在 E 盘的"机器学习演示"文件夹中有一些用 Jupyter Notebook 创建的 Python 文件（扩展名为".ipynb"），如右图所示，该如何打开呢？

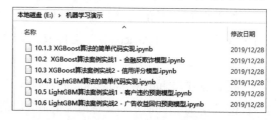

　　一种方法是将这些文件复制到桌面的某个文件夹中，然后用上面介绍的方式启动 Jupyter Notebook，就能在界面中默认显示的 C 盘下的"Desktop"文件夹中找到并打开这些文件。

　　如果不想在桌面上放太多文件，也可在指定文件夹下启动 Jupyter Notebook。以 Windows 为例，在资源管理器中进入目标文件夹，然后在路径框内输入"cmd"并按【Enter】键，如右图所示。或者按住【Shift】键在文件夹中右击，在弹出的快捷菜单中选择"在此处打开 Powershell 窗口"命令。

> **注意**：以上在命令行窗口中进入指定文件夹的操作适用于 Windows。如果读者使用的是 macOS，可用关键词"Mac 如何在文件夹中打开终端"在搜索引擎中搜索对应的操作。

在弹出的命令行窗口中输入"jupyter notebook"，按【Enter】键，如下图所示。

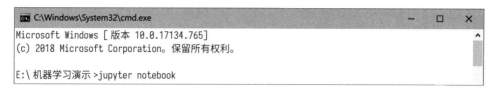

然后便能在默认浏览器中看到如下图所示的界面，单击所需的 Python 文件即可将其打开。

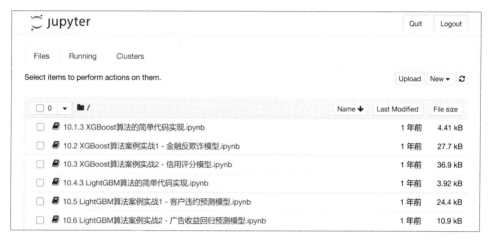

例如，我们打开上图中的第 2 个文件，效果如下图所示。

技巧：Jupyter Notebook 本质上是浏览器中显示的一个网页，如果觉得界面的字体较小，可以按住【Ctrl】键后滚动鼠标滚轮来缩放界面的显示比例。

2．创建 Python 文件

如右图所示，单击 Jupyter Notebook 界面右上角的"New"按钮，在展开的列表中选择"Python 3"选项，就能创建 Python 文件（如果需要创建新文件夹，则选择"Folder"选项）。

选择"Python 3"选项后会打开如下图所示的界面，单击标题栏中的"Untitled"可重命名文件。

> **注意**：常规的 Python 文件扩展名为".py"，而在 Jupyter Notebook 中创建和打开的 Python 文件扩展名为".ipynb"。

3．代码的编写与运行

如下图所示，在区块中可编写代码，编写代码时区块边框显示为绿色。编写完毕后，按快捷键【Ctrl+Enter】或单击菜单栏下方工具栏中的"运行"按钮，即可运行当前区块的代码。

前面讲过，Jupyter Notebook 的一个优点是可以分区块运行代码，那么如何新增一个代码区块呢？如下图所示：第 1 种方法是单击工具栏中的⊞按钮，在当前区块下方新增一个区块；第 2 种方法则是单击当前区块左边框（此时左边框会变成蓝色），然后按【b】键在当前区块下方新增一个区块（或者按【a】键在当前区块上方新增一个区块）。

Jupyter Notebook 的另一个优点就是不需要使用 print() 函数，直接输入变量名就能快速打印输出内容，如下图所示。

对于某些类型的数据，如第 6 章将要讲到的 DataFrame 表格类型数据，直接输入变量名打印输出的效果比使用 print() 函数打印输出的效果更好。

4．菜单栏的使用

Jupyter Notebook 的菜单栏如下图所示。通常情况下不会经常使用菜单栏，不过其中有些菜单命令还是需要了解的。

"File"菜单主要用于打开和存储文件。其中的"Download as"命令可把 Jupyter Notebook 创建的扩展名为".ipynb"的 Python 文件另存为扩展名为".py"的常规 Python 文件。

"Edit"菜单主要用于编辑区块，如剪切、复制、删除区块等。

"Insert"菜单用于插入区块，这类操作一般用接下来要讲的快捷键完成。

"Cell"菜单主要用于运行代码区块。

"Kernel"菜单主要用于中断或重启程序。

"Help"菜单中的"Keyboard Shortcuts"命令可以显示快捷键。

下面着重讲解"Cell"和"Kernel"菜单。"Cell"菜单中的一些常用命令如下左图所示，通过这些命令可以快捷地运行多个代码区块。"Kernel"菜单中的一些常用命令如下右图所示。有时在 Jupyter Notebook 中运行程序后会因为某些问题（如代码陷入死循环）一直卡着不动，如果用工具栏中的"中断服务"按钮或"Kernel"菜单中的"Interrupt"命令无法终止程序，则可以通过"Kernel"菜单中的"Restart"命令重启系统来快速终止程序。

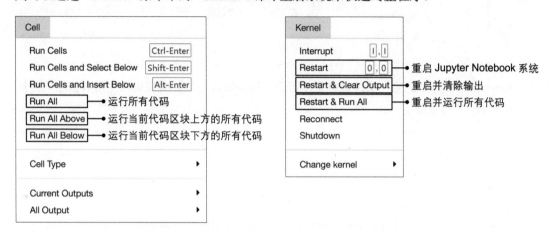

5．工具栏的使用

在 Jupyter Notebook 的菜单栏下方有一个工具栏，其中集成了一些快捷按钮，如下图所示。

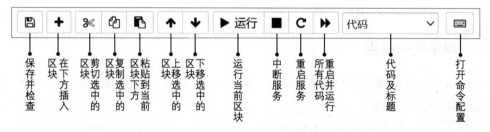

其中，如果用■按钮无法中断，则建议用 C 按钮重启系统（相当于执行"Kernel>Restart"菜单命令）。

这里单独讲解一下"代码及标题"下拉列表框，它可以设置区块的格式为代码（Code）、标题（Heading）或标记（Markdown，一种标记语言，用于创建类似笔记或注释的内容，感兴趣的读者可以自行搜索 Markdown 的知识），如下图所示。通过"代码及标题"下拉列表框可以在代码里设置标题和标记，使代码更便于阅读和理解。设置后要按快捷键【Ctrl+Enter】运行该区块才能让设置生效。

6.　常用快捷键

在实际操作中，相对于菜单和工具栏而言，快捷键的使用频率更高。下表列出了 Jupyter Notebook 的常用快捷键。

快捷键	作用	快捷键	作用
【Shift+L】	切换代码行号的显示 / 隐藏	连按两次【d】	删除当前区块
【Ctrl+Enter】	运行当前区块代码	【c】/【x】/【v】	复制 / 剪切 / 粘贴区块
【Shift+Enter】	运行当前区块并转到下一区块	【f】	查找并替换区块内容
【a】	在当前区块上方新增一个区块	【m】	设置为标记（Markdown）格式
【b】	在当前区块下方新增一个区块	【y】	设置为代码（Code）格式

注意:【a】、【b】、连按两次【d】等快捷键需在选中区块的情况下使用才有效。区块被选中的标志是其左侧边框颜色为蓝色，如下图所示。

1.2 Python 语法基础知识

安装完 Python 之后，下面来学习 Python 的语法基础知识。这些知识是后面具体项目实战的基石，大家需要好好掌握。

1.2.1 变量、行、缩进与注释

代码文件　1.2.1 变量、行、缩进与注释.py

本节主要讲解变量、行、缩进与注释等基础知识。注意输入代码时一定要切换到英文模式。

1. 变量

变量是程序代码不可缺少的要素之一。简单来说，变量是一个代号，它代表的是一个数据。初中数学学过的一次函数 $y = x + 1$，其中的 x 和 y 就是变量（分别称为自变量和因变量）。

在 Python 中，定义一个变量的操作分为两步：首先为变量起一个名字，称为变量的命名；然后为变量指定其所代表的数据，称为变量的赋值。这两个步骤在同一行代码中完成。

变量的命名要遵循如下规则：

●变量名可以由任意数量的字母、数字、下划线组合而成，但是必须以字母或下划线开头，不能以数字开头。建议以英文字母开头，如 a、b、c、a_1、b_1 等。

●不要用 Python 的保留字或内置函数来命名变量。例如，不要用 import 或 print 来命名变量，因为前者是 Python 的保留字，后者是 Python 的内置函数，它们都有特殊的含义。

●变量名对英文字母区分大小写。例如，D 和 d 是两个不同的变量。

●变量名最好有一定的意义，能直观地描述变量所代表的数据内容。例如，用变量 title 代表标题数据，用变量 score 代表评分数据，等等。

变量的赋值用等号"="来完成，"="的左边是一个变量，右边是该变量所代表的数据。Python 有多种数据类型（将在 1.2.2 节和 1.2.3 节讲解），但在定义变量时并不需要指明变量的数据类型，在变量赋值的过程中，Python 会自动根据所赋的值来确定变量的数据类型。

定义变量的演示代码如下：

```
1   x = 10
2   print(x)
3   y = x + 15
4   print(y)
```

上述代码中的 x 和 y 就是变量。第 1 行代码表示将 10 赋给变量 x；第 2 行代码表示输出变量 x 的值；第 3 行代码表示将 x 的值加上 15 后赋给变量 y；第 4 行代码表示输出变量 y 的值。

运行上述代码，结果如下：

```
1   10
2   25
```

> **补充知识点：print() 函数**
>
> print() 函数用于打印输出内容，以后会经常用这个函数来输出运行结果。print() 函数的括号中可以用逗号分隔要同时输出的多项内容，输出后这些内容会显示在同一行，并以空格分隔。例如，print(' 华小智 ', 123)，可以在一行中同时输出字符串和数字。

技巧：在 PyCharm 中，输入 print 后按【Tab】键，会自动补全 print 后的括号。

2．行

在 Python 中，代码是一行一行输入的，输入完一行后按【Enter】键即可换行。

3．缩进

缩进是 Python 中非常重要的一个知识点，它类似于 Word 的首行缩进。缩进的快捷键是【Tab】键，在 if、for、while 等语句中都会用到缩进。先来看下面的代码：

```
1   x = 10
2   if x > 0:
3       print('正数')
4   else:
5       print('负数')
```

第 2 ～ 5 行代码是之后会讲到的 if 条件语句。if 的意思是"如果"，将上述代码翻译成中文就是：

```
1   让 x 等于 10
```

```
2    如果 x 大于 0：
3        打印输出 '正数'
4    否则：
5        打印输出 '负数'
```

在输入第 3 行和第 5 行代码之前必须按【Tab】键来缩进，否则运行程序时会报错。

技巧：在 PyCharm 中，可以按快捷键【Shift+Tab】来减小缩进量。如果要同时对多行代码调整缩进量，可以选中多行代码，再通过按【Tab】键统一增加缩进量，或按快捷键【Shift+Tab】统一减小缩进量。

4．注释

注释也叫批注，大多起提示作用，运行程序时会直接跳过注释。在 Python 中，注释有单行和多行两种类型。"#"用于创建单行注释；成对出现的""""（3 个单引号）既可用于创建单行注释，又可用于创建多行注释。演示代码如下：

```
1    # 这之后是注释内容
2    '''这里面是注释内容'''
3    '''
4    第1行注释内容
5    第2行注释内容
6    第3行注释内容
7    '''
```

技巧：在 PyCharm 中，添加注释的快捷键是【Ctrl+/】；在 Spyder 中，添加注释的快捷键是【Ctrl+1】。

1.2.2　数据类型：数字与字符串

代码文件　1.2.2 数据类型：数字与字符串.py

Python 中有 6 种基本数据类型：数字、字符串、列表、字典、元组、集合。其中前 4 种数据类型用得相对较多，本节先介绍数字和字符串。

数字和字符串的核心知识点是需要知道 1 和 '1' 是两种不同的数据类型。前者是一个数字，可以参与加减乘除等数学运算；而后者是一个字符串，也就是常说的文本内容。字符串的最大特点就是在它的两旁有单引号或双引号，演示代码如下：

```
1    a = '我是一个字符串'
```

不同类型的数据是不能相互运算的。例如，如下所示的代码在运行时会报错：unsupported operand type(s) for +: 'int' and 'str'（不同类型的数据无法直接运算）。

```
1    a = 1 + '1'
2    print(a)
```

> **补充知识点：如何查看和转换变量的类型**
>
> 用 type() 函数可以显示变量的类型，演示代码如下：
>
> ```
> 1    a = 1
> 2    print(type(a))
> 3    b = '1'
> 4    print(type(b))
> ```
>
> 运行结果如下，说明变量 a 是 int 格式（整数），变量 b 是 str 格式（字符串）。数字类型除了 int 格式（整数）外，还有 float 格式（浮点数，即小数）。
>
> ```
> 1    <class 'int'>
> 2    <class 'str'>
> ```
>
> 使用 str() 函数可以把数字转换成字符串，演示代码如下：
>
> ```
> 1    a = 1
> 2    b = str(a)    # 将数字转换成字符串，并赋给变量b
> 3    c = b + '1'
> 4    print(c)
> ```
>
> 上述代码的运行结果如下，可以看到实现了字符串拼接的效果。
>
> ```
> 1    11
> ```

使用 int() 函数可以把文本内容为标准整数的字符串转换成整数，演示代码如下：

```
1    a = '1'
2    b = int(a)
3    c = b + 1
4    print(c)
```

上述代码的运行结果如下：

```
1    2
```

1.2.3　数据类型：列表与字典、元组与集合

代码文件　1.2.3 数据类型：列表与字典、元组与集合.py

列表（list）、字典（dictionary）、元组（tuple）、集合（set）都是用来存储多个数据的容器。列表和字典较为常用，本节将做详细介绍。元组和集合用得较少，本节只做简单介绍，供感兴趣的读者参考。

1. 列表

（1）列表入门

列表就像一个容器，可以存储多个不同的数据并进行调用。定义列表的语法格式为：

列表名 = [元素1, 元素2, 元素3 ……]

例如，假设一个班级里有 5 名学生，需要用一个容器把他们的姓名存储在一起，就可以定义一个如下所示的列表：

```
1    class1 = ['丁一', '王二', '张三', '李四', '赵五']
```

列表中的元素可以是字符串，也可以是数字，甚至可以是另外一个列表。例如，下面这个列表就含有 3 种元素：数字 1、字符串 '123'、列表 [1, 2, 3]。

```
1    a = [1, '123', [1, 2, 3]]
```

利用 for 循环语句可以遍历列表中的所有元素，演示代码如下：

```
1   class1 = ['丁一', '王二', '张三', '李四', '赵五']
2   for i in class1:
3       print(i)
```

运行结果如下：

```
1   丁一
2   王二
3   张三
4   李四
5   赵五
```

（2）统计列表的元素个数

有时需要统计列表的元素个数（又叫列表的长度），可以使用 len() 函数，语法格式如下：

len(列表名)

len() 函数的演示代码如下：

```
1   a = len(class1)
2   print(a)
```

前面定义的列表 class1 有 5 个元素，所以上述代码的运行结果如下：

```
1   5
```

（3）提取列表的单个元素

通过在列表名之后加上"[序号]"来提取单个元素，演示代码如下：

```
1   a = class1[1]
2   print(a)
```

上述代码的运行结果如下：

```
1   王二
```

有些读者可能会有疑问：为什么 class1[1] 提取的不是 ' 丁一 ' 呢？因为在 Python 中序号都是从 0 开始的，所以 class1[1] 提取的是 ' 王二 ' 而非 ' 丁一 '，而 class1[0] 才能提取 ' 丁一 '。如果想提取第 5 个元素 ' 赵五 '，其序号是 4，则相应的代码是 class1[4]。

（4）列表切片

如果想提取列表的多个元素，如提取 class1 的第 2 ～ 4 个元素，就要用到"列表切片"的方法。列表切片的基本语法格式为：

列表名[序号1:序号2]

其中序号 1 的元素可以取到，序号 2 的元素则取不到，俗称"左闭右开"。

如果要提取 class1 的第 2～4 个元素，那么根据"左闭右开"的原则，序号 1 应为第 2 个元素的序号，序号 2 应为第 5 个元素的序号，又根据序号从 0 开始的原则，序号 1 和序号 2 分别为 1 和 4。相应代码如下：

```
1   class1 = ['丁一', '王二', '张三', '李四', '赵五']
2   a = class1[1:4]
3   print(a)
```

上述代码的运行结果如下：

```
1   ['王二', '张三', '李四']
```

当不确定元素的序号时，可以采用只写一个序号的方式，演示代码如下：

```
1   class1 = ['丁一', '王二', '张三', '李四', '赵五']
2   a = class1[1:]    # 提取第2个元素到最后一个元素
3   b = class1[-3:]    # 提取倒数第3个元素到最后一个元素
4   c = class1[:-2]    # 提取倒数第2个元素前的所有元素（因为"左闭右开"，所以不包含倒数第2个元素）
```

如果将 a、b、c 打印输出，结果如下：

```
1   ['王二', '张三', '李四', '赵五']
2   ['张三', '李四', '赵五']
3   ['丁一', '王二', '张三']
```

（5）添加列表元素

使用 append() 函数可以给列表添加元素，演示代码如下：

```
1    score = []   # 创建一个空列表
2    score.append(80)   # 使用append()函数给列表添加元素
3    print(score)
```

上述代码的运行结果如下：

```
1    [80]
```

这个操作在实战中会经常用到。例如，在之后章节的数据评分中，因为并不清楚有多少个数据，就可以用 append() 函数把这些数据逐个添加到列表中。

（6）列表与字符串的相互转换

列表与字符串的相互转换在文本筛选中有很大的作用，后面会详细介绍，这里先做个大致的了解。

将列表转换成字符串的语法格式如下：

'连接符'.join(列表名)

其中，引号（单引号、双引号皆可）中的内容是列表元素之间的连接符，如 ","";" 等。例如，将列表 class1 转换成用逗号连接的字符串的代码如下：

```
1    class1 = ['丁一', '王二', '张三', '李四', '赵五']
2    a = ','.join(class1)
3    print(a)
```

上述代码的运行结果如下：

```
1    丁一,王二,张三,李四,赵五
```

如果把逗号换成空格，那么输出的就是"丁一 王二 张三 李四 赵五"。

将字符串转换成列表主要使用的是 split() 函数，其基本语法格式如下：

字符串.split('分隔符')

演示代码如下：

```
1  a = "hi hello world"
2  print(a.split(" "))  # 以空格作为分隔符
```

上述代码的运行结果如下：

```
1  ['hi', 'hello', 'world']
```

2. 字典

假设 class1 中的每个学生都有一个分数，想把他们的姓名和分数一一匹配到一起，那么就需要用字典来存储数据了。定义字典的基本语法格式如下：

字典名 = {键1: 值1, 键2: 值2, 键3: 值3 ……}

可以看出，字典的每个元素都由两部分组成（而列表的每个元素只有一部分），前一部分称为键（key），后一部分称为值（value），中间用冒号分隔。

键相当于钥匙，值相当于锁，一把钥匙对应一把锁。那么对于 class1 来说，一个姓名对应一个分数，相应的字典写法如下：

```
1  class1 = {'丁一': 85, '王二': 95, '张三': 75, '李四': 65, '赵五': 55}
```

提取字典中某个元素的值的语法格式如下：

字典名['键名']

例如，提取 '王二' 的分数的代码如下：

```
1  score = class1['王二']
2  print(score)
```

上述代码的运行结果如下：

```
1  95
```

利用 for 循环语句同样可以遍历字典中的所有元素。例如，输出字典 class1 中每个学生的姓名和分数的代码如下：

```
1  class1 = {'丁一': 85, '王二': 95, '张三': 75, '李四': 65, '赵五': 55}
2  for i in class1:
3      print(i + ': ' + str(class1[i]))
```

第 2 行代码中的 i 代表字典里的键，也就是'丁一'、'王二'等姓名。第 3 行代码中的 class1[i] 则是在用键提取值，即用姓名提取对应的分数。因为分数为数字格式，在进行字符串拼接时需要先用 str() 函数进行转换。运行结果如下：

```
1  丁一: 85
2  王二: 95
3  张三: 75
4  李四: 65
5  赵五: 55
```

另一种遍历字典的方法是使用字典的 items() 函数，演示代码如下：

```
1  class1 = {'丁一': 85, '王二': 95, '张三': 75, '李四': 65, '赵五': 55}
2  a = class1.items()
3  print(a)
```

上述代码的运行结果如下。可以看到，items 函数返回的是可遍历的 (键 , 值) 元组数组。

```
1  dict_items([('丁一', 85), ('王二', 95), ('张三', 75), ('李四', 65),
   ('赵五', 55)])
```

3．元组和集合

（1）元组

元组的定义和使用方法与列表非常类似，区别在于定义列表时使用的是中括号 []，而定义元组时使用的是小括号 ()，并且元组中的元素不可修改。

元组的定义和使用的演示代码如下：

```
1  a = ('丁一', '王二', '张三', '李四', '赵五')
2  print(a[1:3])
```

上述代码的运行结果如下。可以看到，元组提取元素的方法和列表是一样的。

```
1   ('王二', '张三')
```

（2）集合

集合是一个无序的不重复序列，也就是说，集合中不会有重复的元素。可使用大括号 {} 来定义集合，也可使用 set() 函数来创建集合，演示代码如下：

```
1   a = ['丁一', '丁一', '王二', '张三', '李四', '赵五']
2   print(set(a))
```

上述代码的运行结果如下。可以看到，用 set() 函数创建集合时自动删除了重复的元素。

```
1   {'丁一', '王二', '赵五', '张三', '李四'}
```

1.2.4 运算符

代码文件　1.2.4 运算符.py

运算符主要用于将数据（数字和字符串）进行运算及连接，常用的运算符见下表。

运算符	含义	运算符	含义
+	数字相加或者字符串拼接	>=	大于等于
-	数字相减	<=	小于等于
*	数字相乘	==	等于
/	数字相除	and	逻辑与
>	大于	or	逻辑或
<	小于	not	逻辑非

1.　算术运算符和字符串运算符

算术运算符主要有 "+" "-" "*" "/"，分别用于完成加、减、乘、除的数学运算。它们的用法比较简单，这里不做介绍。

字符串运算符主要有 "+"，用于拼接字符串，演示代码如下：

```
1    a = 'hello'
2    b = 'world'
3    c = a + ' ' + b
4    print(c)
```

上述代码的运行结果如下：

```
1    hello world
```

2. 比较运算符

比较运算符用于判断两个对象之间的大小关系，其运算结果为 True（真）或 False（假），常用的有 ">" "<" "=="。以 "<" 运算符为例，演示代码如下：

```
1    score = -10
2    if score < 0:
3        print('该新闻是负面新闻，录入数据库')
```

因为 -10 小于 0，所以运行结果如下：

```
1    该新闻是负面新闻，录入数据库
```

需要注意的是，不要混淆 "==" 和 "="。"=" 的作用是给变量赋值，如 a=1。而 "==" 的作用则是比较两个对象（如数字）是否相等，演示代码如下：

```
1    a = 1  # 一个等号，用于给变量赋值
2    b = 2  # 一个等号，用于给变量赋值
3    if a == b:  # 两个等号，用于比较两个对象是否相等
4        print('a和b相等')
5    else:
6        print('a和b不相等')
```

此处 a 和 b 不相等，所以运行结果为：

```
1    a和b不相等
```

3．逻辑运算符

逻辑运算符主要有 and、or、not，运算结果也为 True（真）或 False（假），具体如下：

- and：仅当其左右两侧的判断条件都为 True 时才返回 True，否则返回 False；
- or：仅当其左右两侧的判断条件都为 False 时才返回 False，否则返回 True；
- not：其右侧的判断条件为 True 时返回 False，为 False 时则返回 True。

例如，仅当新闻的分数是负数且年份是 2019 年，才把新闻录入数据库，代码如下：

```
1  score = -10
2  year = 2019
3  if (score < 0) and (year == 2019):
4      print('录入数据库')
5  else:
6      print('不录入数据库')
```

这里有两点需要注意：第一，逻辑运算符前后的两个判断条件最好加上括号，虽然有时不加也没问题，但加上是比较严谨的做法；第二，year == 2019 的逻辑判断式中是两个等号。

因为 score 小于 0 且 year 等于 2019，所以运行结果为：

```
1  录入数据库
```

如果把代码中的 and 换成 or，那么只要满足一个条件，就会输出"录入数据库"。

▌ 1.3　Python 语句

本节主要介绍条件语句、循环语句及异常处理语句。条件语句和循环语句涉及程序的底层逻辑——判断和循环，非常重要；异常处理语句则可避免程序因运行异常而中断。

1.3.1　if 条件语句

代码文件　1.3.1 if 条件语句.py

if 条件语句主要用于判断，基本的语法格式如下，注意不要遗漏冒号及代码前的缩进。如果条件满足，则执行代码 1；如果条件不满足，则执行代码 2。

```
1   if 条件：  # 注意不要遗漏冒号
2       代码1  # 注意代码前要有缩进
3   else：  # 注意不要遗漏冒号
4       代码2  # 注意代码前要有缩进
```

其实前面已经多次接触过 if 条件语句，这里再做一个简单的演示，代码如下：

```
1   score = 85
2   if score >= 60:
3       print('及格')
4   else:
5       print('不及格')
```

因为 85 大于 60，所以运行结果为"及格"。

如果有多个判断条件，可以使用 elif 语句来处理，演示代码如下：

```
1   score = 55
2   if score >= 80:
3       print('优秀')
4   elif (score >= 60) and (score < 80):
5       print('及格')
6   else:
7       print('不及格')
```

elif 其实是 elseif 的缩写，用得相对较少，了解即可。

1.3.2　for 循环语句

代码文件　1.3.2 for 循环语句.py

for 循环语句的底层逻辑是完成指定次数的循环，其基本语法格式如下，注意不要遗漏冒号及代码前的缩进。

```
1   for i in 序列：  # 注意不要遗漏冒号
2       要重复执行的代码   # 注意代码前要有缩进
```

for 循环语句的演示代码如下：

```
1   class1 = ['丁一', '王二', '张三']
2   for i in class1:
3       print(i)
```

在 for 循环语句的执行过程中，会依次取出列表 class1 中的元素赋给 i，每取一个元素就执行一次第 3 行代码，直到取完所有元素为止。这里因为列表 class1 有 3 个元素，所以第 3 行代码会被重复执行 3 次，运行结果如下：

```
1   丁一
2   王二
3   张三
```

for 后面的 i 只是一个代号，可以换成其他变量。例如，将第 2 行代码中的 i 改为 j，则第 3 行代码就要相应改为 print(j)，得到的运行结果是一样的。当然，第 3 行代码中也可以不使用 i，如 print('hahaha')，总之根据要实现的功能来编写即可。

上述代码用列表作为控制循环次数的序列，还可以用字符串、字典等来作为序列。如果序列是一个字符串，则 i 代表字符串中的字符；如果序列是一个字典，则 i 代表字典的键。

for 循环语句还常与 range() 函数结合使用。该函数可创建一个整数序列，其基本用法如下：

```
1   a = range(5)
```

range() 函数创建的序列默认从 0 开始，并且该函数具有与列表切片类似的"左闭右开"特性。因此，上述代码表示创建一个 0 ～ 4 的整数序列（即 0、1、2、3、4）并赋给变量 a。

for 循环语句与 range() 函数结合使用的演示代码如下：

```
1   for i in range(3):
2       print('第', i + 1, '次')   # 注意i是从0开始的，所以要加上1
```

上述代码的运行结果为：

```
1   第 1 次
2   第 2 次
3   第 3 次
```

1.3.3 while 循环语句

代码文件 1.3.3 while 循环语句.py

while 循环语句的底层逻辑也是循环，与 for 循环语句的区别在于，它是在指定条件成立时重复执行操作。while 循环语句的基本语法格式如下，注意不要遗漏冒号及代码前的缩进。

```
1  while 条件:  # 注意不要遗漏冒号
2      要重复执行的代码  # 注意代码前要有缩进
```

while 循环语句的演示代码如下：

```
1  a = 1
2  while a < 3:
3      print(a)
4      a = a + 1  # 也可以写成 a += 1
```

第 1 行代码令 a 的初始值为 1；第 2 行代码的 while 循环语句会判断 a 的值是否满足"小于 3"的条件，判断结果是满足，因此执行第 3 行和第 4 行代码，先输出 a 的值 1，再将 a 的值增加 1 变成 2；随后返回第 2 行代码进行判断，此时 a 的值为 2，仍然满足"小于 3"的条件，所以会再次执行第 3 行和第 4 行代码，先输出 a 的值 2，再将 a 的值增加 1 变成 3；随后再次返回第 2 行代码进行判断，此时 a 的值为 3，已不满足"小于 3"的条件了，循环终止，不再执行第 3 行和第 4 行代码。因此，上述代码的运行结果如下：

```
1  1
2  2
```

while 循环语句经常与 True 搭配使用来创建永久循环，其基本语法格式如下：

```
1  while True:
2      要重复执行的代码
```

读者可以试试输入如下代码并运行，体验一下永久循环的效果。

```
1  while True:
2      print('hahaha')
```

如果想停止 while True 的永久循环，可单击 IDE 的终止按钮。

1.3.4　try/except 异常处理语句

代码文件　1.3.4 异常处理语句.py

利用 try/except 异常处理语句可以避免因为某一步程序出错而导致整个程序终止，基本语法格式如下：

```
1   try:
2       主代码
3   except:
4       主代码出错时要执行的代码
```

try/except 异常处理语句的演示代码如下：

```
1   try:
2       print(1 + 'a')
3   except:
4       print('主代码运行失败')
```

根据已经学过的知识，第 2 行代码会报错，因为数字和字符串不能直接相加。那么使用 try/except 异常处理语句之后，try 部分的代码出错后就会跳转到 except 部分执行相应的代码，这里是第 4 行代码。因此，上述代码的运行结果为：

```
1   主代码运行失败
```

在爬虫项目实战中，常常利用 try/except 异常处理语句来避免因程序出错而导致整个爬取过程终止。

注意：不要过度使用 try/except 异常处理语句，因为有时需要利用报错信息来定位出错的地方，以便进行程序调试。

1.4　函数与库

本节将介绍 Python 编程中比较重要的两个知识点：函数与库。通过函数与库，可以避免很多重复和复杂的工作。简单来说，函数是具有独立功能的代码块，在需要时可以反复调用。函数分为内置函数和自定义函数两类。内置函数是 Python 解释器的开发者定义好的函数，用户可以直接使用，如 print() 函数；自定义函数则是用户按照自身需求自行定义和编制的函数。当各种函数很多时，开发者会把函数分门别类地存放在不同的文件里，以方便管理和调用，这样的文件就称为库（也叫模块）。

　　总之，函数和库的作用就是将一些常用的代码封装好，用户需要实现相应功能时不必重复编写代码，而是可以直接调用。

1.4.1　函数的定义与调用

代码文件　1.4.1 函数的定义与调用.py

定义函数的语法格式如下，注意不要遗漏冒号及代码前的缩进。

```
1  def 函数名(参数):
2      实现函数功能的代码
```

下面用一元一次函数 $y(x) = x + 1$ 来演示一下自定义函数的写法：

```
1  def y(x):
2      print(x + 1)
3  y(1)
```

第 1 行代码定义了一个名为 y 的函数，它有一个参数 x；第 2 行代码实现了函数的功能，即输出 x 的值与 1 相加的运算结果；第 3 行代码调用 y() 函数，并将 1 作为函数的参数。运行结果如下：

```
1  2
```

从上述代码可以看出，函数的调用很简单，只要输入函数名，如函数名 y，如果函数含有参数，如函数 y(x) 中的 x，那么在函数名后面的括号中输入参数的值即可。如果将上述第 3 行代码修改为 y(2)，那么运行结果就是 3。

　　定义函数时的参数称为形式参数，它只是一个代号，可以换成其他内容。例如，可以把上述代码中的 x 换成 z，演示代码如下：

```
1    def y(z):
2        print(z + 1)
3    y(1)
```

定义函数时也可以传入多个参数。以数学中的二元函数 $y(x, z) = x + z + 1$ 为例，自定义含有两个参数的函数，演示代码如下：

```
1    def y(x, z):
2        print(x + z + 1)
3    y(1, 2)
```

第 1 行代码在定义函数时指定了两个参数 x 和 z，因此，第 3 行代码在调用函数时需要在括号中输入两个参数。运行结果如下：

```
1    4
```

定义函数时也可以不要参数，演示代码如下：

```
1    def y():
2        x = 1
3        print(x + 1)
4    y()  # 调用函数
```

第 1～3 行代码定义了一个函数 y()，并且没有定义参数，因此，第 4 行代码中直接输入 y() 就可以调用函数。运行结果如下：

```
1    2
```

1.4.2　函数的返回值与变量的作用域

代码文件　1.4.2 函数的返回值与变量的作用域.py

1．函数的返回值

在前面的例子中，定义函数时仅是将函数的执行结果用 print() 函数输出，之后就无法使用这个结果了。如果之后还需要使用函数的执行结果，则在定义函数时使用 return 语句来定义函数的返回值，演示代码如下：

```
1   def y(x):
2       return x + 1
3   a = y(1)
4   print(a)
```

第 1 行代码定义了一个函数 y()；第 2 行代码定义函数的功能，这里不是直接输出运算结果，而是将运算结果作为函数的返回值返回给调用函数的代码；第 3 行代码在执行时会先调用 y() 函数，并以 1 作为函数的参数，函数内部使用参数计算出结果为 2，返回给第 3 行代码，此时 y(1) 即代表 2，然后赋给变量 a。因此，运行结果如下：

```
1   2
```

> **注意**：return 语句表示一个函数的结束，通常写在定义函数的代码的最后一行。函数执行到 return 语句后，就会返回相关内容然后结束函数的运行。

2．变量的作用域

函数内使用的变量与函数外的代码是无关的，演示代码如下：

```
1   x = 1
2   def y(x):
3       x = x + 1
4       print(x)
5   y(3)
6   print(x)
```

读者可以先自己思考一下上述代码会输出什么内容。下面揭晓运行结果：

```
1   4
2   1
```

第 4 行和第 6 行代码都是 print(x)，为什么输出的内容不同呢？这是因为函数 y(x) 内部的 x 和外部的 x 没有关系。之前讲过，可以把 y(x) 换成 y(z)，演示代码如下：

```
1    x = 1
2    def y(z):
3        z = z + 1
4        print(z)
5    y(3)
6    print(x)
```

大家看看上面修改后的代码，应该会更容易明白为什么输出结果是 4 和 1。y(z) 中的 z 或者说 y(x) 中的 x 只在函数内部生效，并不会影响外部的变量。正如前面所说，函数的形式参数只是一个代号，属于函数内的局部变量，因此不会影响函数外部的变量。

本节的知识大家做简单了解即可，因为一般各个函数都是相互独立的，不太可能产生干扰。

1.4.3　常用内置函数介绍

代码文件　1.4.3 常用内置函数介绍.py

下面介绍 Python 中常用的一些内置函数，它们在之后的项目实战中用得也很多。

1．str() 函数、int() 函数、float() 函数

str() 函数用于将数字转换成字符串，在进行字符串拼接时经常用到，演示代码如下：

```
1    score = 85
2    print('A公司今日评分为' + str(score) + '分。')
```

int() 函数可将文本内容为标准整数的字符串转换成整数，演示代码如下：

```
1    a = '85'
2    b = int(a) - 10   # 用int()函数转换后才能进行数值计算
```

int() 函数还能将浮点数（即小数）转换为整数，即直接舍去小数后的部分，保留整数部分。float() 函数用于将字符串转换成浮点数，例如，float('85.555') 的结果为 85.555。

2．round() 函数

round() 函数用于将一个数字保留指定的小数位数。例如，round(85.555, 2) 的结果为 85.56，其中参数 2 表示保留两位小数。

3．len() 函数

len() 函数可以用于统计列表元素的个数，演示代码如下，运行结果为 3。

```
1  title = ['标题1', '标题2', '标题3']
2  print(len(title))
```

在实战中，len() 函数常和 range() 函数一起使用，演示代码如下：

```
1  title = ['标题1', '标题2', '标题3']
2  for i in range(len(title)):
3      print(str(i + 1) + '.' + title[i])
```

其中 range(len(title)) 就表示 range(3)，运行结果如下：

```
1  1.标题1
2  2.标题2
3  3.标题3
```

len() 函数还可以用于统计字符串的长度，演示代码如下，运行结果为 10，表示字符串有 10 个字符。

```
1  a = '123华小智abcd'
2  print(len(a))
```

4．replace() 函数

replace() 函数主要用于在字符串中替换指定内容，其基本语法格式如下：

字符串.replace(旧内容, 新内容)

演示代码如下：

```
1  a ='<em>阿里巴巴</em>电商脱贫成"教材"'
2  a = a.replace('<em>', '')
3  a = a.replace('</em>', '')
4  print(a)
```

上述代码的运行结果如下：

```
1   阿里巴巴电商脱贫成"教材"
```

5. strip() 函数

strip() 函数主要的作用是删除字符串首尾的空白字符（包括换行符"\n"和空格" "），其基本语法格式如下：

字符串.strip()

演示代码如下：

```
1   a = '         华能信托2018年上半年行业综合排名位列第5          '
2   a = a.strip()
3   print(a)
```

运行上述代码，就可以将字符串首尾的多余空格删除，结果如下：

```
1   华能信托2018年上半年行业综合排名位列第5
```

6. split() 函数

split() 函数主要用于根据指定的分隔符拆分字符串，并以列表的形式返回拆分结果，其基本语法格式如下：

字符串.split('分隔符')

演示代码如下：

```
1   today = '2019-04-12'
2   a = today.split('-')
3   print(a)
```

运行结果如下：

```
1   ['2019', '04', '12']
```

如果想从拆分字符串得到的列表中获取年份或月份，可以通过如下代码实现：

```
1  a = today.split('-')[0]  # 获取年份信息，即拆分出的第1个元素
2  a = today.split('-')[1]  # 获取月份信息，即拆分出的第2个元素
```

1.4.4　库的导入与安装

代码文件　1.4.4 库的导入与安装.py

库（又称为模块）是 Python 这些年发展如此迅猛的原因之一，因为很多优秀的 IT 工程师在研发出非常棒的代码之后，愿意以库的形式共享给大家使用。有的库是 Python 自带的，有的库则需要用户自行安装后才可以使用。下面先讲解库的导入方法，再讲解库的安装方法。

1．库的导入

要在代码中使用库的功能，就需要导入库。导入库的两种常见方法如下：

```
1  import 库名
2  from 库名 import 库里的一个功能
```

导入库之后就可以使用库里的功能了，下面用一个简单的例子来进行演示。如果想用 Python 输出当前的日期或时间，可以导入 time 库（Python 自带，不需要安装），演示代码如下：

```
1  import time
2  print(time.strftime('%Y-%m-%d'))
```

上述代码的运行结果如下：

```
1  2021-01-23
```

使用 datetime 库也能实现同样的效果，演示代码如下：

```
1  from datetime import datetime
2  print(datetime.now())
```

第 1 行代码中，from 后的 datetime 是库名，import 后的 datetime 可以理解成功能，这行代码就表示从 datetime 库中导入 datetime 功能；第 2 行代码使用 datetime 功能的 now() 函数获

取当前的日期和时间。运行结果如下：

```
1  2021-01-23 14:55:26.562000
```

也可以使用如下代码，运行结果是一样的。

```
1  import datetime
2  print(datetime.datetime.now())
```

2．库的安装

下面以爬虫中常用的 Requests 库为例，介绍安装库的两种常用方法。

（1）pip 安装法

pip 安装法的命令格式如下：

pip install 库名

这里以 Windows 系统为例介绍具体操作。

第 1 步：按快捷键【Win+R】（【Win】键就是键盘左下角的 Windows 徽标键，通常在【Ctrl】键和【Alt】键之间）打开"运行"对话框，输入"cmd"后按【Enter】键，如下左图所示。或者在"开始"菜单中单击 Anaconda 组中的 Anaconda Prompt，也能实现一样的效果。

第 2 步：在弹出的命令行窗口中输入"pip install requests"，按【Enter】键，如下右图所示，然后等待安装结束即可。如果安装成功，可看到"Successfully installed"（成功安装）的提示文字。

注意：如果读者安装的是 2020 版 Anaconda，则其自带了 Requests 库。那么用 pip 命令安装 Requests 库时会看到"Requirement already satisfied"（要求已经满足）的提示文字。

补充知识点 1：通过镜像服务器安装库

　　pip 命令默认从设在国外的服务器上下载库，速度不稳定，可能会导致安装失败，此时可以利用国内的镜像服务器来安装库。具体方法是在 pip 命令中用 "-i" 参数指定镜像服务器的地址。例如，从清华大学的镜像服务器安装库的命令为：

pip install -i https://pypi.tuna.tsinghua.edu.cn/simple 库名

　　读者可用搜索引擎自行搜索其他可用的镜像服务器的地址。

补充知识点 2：直接安装库的源代码文件

　　如果用上述方法都无法安装成功，或者公司内网无法连接外部网络，可以尝试直接安装库的源代码文件。

　　第 1 步：在一台能正常上网的计算机上访问 https://pypi.org（该网站提供大部分 Python 库的源代码文件），然后搜索想要安装的库，进入库的详情页面后单击 "Download files" 链接，下载库的源代码文件（通常扩展名为 ".tar.gz" 或 ".whl"）。

　　第 2 步：将库的源代码文件复制到要安装库的计算机上的某个文件夹中，在该文件夹的路径框中输入 "cmd"，如下左图所示，然后按【Enter】键，进入命令行窗口。或者按住【Shift】键在文件夹中右击，在快捷菜单中选择 "在此处打开 Powershell 窗口" 命令。

　　第 3 步：在窗口中输入 "pip install 源代码文件名"，如下右图所示，然后按【Enter】键，即可安装库。

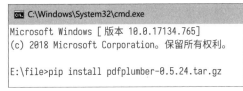

　　注意：使用 pip 命令安装库时可能会提示要升级（upgrade）pip，是否升级可根据自己的需求而定，不升级也不会影响库的安装。可以将 pip 理解为一个下载软件，不更新下载软件也不会影响下载功能的使用。如果想升级，按提示操作即可。

（2）PyCharm 安装法

如果使用的是 PyCharm，可以直接在 PyCharm 中安装库，具体步骤如下。

第 1 步：执行 "File>Settings" 菜单命令，打开 "Settings" 对话框。

第 2 步：❶在左侧展开"Project:（项目名）"选项组，❷选择"Project Interpreter"选项，
❸然后单击右侧的 + 按钮。

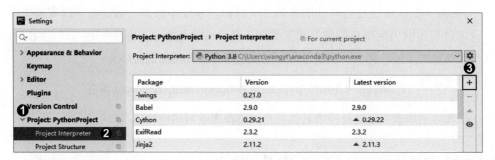

第 3 步：❶在弹出的对话框中搜索需要安装的库，如 Requests 库，❷搜索完成后单击左
下角的"Install Package"按钮，即可进行安装。

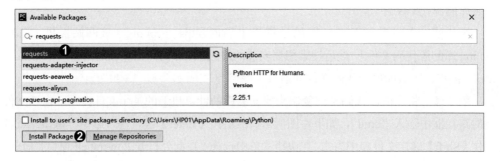

PyCharm 安装法比较直观，但如果有些库在 PyCharm 中找不到，用 pip 安装法也很方便。
PyCharm 窗口底部有一个"Terminal"（终端）按钮，单击该按钮也可以进行 pip 安装。

安装好 Requests 库之后，来小小实战一下吧。在 PyCharm 中输入如下代码：

```
1  import requests
2  url = 'https://www.baidu.com'
3  res = requests.get(url).text
4  print(res)
```

第 1 行代码引入 Requests 库。

第 2 行代码指定一个网址，注意网址要完整，不能只输入"www.baidu.com"。

第 3 行代码使用 Requests 库的 get() 函数访问该网址，并通过 text 属性获取网页源代码的
文本内容。

第 4 行代码打印输出获取的网页源代码。

上述代码的运行结果如下图所示，单击左侧的 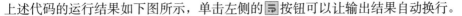 按钮可以让输出结果自动换行。

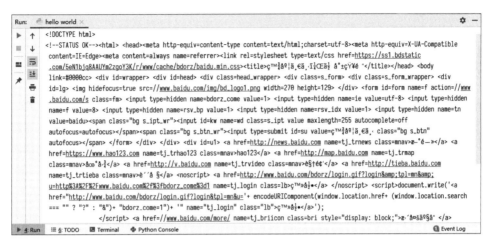

可以看到，获取到的内容比较粗糙，有很多需要改进的地方，如包含乱码、内容不完整等，但不必着急，之后会详细讲解如何解决。这里的重点在于，通过简单的 4 行代码就能获取网页上的信息。如果把网址 https://www.baidu.com 换成 https://www.python.org，获取到的内容则完整得多（因为后者是英文网站，所以没有乱码现象），感兴趣的读者可以自己试一下。

除了本章介绍的语法基础知识外，爬虫项目中有时还会用到 Python 中的类，相关知识比较复杂，在《零基础学 Python 网络爬虫案例实战全流程详解（高级进阶篇）》中会做简单介绍，非专业 IT 人员无须掌握。

此外，学习编程要学会阅读报错信息，通常报错信息中会给出有问题的代码行号和出错的原因，可尝试将相关文本复制、粘贴到搜索引擎中进行搜索，有可能会找到答案。也可以对比本书配套的代码文件，看看哪里不一样，从而快速发现问题。

课后习题

1．使用 for 循环语句计算从 1 加到 10000 的结果。

2．结合使用 if 条件语句、for 循环语句和 range() 函数批量打印输出 1～100 中的奇数。

3．提取 a = '2020-07-25 10:53' 中的年、月、日信息。

4．用两种方法删除 a = '　华能信托是家好公司　　　' 首尾的空格。

5．提取列表 a = [' 丁一 ', ' 王二 ', ' 张三 ', ' 李四 ', ' 赵五] 中奇数序号的姓名。

第2章

爬虫第一步：获取网页源代码

笔者在爬取了上百个网站后，总结出爬虫主要是两项工作：一是获取网页源代码；二是从网页源代码中解析和提取所需数据。如果要给这两项工作各分配一个权重，在笔者看来是7∶3。为什么第一项工作更为重要呢？这是因为获取网页源代码是一切爬虫项目的核心，只要能成功获取到网页源代码，就有很多种方法可以解析和提取数据，所以完成了第一项工作，爬虫项目基本就算完成了。

如何解析和提取数据将在第 3 章讲解，本章主要讲解如何获取网页源代码。获取网页源代码有两个核心库——Requests 库和 Selenium 库。这两个库能够获取 95% 的网页源代码，剩下 5% 的网页可能存在 IP 地址反爬、验证码反爬等限制爬取的措施，这类网页的爬取方法将在本书第 8 章及《零基础学 Python 网络爬虫案例实战全流程详解（高级进阶篇）》中讲解。

本章内容和笔者编写的《Python 金融大数据挖掘与分析全流程详解》部分内容有重复，已经熟读该书的读者可以跳过本章，阅读下一章。

▌ 2.1 爬虫核心库 1：Requests 库

学习爬虫其实并不需要了解太多的网页结构知识，初学者只需要知道一点：所有想要获取的内容（如新闻标题、网址、日期、来源等）都在网页源代码里。所谓网页源代码就是网页背后的编程代码。本节先讲解如何查看网页源代码，然后通过两个案例带领大家体验一下如何通过 Requests 库获取网页源代码。

2.1.1 如何查看网页源代码

学习网络爬虫技术首先得有一个浏览器，这里推荐使用谷歌浏览器（Chrome），官方下载地址为 https://www.google.cn/chrome/。当然用其他浏览器也可以，如火狐（Firefox）浏览器等，只要按【F12】键（有的计算机要同时按住键盘左下角的【Fn】键）能显示网页源代码即可。

下面用谷歌浏览器来演示【F12】键的强大作用。在谷歌浏览器中打开百度，搜索"阿里巴巴"，然后按【F12】键，在窗口下方会打开一个包含一些代码内容的界面。如果该界面不

是显示在窗口下方而是窗口右侧，可以单击该界面右上角的 ⋮ 按钮来切换布局方式，如下图
所示。

这个界面称为开发者工具，是进行数据
挖掘的利器。大多数爬虫任务只需要使用右
图所示的两个功能，下面分别进行介绍。

1．元素选择工具

❶单击元素选择工具按钮 ⬚，按钮颜色会变成蓝色，❷然后在上方的网页中移动鼠标，
鼠标指针所指向的网页元素的颜色会发生变化，❸同时"Elements"选项卡中的内容会随之
发生变化，如下图所示。

当元素选择工具按钮处于蓝色状态时，在上方的网页中单击第一个链接，这时按钮变回灰色，而"Elements"选项卡中的内容也不再变动，我们就可以开始观察单击的链接对应的网页源代码的具体内容了。我们一般只关心里面的文本内容，如果没看到文本内容，单击下图所示的三角箭头，即可展开内容。

2. "Elements"选项卡

"Elements"选项卡中的内容可以理解为网页源代码，也是爬虫的第一项工作要获取的内容。下面利用这个选项卡完成一些"神奇"的操作。

如下图所示，双击"1688"，可看到数字变成可编辑模式。

```
▼<a target="_blank" data-is-main-url="true" href="https://www.baidu.com/other.php?url=00000
E9%98%BF%E9%87%8C%E5%B7%B4%E5%B7%B4&tpl=tpl_11540_23404_19558&l=1522444950" title2="主标题"
"%3Cem%3E1688%3C%2Fem%3E%E9%98%BF%E9%87%8C%E5%B7%B4%E5%B7%B4%E9%87%87%E8%B4%AD%E6%89%B9%E5%8
"> 双击文本，将其变为可编辑模式
  <em>1688</em> == $0
  "阿里巴巴采购批发网"
</a>
```

将"1688"改成"测试"，可以看到网页中的链接文本发生了相应改变，如下图所示。

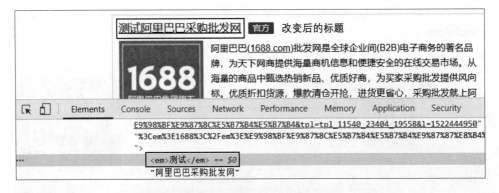

用同样的操作，可以修改网页中的其他信息，如股价等。

利用开发者工具，我们可以初步了解网页的结构，并利用元素选择工具和"Elements"选项卡观察我们想获取的内容在源代码中的文本格式及所在位置。

补充知识点 1：用右键快捷菜单查看网页源代码

在网页上右击，在弹出的快捷菜单中选择"查看网页源代码"命令，如右图所示，也会弹出一个包含网页源代码的窗口。

使用右键快捷菜单看到的网页源代码和使用开发者工具看到的网页源代码可能相同，也可能不同，两者的区别在于：前者是网站服务器返回给浏览器的原始源代码，基本上就是用 Requests 库能获取到的内容；后者则是浏览器对原始源代码做了错误修正和动态渲染的结果。

实战中常将两种方法结合使用：先用开发者工具初步了解网页结构，再用右键快捷菜单查看网页源代码，并利用快捷键【Ctrl+F】进行搜索，确定所需内容在网页源代码中的位置。

如果使用右键快捷菜单看到的网页源代码和使用开发者工具看到的网页源代码差别较大，则说明该网页做了动态渲染处理（这是一种反爬措施），此时需要使用 2.2 节讲解的 Selenium 库来获取网页源代码。

补充知识点 2：HTTP 与 HTTPS 协议

虽然在浏览器地址栏中输入网址 www.baidu.com 也能正常打开网页，但在爬虫编程中应该使用完整的网址 https://www.baidu.com/，如下所示：

```
1    url = 'https://www.baidu.com/'
```

前面的"https://"代表 HTTPS 协议，是网址的固定组成部分，某种程度上表明这个网址是安全的。有的网址前面则为"http://"，代表 HTTP 协议。

获取完整网址最简单的办法是直接用浏览器访问网址，确认能正常打开网页后，将地址栏中的网址复制、粘贴到代码中使用。

补充知识点 3：网址构成及网址简化

有时浏览器地址栏中显示的网址非常长。例如，在百度中搜索"阿里巴巴"，地址栏中显示的网址如下图所示。

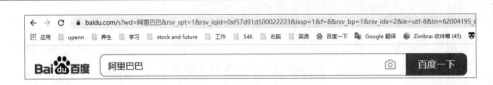

在爬虫编程中使用这么长的网址会让代码非常臃肿（虽然并不影响代码的运行结果），那么有没有办法简化网址呢？答案是有的。可以看到网址中的"?"号后面跟了很多通过"&"号连接的内容，这些内容称为网址的参数。很多参数都不是必需的，可以尝试将"&"及其连接的内容删掉，看看网址是否还能访问，如果能访问，则说明该参数不是必需的，可以删去该参数来简化网址。

例如，通过尝试，上面的网址可简化成 https://www.baidu.com/s?wd=阿里巴巴（参数 wd 就是"word"的缩写），如下图所示。

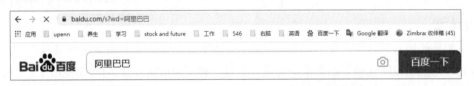

🔧 **补充知识点 4：如何解决"复制网址后中文变成英文和数字"的问题**

在"补充知识点 3"中对网址做了简化，但是将网址从浏览器中复制、粘贴到代码中时，会发现网址变为 https://www.baidu.com/s?wd=%E9%98%BF%E9%87%8C%E5%B7%B4%E5%B7%B4，"="号后的中文"阿里巴巴"变为由字母、数字、百分号等组成的内容，这是怎么回事呢？这是因为浏览器默认识别的是英文字符，中文字符则需要转换后才可以识别，而这些字母、数字、百分号组成的内容可以看成是中文字符"阿里巴巴"在网页上的"英文"翻译。对于爬虫实战而言无须深究，可以直接将"="号后的内容修改成中文字符，即 https://www.baidu.com/s?wd=阿里巴巴。

2.1.2　用 Requests 库获取网页源代码：百度新闻

代码文件　2.1.2 用 Requests 库获取网页源代码.py

本节以百度新闻为例，讲解如何使用 Requests 库获取网页源代码。百度新闻是一个非常重要的数据源。在百度首页搜索关键词，如"阿里巴巴"，然后切换至"资讯"频道，即可看到与关键词相关的新闻，此时地址栏中的网址为 https://www.baidu.com/s?rtt=1&bsst=1&cl=2&

tn=news&word=阿里巴巴，如下图所示（"https://www."被浏览器自动隐藏）。

前面讲过，如果直接复制地址栏中的网址，其中的"阿里巴巴"会变为由字母、数字、百分号等组成的内容，可以直接将其改成"阿里巴巴"。此外，网址中的一些参数是可以删除的，例如，将"&bsst=1"和"&cl=2"删除也不会影响网页的访问，精简后的网址为 https://www.baidu.com/s?rtt=1&tn=news&word=阿里巴巴。

百度新闻默认按焦点排序，单击上图中的"按焦点排序"可以选择切换到"按时间排序"，此时网址变为 https://www.baidu.com/s?rtt=4&tn=news&word=阿里巴巴（该网址已经做了精简），可以看到主要改变的是参数 rtt 的值（由 1 变成 4）。本书之后主要以按时间排序的网址为例进行演示，感兴趣的读者也可以使用默认的按焦点排序的网址。

1. 获取网页源代码

先尝试用 Requests 库获取百度新闻的网页源代码，代码如下：

```
1  import requests
2  url = 'https://www.baidu.com/s?rtt=4&tn=news&word=阿里巴巴'
3  res = requests.get(url).text
4  print(res)
```

获取到的网页源代码如下图所示。

```
<html>
<head>
    <script>
        location.replace(location.href.replace("https://","http://"));
    </script>
</head>
<body>
    <noscript><meta http-equiv="refresh" content="0;url=http://www.baidu.com/"></noscript>
</body>
</html>
```

可以看到没有获取到真正的网页源代码，这是因为百度新闻网站只认可浏览器发送的访问请求，不认可 Python 发送的访问请求。此时需要通过设置 requests.get() 函数的参数 headers，以模拟浏览器进行访问。

参数 headers 用于向网站提供访问者的信息，其中的 User-Agent（用户代理）反映了访问者使用的是哪种浏览器，其设置方式如下所示，User-Agent 值的获取方法稍后会讲解。

```
1  headers = {'User-Agent': 'Mozilla/5.0 (Windows NT 10.0; Win64;
   x64) AppleWebKit/537.36 (KHTML, like Gecko) Chrome/86.0.4240.198
   Safari/537.36'}
```

设置完 headers 之后，在使用 requests.get() 函数请求网址时就可以加上 headers 信息，模拟成是在通过一个浏览器访问网站，代码如下：

```
1  res = requests.get(url, headers=headers).text
```

完整代码如下：

```
1  import requests
2  headers = {'User-Agent': 'Mozilla/5.0 (Windows NT 10.0; Win64;
   x64) AppleWebKit/537.36 (KHTML, like Gecko) Chrome/86.0.4240.198
   Safari/537.36'}
3  url = 'https://www.baidu.com/s?rtt=4&tn=news&word=阿里巴巴'
4  res = requests.get(url, headers=headers).text
5  print(res)
```

在 PyCharm 中的运行结果如下图所示，在运行结果中单击，然后按快捷键【Ctrl+F】打开搜索框，在运行结果中搜索关键词"阿里巴巴"，可以看到已经获取到真正的网页源代码。

这里为参数 headers 设置的值是一个字典，其中有一个键值对，键名为 'User-Agent'，值为 'Mozilla/5.0 (Windows NT 10.0; Win64; x64) AppleWebKit/537.36 (KHTML, like Gecko) Chrome/86.0.4240.198 Safari/537.36'。这个值实际上是谷歌浏览器的 User-Agent，其获取方法为：在谷歌浏览器的地址栏中输入"about:version"或"chrome://version"（注意冒号是英文格式的），在弹出的界面中找到"用户代理"，其内容就是 User-Agent，如下图所示。不同版本的谷歌浏览器的用户代理会在版本号上有些差别（如这里是 86 版本），但是都可以使用。

```
Google Chrome:  86.0.4240.198（正式版本）（64 位）（cohort: Stable）
      修订版本:  d8a506935fc2273cfbac5e5b629d74917d9119c7-refs/branch-
                heads/4240@{#1431}
      操作系统:  Windows 10 OS Version 1909 (Build 18363.1198)
    JavaScript:  V8 8.6.395.25
        Flash:  32.0.0.453 C:\Users\wangyt\AppData\Local\Google\Chrome\User
                Data\PepperFlash\32.0.0.453\pepflashplayer.dll
     用户代理:   Mozilla/5.0 (Windows NT 10.0; Win64; x64) AppleWebKit/537.36
                (KHTML, like Gecko) Chrome/86.0.4240.198 Safari/537.36
```

对于实战，只要记得在爬虫程序的最前面写上如下代码：

```
1   headers = {'User-Agent': 'Mozilla/5.0 (Windows NT 10.0; Win64;
    x64) AppleWebKit/537.36 (KHTML, like Gecko) Chrome/86.0.4240.198
    Safari/537.36'}
```

然后每次使用 rcquests.get() 函数访问网址时，加上 headers=headers 即可，如下所示：

```
1   res = requests.get(url, headers=headers).text
```

虽然有时不加 headers 也能获得网页的源代码（如爬取 Python 官网），但是 headers 的设置和使用并不麻烦，而且可以避免可能会出现的爬取失败，所以还是建议加上 headers。

2．分析网页源代码

获得了网页源代码，就完成了爬虫任务中最重要的一步，接下来要做的是分析网页源代码，以从中提取信息。假设现在需要提取新闻的标题、网址、日期和来源等信息，那么可以使用以下 3 种方法来分析网页源代码，观察要提取的信息的特征。

（1）利用开发者工具查看

按【F12】键打开开发者工具，单击元素选择工具按钮，在网页中选中一条新闻的链接，可以在"Elements"选项卡中看到对应的网址和标题，用同样的方法可以查看日期和来源等信息。如果看不到所需信息，可单击三角箭头来展开代码。

（2）利用右键快捷菜单查看

在网页中右击，在弹出的快捷菜单中选择"查看网页源代码"命令，切换到源代码窗口后，滚动鼠标滚轮可查看更多内容，利用快捷键【Ctrl+F】可搜索和定位所需信息。

（3）在 PyCharm 中查看

在 PyCharm 中运行代码后，单击运行结果输出区，然后按快捷键【Ctrl+F】打开搜索框，搜索需要的信息，如下图所示。

```
阿里巴巴                                              ↑ ↓ 　    📋  🔽 🔻 ▤ 🔻  □ Match Case  □ Words  □ Regex ?  38 matches
        <div><h3 class="news-title_1YtI1"><a href="https://www.163.com/dy/article/G64VVUH605387I4N.html" target="_blank" class="news-title-font_1xS-F"
data-click="{
            &#039;f08&#039;:&#039;77A717EA&#039;;,
            &#039;f1&#039;:&#039;9F63F1E4&#039;;,
            &#039;f2&#039;:&#039;4CA6DE6E&#039;;,
            &#039;f3&#039;:&#039;54E5243F&#039;;,
            &#039;1&#039;:1617073627&#039;
        }"><!--s-text--><em>阿里巴巴</em>集团阿里云副总裁丁险峰一行莅临迁安这家企业考察交流<!--/s-text--></a></h3><div class="c-row c-gap-top-small"><div
class="c-span-last c-span12"><div class="news-source">

        <span class="c-color-gray c-font-normal c-gap-right">网易</span>
        <span class="c-color-gray2 c-font-normal">2021年3月28日 01:27</span>
</div><span class="c-font-normal c-color-text"><!--s-text-->2021年3月23日，<em>阿里巴巴</em>集团阿里云副总裁丁险峰、阿里云河北工业行业总经理宋伟，迁安市大数据服务中心
主任玄兆静一行莅临河北鑫达进行考察交流，受到河北鑫达集团执行董事…<!--/s-text--></span><a href="http://cache.baidu
.com/c?m=j6WXdhWeN61lhnE3tAadggz-Oi3A5qcqBmIauZBcGguzJyx3U3xEnC5JwDoBh7_wVcxgzrMytqsHSVuNTDw21pCf2i3GSk90pcUFlPc3gvEYQA7gqD10Ov6vn6M95HsbZZ_pfXMcjpNsjj3LM2Hx_&amp;
p=8b2a970dc88259b388e2947a5588&amp;newp=aa7b8e16d9c108fd46bd9b7e090a92695912c10e3bd1c44324b9d71fd325001c1b69e3b823281603d4c6786c15e9241dbdb239256b5561e585&amp;
s=cfcd208495d565ef&amp;user=baidu&amp;fm=sc&amp;query=%28%AC%C0%EF%80%CD%80%CD&amp;qid=e27156a700005076&amp;p1=1" target="_blank" class="c-cache_1GCYe c-color-gray"
        data-click="{&#039;fm&#039;:&#039;as_l&#039;}">百度快照</a></div></div>
```

可以看到，在网页源代码中，新闻的标题、网址、日期和来源等信息被一些英文、空格和换行等包围着，需要借助一些手段将信息提取出来。其中常用的手段是使用正则表达式，将在下一章详细讲解。

> **注意：** 虽然查看网页源代码的方法很多，但是看到的内容有可能不一致，而信息的提取应该以 Python 获取到的网页源代码为准。

2.1.3　Requests 库的"软肋"

使用 Requests 库获取的是未经渲染的网页源代码，如果用它爬取使用了动态渲染的网页，如上海证券交易所的公开信息、新浪财经的股票行情实时数据，爬取结果往往不包含我们想要的信息。例如，在谷歌浏览器中打开新浪财经的上证综合指数（反映上海证券交易所所有上市股票的价格综合情况）页面 http://finance.sina.com.cn/realstock/company/sh000001/nc.shtml，然后按【F12】键打开开发者工具，可以在网页源代码中看到指数数值，如右图所示。

　　然后用 2.1.2 节介绍的方法，通过 Requests 库获取这个网页的源代码，在 PyCharm 的运行结果输出区中使用快捷键【Ctrl+F】搜索刚才看到的指数数值，会发现搜索不到。为什么用开发者工具可以看到的内容，用 Python 却爬取不到呢？这是因为用开发者工具看到的其实是动态渲染后的内容，用 Requests 库爬取不到。

　　一个快速验证网页是否被动态渲染的方法是用右键快捷菜单查看网页源代码，如果看到的网页源代码内容很少，也不包含用开发者工具能看到的信息，就可以判定用开发者工具看到的网页源代码是动态渲染的结果。例如，用右键快捷菜单查看上证综合指数页面的网页源代码，按快捷键【Ctrl+F】打开搜索框，❶搜索在页面中看到的指数数值，❷会发现搜索不到，如下图所示，说明这个页面是动态渲染出来的。

　　要从经过动态渲染的网页中爬取数据，需要使用 Selenium 库打开一个模拟浏览器访问网页，然后获取渲染后的网页源代码。

　　有的读者可能会有疑问：既然 Selenium 库能爬取的网页类型比 Requests 库多，为什么还要讲解 Requests 库呢？这是因为 Requests 库是直接访问网页，爬取速度非常快，而 Selenium 库要先打开模拟浏览器再访问网页，导致爬取速度较慢。因此，实战中通常将这两个库结合使用，实现优势互补：如果用 Requests 库能获取到需要的网页源代码，那么优先使用 Requests 库进行爬取；如果用 Requests 库获取不到，再使用 Selenium 库进行爬取。

2.2　爬虫核心库 2：Selenium 库

　　如果说 Requests 库可以爬取 50% 的网站，那么 Selenium 库可以爬取 95% 的网站，大部分爬取难度较高的网站都可以用 Selenium 库获取网页源代码。本节就来讲解 Selenium 库的安装和使用方法。

2.2.1　模拟浏览器及 Selenium 库的安装

　　要使用 Selenium 库爬取数据，除了需要为 Python 安装 Selenium 库，还需要安装一个模拟浏览器。Selenium 库控制这个模拟浏览器去访问网页，才能获取网页源代码。本书主要使用的是谷歌浏览器，对应的模拟浏览器为 ChromeDriver。

1．查看谷歌浏览器的版本号

ChromeDriver 针对不同版本的谷歌浏览器提供不同的程序，因此，在下载 ChromeDriver 之前，需要先查看谷歌浏览器的版本号。单击谷歌浏览器右上角的⋮按钮，在弹出的菜单中执行"帮助 > 关于 Google Chrome"命令，如右图所示。

在弹出的页面中就可以看到所安装的谷歌浏览器的版本号，如下图所示，这里显示的版本号是 86.0.4240.198。

2．下载 ChromeDriver 安装包

ChromeDriver 安装包的官方下载地址为 https://sites.google.com/a/chromium.org/chromedriver/downloads。如果该地址无法访问，可以从镜像网站 http://npm.taobao.org/mirrors/chromedriver/下载。

以从镜像网站下载为例，打开网址后，可以在页面中看到多个以谷歌浏览器的版本号命名的文件夹，单击与前面查到的版本号最接近的文件夹，如"86.0.4240.22"，如下左图所示。然后下载对应当前操作系统类型的安装包。例如，当前使用的是 Windows 操作系统，那么就下载"chromedriver_win32.zip"文件，如下右图所示。

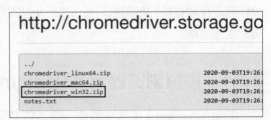

3．安装 ChromeDriver

下载完 ChromeDriver 之后，建议把 ChromeDriver 安装到 Python 的安装路径下，从而让 Python 能更容易地调用 ChromeDriver。下面以 Windows 系统为例讲解具体方法。

第 1 步：先查询 Python 的安装路径。按 快捷键【Win+R】调出"运行"对话框，输 入"cmd"后按【Enter】键，在打开的命令 行窗口中输入"where python"，按【Enter】键， 即可看到 Python 的安装路径。这里查询到的 安装路径为 C:\Users\wangyt\Anaconda3\，如 右图所示。

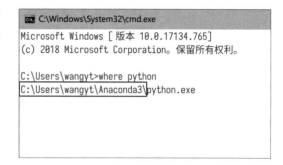

第 2 步：将下载好的"chromedriver_win32.zip"解压缩，得到可执行文件"chromedriver. exe"，将其复制到 Python 安装路径下的"Scripts"文件夹中，如下图所示。

Windows (C:) › 用户 › wangyt › Anaconda3 › Scripts ›			
名称	修改日期	类型	大小
cfadmin-script.py	2018/7/25 23:55	JetBrains PyChar...	4 KB
cftp.exe	2018/6/16 4:11	应用程序	40 KB
cftp-script.py	2018/8/5 2:42	JetBrains PyChar...	1 KB
chardetect.exe	2018/6/16 4:11	应用程序	40 KB
chardetect-script.py	2018/7/15 23:50	JetBrains PyChar...	1 KB
chromedriver.exe	2020/12/2 1:33	应用程序	9,864 KB

技巧：如果操作系统是 macOS，则将解压缩得到的"chromedriver"文件放在 /usr/bin 目录下。

第 3 步：在命令行窗口中输入"chrome-driver"，按【Enter】键，如果出现如右图所示 的信息，就说明 ChromeDriver 安装成功了。

注意：有时谷歌浏览器会自动更新，更新后的浏览器版本有可能与 ChromeDriver 的版本 不匹配，此时需要重新下载并配置相应版本的 ChromeDriver。

4．安装 Selenium 库

安装完 ChromeDriver，就可以安装 Selenium 库了。推荐使用 pip 安装法，在命令行窗口中执行命令"pip install selenium"即可。如果安装失败，可尝试从镜像服务器安装，具体方法见 1.4.4 节，这里不再赘述。

安装完成后，在 PyCharm 中输入并运行如下代码：

```
1    from selenium import webdriver
2    browser = webdriver.Chrome()
3    browser.get('https://www.baidu.com/')
```

可以看到通过 Python 打开了一个模拟浏览器，并自动访问了百度首页，如下图所示。

如果之前将 ChromeDriver 安装到其他路径下，则需在代码中通过参数 executable_path 指定"chromedriver.exe"文件的路径，代码如下。建议还是按之前介绍的方法将 ChromeDriver 安装到 Python 的安装路径下。

```
1    browser = webdriver.Chrome(executable_path=r'C:\Users\chromedriver
     .exe')   # 路径字符串前的r的作用是取消路径中的"\"可能存在的特殊含义
```

2.2.2　用 Selenium 库获取网页源代码：新浪财经股票信息

代码文件　2.2.2 用 Selenium 库获取网页源代码.py

Selenium 库的功能很强大，使用方法也不复杂。只要掌握了下面几个知识点，就能游刃有余地使用 Selenium 库获取网页源代码了。

1．访问及关闭页面

通过以下代码即可访问网站，相当于模拟人打开了一个浏览器，然后访问指定网址。

```
1  from selenium import webdriver
2  browser = webdriver.Chrome()
3  browser.get('https://www.baidu.com/')
```

第 1 行代码导入 Selenium 库中的 webdriver 功能，第 2 行代码声明要模拟的浏览器是谷歌浏览器，第 3 行代码使用 browser.get() 函数访问指定网址。

在上述代码最后加上如下代码，就能关闭模拟浏览器。

```
1  browser.quit()
```

2．获取网页源代码

使用模拟浏览器打开指定网址后，通过如下代码即可获取模拟浏览器中经过动态渲染的网页源代码：

```
1  data = browser.page_source
```

下面来试一试获取之前用 Requests 库未获取成功的新浪财经股票信息，代码如下：

```
1  from selenium import webdriver
2  browser = webdriver.Chrome()
3  browser.get('http://finance.sina.com.cn/realstock/company/sh000001/
   nc.shtml')
4  data = browser.page_source  # 核心代码
5  print(data)
```

在 PyCharm 中运行上述代码，在运行结果输出区可以搜索到上证指数数值，如右图所示，说明网页源代码获取成功。

2.3 网页结构分析

虽然不了解网页结构也能完成爬虫任务，但是了解网页结构的知识有助于从网页源代码中解析和提取数据。例如，在第 3 章使用 BeautifulSoup 库从网页源代码中解析和提取数据时就会用到网页结构的一些知识。

2.3.1 网页结构基础

网页源代码初看很复杂，但了解了网页的基本结构后再看网页源代码就会轻松很多。网页的基本结构其实很简单，就是一个大框套着一个中框，一个中框再套着一个小框，这样一层层嵌套。开发者工具中显示的网页源代码通过缩进清晰地表现了这种层级关系，如下图所示。

```
▼<div class="result" id="1">
  ▼<h3 class="c-title">
    ▼<a href="https://baijiahao.baidu.com/s?id=1632386866417302018&wfr=spider&for=pc" data-click="{
        'f0':'77A717EA',
        'f1':'9F53F1E4',
        'f2':'4CA6DE6E',
        'f3':'54E5243F',
        't':'1556943377'
        }" target="_blank">
        "
           中国好老板"
        <em>阿里巴巴</em>
        "上榜!
           "
    </a>
  </h3>
  ▶<div class="c-summary c-row ">…</div>
</div>
```

上图中，如果在一行网页源代码前有一个三角箭头，就表明它里面还嵌套着其他框，单击箭头可以将框展开，看到里面嵌套的其他框。文本内容一般都在最小的框里。

2.3.2 网页结构进阶

代码文件　我的第一个网页.html

HTML（HyperText Markup Language）是一种用于编写网页框架的标准标记语言。本节将带领大家用 HTML 搭建一个网页，以帮助大家进一步了解网页的结构，为之后学习数据的解析和提取做好准备。

1．HTML 基础知识 1——我的第一个网页

首先创建一个文本文件（扩展名为".txt"），然后在文件中输入如下代码：

```
1    <p>hello world</p>
```

保存并关闭该文本文件，将文件扩展名修改为".html"，这个文本文件就变为 HTML 文件，即网页文件。双击这个 HTML 文件，即可在默认浏览器中打开一个网页，如右图所示。

补充知识点 1：HTML 文件的编辑方式

HTML 文件有多种编辑方式，下面介绍常用的 3 种。

方式 1：右击 HTML 文件，在弹出的快捷菜单中执行"打开方式 > 记事本"命令。

方式 2：安装代码编辑器 Notepad++（下载地址为 https://notepad-plus-plus.org/），右击 HTML 文件，在弹出的快捷菜单中执行"Edit with Notepad++"命令，即可在 Notepad++ 中打开该文件并进行编辑。

方式 3：如果安装 PyCharm 时勾选了"Add 'Open Folder as Project'"复选框，那么可以右击 HTML 文件，在弹出的快捷菜单中执行"Edit with PyCharm Community Edition"命令，即可在 PyCharm 中打开该文件并进行编辑。

2．HTML 基础知识 2——基础结构

接着来完善网页。用 PyCharm、Notepad++ 或"记事本"打开前面创建的 HTML 文件，将原来的代码修改如下：

```
1    <!DOCTYPE html>
2    <html>
3
4    <body>
5        <h1>我的第一个标题</h1>
6        <p>我的第一个段落。</p>
7    </body>
8
9    </html>
```

　　然后按快捷键【Ctrl+S】保存文件，在浏览器中重新打开该 HTML 文件或刷新网页，效果如下左图所示。

　　之前讲过，网页结构可以看成大框套着中框、中框套着小框的框架结构，上面输入的 HTML 代码也体现了这样的结构，如下右图所示。

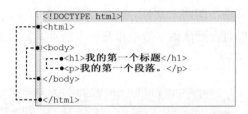

　　前两行的 <!DOCTYPE html> 和 <html> 以及最后一行的 </html> 是固定写法，作用是将代码声明为 HTML 文件。这是 HTML 文件的编写规范，不写也没有影响。

　　<body> 框表示主体信息，是最终展示在网页上的内容。<body> 框里的一些小框则是各种具体内容，之后将详细讲解。

　　用 "<>" 包围起来的内容称为标签，如 <body> 称为 <body> 标签。通常一个 <body> 要与一个 </body> 成对出现，表示一个框的闭合。其余标签也是如此。

补充知识点 2：网页中的中文显示为乱码的解决方法

　　如果网页中的中文显示为乱码，可以在 <html> 标签和 <body> 标签之间添加如下代码，表示将网页的编码格式设置成支持中文的 UTF-8 格式。如果还是乱码，可将网页的编码格式设置成 GBK 格式（另一种支持中文的编码格式），通常就能解决乱码问题。关于编码的更多知识将在 5.1.3 节讲解。

```
1    <head>
2        <meta charset="utf-8">
3    </head>
```

3．HTML 基础知识 3——标题、段落、链接

下面介绍如何在 <body> 框里添加标题、段落、链接等内容。

（1）<h> 标签——定义标题

标题是通过 <h1> ～ <h6> 标签定义的，其中 <h1> 定义的标题字号最大，<h6> 定义的标

题字号最小。基本语法格式如下：

<h×>标题内容</h×>

演示代码如下：

```
1    <body>
2        <h1>这是标题 1</h1>
3        <h2>这是标题 2</h2>
4        <h3>这是标题 3</h3>
5    </body>
```

上述代码在浏览器中显示的网页效果如右图所示。

> **这是标题 1**
>
> **这是标题 2**
>
> **这是标题 3**

（2）<p> 标签——定义段落

段落是通过 <p> 标签来定义的，基本语法格式如下：

<p>段落内容</p>

在前面代码的基础上稍加修改：

```
1    <body>
2        <h1>这是标题 1</h1>
3        <p>这是标题1下的段落。</p>
4        <h2>这是标题 2</h2>
5        <p>这是标题2下的段落。</p>
6    </body>
```

上述代码在浏览器中显示的网页效果如右图所示。

> **这是标题 1**
>
> 这是标题1下的段落。
>
> **这是标题 2**
>
> 这是标题2下的段落。

（3）<a> 标签——定义链接

链接是通过 <a> 标签来定义的，基本语法格式如下：

<a href="链接地址">文本内容</a>

在前面代码的基础上再稍加修改：

```
1   <body>
2       <h1>这是标题 1</h1>
3       <p>这是标题1下的段落。</p>
4       <h2>这是标题 2</h2>
5       <p>这是标题2下的段落。</p>
6       <h3>这是标题 3</h3>
7       <a href="https://www.baidu.com">这是百度首页的链接</a>
8   </body>
```

上述代码在浏览器中显示的网页效果如右图所示。单击链接可以访问百度首页，访问方式是当前标签页中的页面直接变成百度首页，原页面被覆盖。

这是标题 1

这是标题1下的段落。

这是标题 2

这是标题2下的段落。

这是标题 3

这是百度首页的链接 ←单击这个链接可跳转到百度首页

如果想在一个新的标签页里打开百度首页而不覆盖原页面，只需添加参数 target=_blank，代码如下：

```
1   <a href="http://www.baidu.com" target=_blank>这是百度首页的链接</a>
```

除了 <h> 标签、<p> 标签、<a> 标签外，还有 <table> 标签（定义表格）、<li> 标签（定义列表）、<img> 标签（定义图片）、<script> 标签（定义样式）等。对于初学者来说，了解 <h> 标签、<p> 标签、<a> 标签便足以应对之后的爬虫任务。

4．HTML 基础知识 4——区块

区块是通过 <div> 标签来定义的，下面来看具体的应用。

如下图所示是某网页的源代码。可以看到，每条新闻都被包围在一个 <div class="result" id="×">×××</div> 框中。更准确的说法是，<div>×××</div> 起到了分区的作用，将搜索到的每条新闻分区放置。在每个 <div>×××</div> 分区下还可继续用 <div>×××</div> 进一步分区。

```
▼<div class="result" id="1">
  ▼<h3 class="c-title">
    ▼<a href="https://baijiahao.baidu.com/s?id=1631292916722958954&wfr=spider&for=pc" data-click="{
          'f0':'77A717EA',
          'f1':'9F53F1E4',
          'f2':'4CA6DE6E',
          'f3':'54E5243F',
          't':'1555857578'
          }" target="_blank"> == $0
       "
           马云预言成真!“非洲"
       <em>阿里巴巴</em>
       "”上市三天涨200%!
           "
       </a>
     </h3>
   ▶<div class="c-summary c-row c-gap-top-small">…</div>
   </div>
▶<div class="result" id="2">…</div>
▶<div class="result" id="3">…</div>
▶<div class="result" id="4">…</div>
```

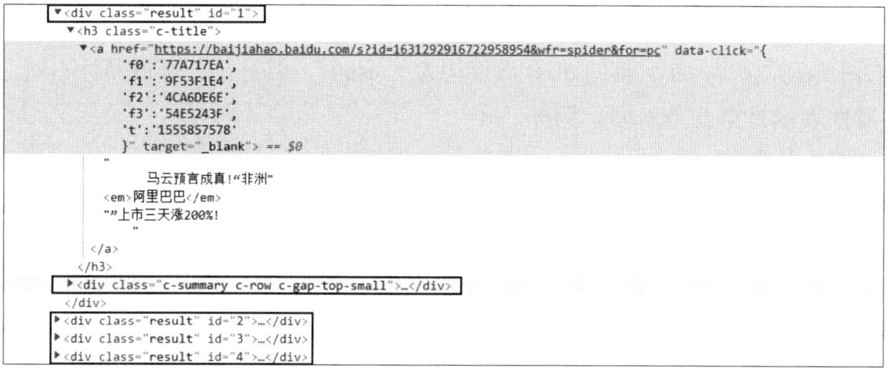

5．HTML 基础知识 5——class 属性与 id 属性

（1）class 属性

class 是“类”的意思，顾名思义，class 属性的作用就是划分类别，该属性在解析和提取数据时能发挥很大的作用。class 属性的值写在标签内，如 <div class="result" id="1">、<h3 class="c-title">，如下图所示。

```
▼<div class="result" id="1">
  ▼<h3 class="c-title">
    ▼<a href="https://baijiahao.baidu.com/s?id=1631292916722958954&wfr=spider&for=pc" data-click="{
          'f0':'77A717EA',
          'f1':'9F53F1E4',
          'f2':'4CA6DE6E',
          'f3':'54E5243F',
          't':'1555857578'
          }" target="_blank"> == $0
       "
           马云预言成真!“非洲"
       <em>阿里巴巴</em>
       "”上市三天涨200%!
           "
       </a>
     </h3>
  ▼<div class="c-summary c-row c-gap-top-small">
    ▶<div class="c-span6">…</div>
    ▼<div class="c-span18 c-span-last">
      ▼<p class="c-author">
          <img class="source-icon" src="https://cambrian-images.cdn.bcebos.com/36598ef…_1612560515001169.jpeg@w_100,h_100" alt>
          "
                 东方财富快讯  
                            2019年04月20日 09:03
                 "
        </p>
```

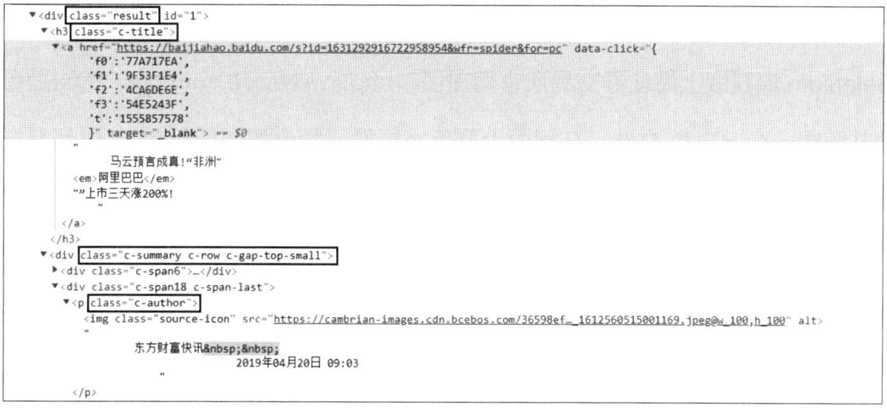

上图中标出了两个 <div> 框，它们的 class 属性不同：一个是“result”，另一个是“c-summary c-row c-gap-top-small”。因此，这两个 <div> 框是两种框。第一个 <div> 框的 class 属性“result”表明该框包含一条完整的搜索结果。而第二个 <div> 框包含的内容只有新闻来源、日期、摘

要等，而且根据代码前的缩进量大小可以看出，它从属于第一个 <div> 框。

（2）id 属性

如果说 class 属性用于划分类别，那么 id 属性则用于更加严格地区分不同的元素。打个比方，class 属性相当于人的性别（男性和女性），id 属性则相当于人的身份证号码。两个人的 class 属性（性别）可能相同，但是 id 属性（身份证号码）一般不会相同。

如右图所示，多个 <div> 框的 class 属性均为"result"，但是它们的 id 属性不同。其实这里的 id 属性表示是第几条新闻。例如，id="1"

```
▶ <div class="result" id="1">…</div>
▶ <div class="result" id="2">…</div>
▶ <div class="result" id="3">…</div>
▶ <div class="result" id="4">…</div>
▶ <div class="result" id="5">…</div>
▶ <div class="result" id="6">…</div>
▶ <div class="result" id="7">…</div>
▶ <div class="result" id="8">…</div>
▶ <div class="result" id="9">…</div>
▶ <div class="result" id="10">…</div>
```

表示这是第 1 条新闻，id="10" 表示这是第 10 条新闻。从这一点可以看出，id 属性的作用是更严格地区分不同的元素。

建议读者多多练习用开发者工具分析不同网页的源代码，有助于更好地理解网页的结构，对后面学习数据的解析和提取有很大帮助。

课后习题

1. 用 Requests 库获取在新浪财经搜索"阿里巴巴"的搜索结果页面（https://search.sina.com.cn/?q=阿里巴巴&c=news）的网页源代码。

2. 用 Selenium 库获取上海证券交易所官网首页（http://www.sse.com.cn/）的网页源代码。

3. 创建并编辑一个 HTML 文件，在网页上展示大标题"华小智智能平台"，并且单击标题可以在新窗口中打开网址 https://www.huaxiaozhi.com/。

第3章

爬虫第二步：数据解析与提取

第 2 章学习了如何通过 Requests 库和 Selenium 库获取网页源代码，本章接着学习如何解析获取的网页源代码，并提取需要的数据。解析网页源代码有很多种方法，主流的方法有正则表达式解析法、BeautifulSoup 解析法、pquery 解析法、XPath 解析法等。无论使用哪种方法，只要能解析和提取出所需数据即可。本章主要讲解笔者最常用的正则表达式解析法，以及使用人数较多的 BeautifulSoup 解析法，并通过几个案例来进行实际应用。

> **注意**：案例中的网页可能因改版导致网页源代码发生改变，此时对应的爬虫代码会失效或不能运行。笔者会及时更新代码，读者按照文前的说明重新下载本书配套的代码文件，即可获得最新的有效代码。

▶ 3.1 用正则表达式解析和提取数据

正则表达式是一种非常好用的信息提取手段，它可以高效地从文本中提取所需信息。掌握了正则表达式后，不仅可以在爬虫任务中从网页源代码中提取信息，还可以在其他非爬虫任务中从普通文本中提取信息，这是 BeautifulSoup、pquery 和 XPath 等专门用于解析网页源代码的方法所不能比拟的。

3.1.1 正则表达式基础 1：findall() 函数

首先通过一个简单的例子来演示一下正则表达式的用法。例如，要提取 'Hello 123 world' 中的 3 个数字，可以通过如下代码实现：

```
1    import re
2    a = 'Hello 123 world'
3    result = re.findall('\d\d\d', a)
4    print(result)
```

第 1 行代码导入用于完成正则表达式操作的 re 库。它是 Python 的内置库，无须单独安装。第 3 行代码使用 re 库中的 findall() 函数提取文本。findall() 函数可在原始文本中寻找所有符合匹配规则的文本，其基本语法格式如下：

re.findall(匹配规则, 原始文本)

第 3 行代码使用的匹配规则中，'\d' 表示匹配 1 个数字，那么 '\d\d\d' 就表示匹配连续的 3 个数字，所以 re.findall('\d\d\d', a) 就是在 a 中寻找连续的 3 个数字。运行结果如下：

```
1  ['123']
```

从运行结果可以看出，findall() 函数返回的是一个包含提取结果的列表，而不是字符串或数字，很多初学者经常会忽略这一点。

下面再通过一个例子来加深印象，代码如下：

```
1  import re
2  content = 'Hello 123 world 456 华小智Python基础教学135'
3  result = re.findall('\d\d\d', content)
4  print(result)
```

上述代码仍然是从字符串中提取所有的连续 3 位数字，运行结果如下：

```
1  ['123', '456', '135']
```

这个运行结果同样说明，findall() 函数返回的是一个列表，并且因为列表中的元素都是从字符串中提取出来的，所以这些元素也是字符串。

如果想从 findall() 函数返回的列表中提取某个元素，那么就需要使用 1.2.3 节讲解的方法，演示代码如下：

```
1  a = result[0]   # 注意列表的第1个元素的序号是0
```

用 print() 函数将 a 打印输出，结果如下。这个输出结果虽然看着是数字，但它实际上是字符串。

```
1  123
```

上面的例子用 '\d' 匹配了数字，在正则表达式中，像 '\d' 这样的特定符号还有很多，分别用于匹配不同类型的字符。下表列出了一些常用的特定符号（需在英文模式下输入）。

符号	含义
\d	匹配 1 个数字字符
\w	匹配 1 个字母、数字或下划线字符
\s	匹配 1 个空白字符（换行符、制表符、普通空格等）
\S	匹配 1 个非空白字符
\n	匹配 1 个换行符 "\n"（相当于按 1 次【Enter】键）
\t	匹配 1 个制表符 "\t"（相当于按 1 次【Tab】键或按 8 次空格键）
.	匹配 1 个任意字符，换行符除外
*	匹配 0 个或多个表达式
+	匹配 1 个或多个表达式
?	常与 "." 和 "*" 配合使用，组成非贪婪匹配
()	匹配括号内的表达式，也表示一个组

将上表中的符号组合起来，就能得到千变万化的匹配规则。不过在爬虫任务中，大部分情况下用到的只有两种规则："(.*?)" 与 ".*?"。接下来会分两节进行讲解。

3.1.2　正则表达式基础 2：非贪婪匹配之 "(.*?)"

通过上一节的学习，我们已经知道，"." 表示匹配除了换行符外的 1 个任意字符，"*"表示匹配 0 个或多个表达式。将 "." 和 "*" 合在一起组成的匹配规则 ".*" 称为贪婪匹配。之所以叫贪婪匹配，是因为会匹配到过多的内容。如果再加上一个 "?" 构成 ".*?"，就变成了非贪婪匹配，它能较精确地匹配到想要的内容。对于贪婪匹配和非贪婪匹配的概念，读者做简单了解即可，在实战中通常都是使用非贪婪匹配。

非贪婪匹配除了 ".*?" 这种形式外，还有一种形式是 "(.*?)"，它们的作用稍有不同。本节先介绍 "(.*?)"，下一节再介绍 ".*?"。

简单来说，"(.*?)" 用于提取文本 A 与文本 B 之间的内容，并不需要知道内容的确切长度和格式，但是需要知道内容位于哪两串文本之间，其基本语法格式如下：

文本A(.*?)文本B

下面结合 findall() 函数和非贪婪匹配 "(.*?)" 进行文本提取的演示，代码如下：

```
1    import re
```

```
2    res = '文本A百度新闻文本B'
3    source = re.findall('文本A(.*?)文本B', res)
4    print(source)
```

运行结果如下（注意返回的是一个列表）：

```
1    ['百度新闻']
```

在实战中，一般不把匹配规则直接写在 findall() 函数的括号里，而是分成两行，先写匹配规则，再调用 findall() 函数，代码如下。原因是有时匹配规则较长，分开写会比较清晰。

```
1    p_source = '文本A(.*?)文本B'
2    source = re.findall(p_source, res)
```

在实战中，满足匹配规则"文本 A(.*?) 文本 B"的内容通常不止一个，那么 findall() 函数会从字符串的起始位置开始寻找文本 A，找到后开始寻找文本 B，当找到第一个文本 B 后，暂时停止寻找，将文本 A 和文本 B 之间的内容存入列表；然后继续寻找文本 A，并重复之前的步骤，直到到达字符串的结束位置，并将所有匹配到的内容存入列表。演示代码如下：

```
1    import re
2    res = '文本A百度新闻文本B，新闻标题文本A新浪财经文本B，文本A搜狐新闻文
     本B新闻网址'
3    p_source = '文本A(.*?)文本B'
4    source = re.findall(p_source, res)
5    print(source)
```

运行结果如下：

```
1    ['百度新闻', '新浪财经', '搜狐新闻']
```

下面通过案例对前面讲解的知识进行实际应用。在百度新闻中搜索"阿里巴巴"，选择按时间排序后，用开发者工具查看搜索结果页面的网页源代码，以通过正则表达式从中提取新闻的来源和日期。

通过观察不同新闻的来源和日期的网页源代码，可发现来源都位于 class 属性为"c-color-gray c-font-normal c-gap-right"的 <span> 标签内，而日期都位于 class 属性为"c-color-gray2 c-font-normal" 的 <span> 标签内，如下图所示。

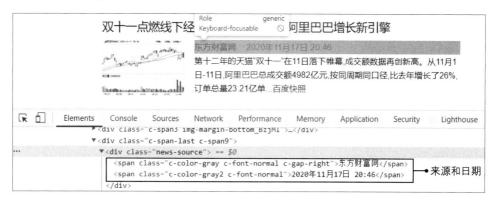

技巧：<span> 标签是一个行内标签，常用来连接一行内的内容，简单了解即可。

在 2.3.2 节讲过，class 属性表示类别，因此，通过带有 class 属性的标签能较好地定位内容。感兴趣的读者可以在右键快捷菜单显示的网页源代码中搜索相关的 class 属性，会发现搜索结果数量是 10，即每一页中显示的新闻条数，如下图所示。

综上所述，包含来源和日期的网页源代码具有如下规律：

<span class="c-color-gray c-font-normal c-gap-right">来源</span>

<span class="c-color-gray2 c-font-normal">日期</span>

根据上述规律，把来源换成 "(.*?)"，编写出用正则表达式提取新闻来源的代码如下：

```
1  res = '<span class="c-color-gray c-font-normal c-gap-right">东方财
   富网</span>'
2  p_source = '<span class="c-color-gray c-font-normal c-gap-right">
   (.*?)</span>'
3  source = re.findall(p_source, res)
```

用 print() 函数打印输出变量 source 的值，结果如下：

```
1    ['东方财富网']
```

用相同思路可编写出提取日期的正则表达式，读者可以先自行练习，3.1.6 节会揭晓答案。

编写代码时，正则表达式中"(.*?)"前后的文本不必手动输入，可以直接从网页源代码中复制，方法有两种。第 1 种方法是在开发者工具中网页元素对应的 HTML 代码标签上右击，然后执行"Copy>Copy element"命令，就可以复制相关标签的网页源代码，粘贴到代码中使用。第 2 种方法是在 Python 中通过 Requests 库或 Selenium 库获取网页源代码并打印输出，在输出结果中用快捷键【Ctrl+F】定位相关内容，再复制、粘贴到代码中使用。

笔者更推荐使用第 2 种方法，原因是用开发者工具看到的内容和用 Python 获取的内容有可能不一致，而数据的解析和提取是在后者的基础上进行的，自然应该以后者为准。而前面的案例之所以直接根据前者编写正则表达式，是因为已经事先在 Python 中确认过两者是一致。

总体来说，编写正则表达式的过程就是一个找规律的过程。如果有 class 属性，通常会用 class 属性作为强定位条件，并且最终根据 Python 获取的网页源代码来编写正则表达式。

3.1.3　正则表达式基础 3：非贪婪匹配之".*?"

学习完非贪婪匹配的第 1 种形式"(.*?)"，接着来学习非贪婪匹配的第 2 种形式".*?"，其基本语法格式如下：

文本C.*?文本D

简单来说，".*?"用于代替文本 C 和文本 D 之间的所有内容。之所以要使用".*?"，是因为文本 C 和文本 D 之间的内容经常变动或没有规律，无法写到匹配规则里；或者文本 C 和文本 D 之间的内容较多，我们不想写到匹配规则里。

下面用一个简单的例子来演示".*?"的用法，代码如下：

```
1    import re
2    res = '<h3>文本C<变化的网址>文本D新闻标题</h3>'
3    p_title = '<h3>文本C.*?文本D(.*?)</h3>'
4    title = re.findall(p_title, res)
5    print(title)
```

上述代码中，文本 C 和文本 D 之间为变化的网址，用".*?"代表，需要提取的是文本 D

和 </h3> 之间的内容，用"(.*?)"代表，运行结果如下：

```
1    ['新闻标题']
```

继续用一个案例对".*?"进行实际应用。如下图所示，用开发者工具可以观察到新闻的网址和标题都位于 <h3 class="news-title_1YtI1"> 这个标签内。

再用 Python 获取网页源代码，可以看到获取结果与用开发者工具看到的内容略有不同，主要区别是 <h3 class="news-title_1YtI1"> 后面没有换行，新闻标题中也没有换行，如下图所示。因此，下面根据 Python 获取的网页源代码编写正则表达式。

网址的提取比较简单，用 3.1.2 节讲解的"(.*?)"就能完成，读者可以先自行练习，3.1.6节会揭晓答案。而标题涉及的网页源代码初看感觉很复杂，但其中很多内容是我们不关心的，可用".*?"代替。这里先不考虑网页源代码中的换行，把代码都写到一行里，代码如下：

```
1    import re
2    res = '<h3 class="news-title_1YtI1">网址及一堆不关心的内容><!--s-text-->
     双十一点燃线下经济 "小时达"服务成<em>阿里巴巴</em>增长新引擎<!--/
     s-text--></a>'
```

```
3    p_title = '<h3 class="news-title_1YtI1">.*?>(.*?)</a>'
4    title = re.findall(p_title, res)
5    print(title)
```

运行结果如下，可以看到已经获取到了标题，不过其中还夹杂着一些无用的内容，需要进行清除，具体方法将在 3.1.5 节讲解。

```
1    ['<!--s-text-->双十一点燃线下经济 "小时达"服务成<em>阿里巴巴</em>增
长新引擎<!--/s-text-->']
```

上述代码的关键点是第 3 行代码中正则表达式的编写，其思路如下图所示。

其中文本 C、文本 D 及 "(.*?)" 的作用是定位到我们关心的内容——新闻标题。而文本 C 中的 ".*?" 则代表在 "<h3 class="news-title_1YtI1">" 和 ">" 之间我们不关心的内容。

有些读者可能会有疑问：为什么要选择 "<h3 class="news-title_1YtI1">" 作为定位新闻标题的文本，而不选择标题前面的 "<!--s-text-->" 呢？这是因为 "<!--s-text-->" 作为定位条件强度不够，可能会导致匹配到一些不相关的内容。3.1.6 节会讲解提取标题的正则表达式的其他编写方法。

以上演示的代码都没有考虑换行的情况，但实战中的网页源代码会有很多换行，而 "(.*?)" 和 ".*?" 无法自动匹配换行，如果遇到换行就不会继续匹配换行之后的内容。为了解决这个问题，需要用到下一节讲解的知识点——修饰符 re.S。

3.1.4　正则表达式基础 4：自动考虑换行的修饰符 re.S

修饰符有很多，最常用的是 re.S，其作用是让 findall() 函数在查找时可以自动考虑换行的影响，使得非贪婪匹配可以匹配换行。re.S 的基本语法格式如下：

re.findall(匹配规则, 原始文本, re.S)

先用一个简单的例子来演示 re.S 的用法，代码如下：

```
1    import re
2    res = '''文本A
3          百度新闻文本B'''
4    p_source = '文本A(.*?)文本B'
5    source = re.findall(p_source, res, re.S)
6    print(source)
```

技巧：1.2.1 节中讲过，可用三个单引号来定义注释。而此处第 2 行和第 3 行代码中的三个单引号则是用来定义带换行的字符串的。

这里的文本 A 和文本 B 之间有换行，因而在 findall() 函数的括号中要添加 re.S 修饰符，否则 "(.*?)" 会提取不到内容。运行结果如下：

```
1    ['百度新闻']
```

上一节提取标题的正则表达式中，"<h3 class="news-title_1YtI1">" 和 ">" 之间的 ".*?" 所代表的内容中实际上是有换行的，因此，同样要为 findall() 函数添加 re.S 修饰符，修改后的代码如下：

```
1    p_title = '<h3 class="news-title_1YtI1">.*?>(.*?)</a>'
2    title = re.findall(p_title, res, re.S)
```

3.1.5　正则表达式基础 5：知识点补充

1．sub() 函数

sub() 函数的名称来自英文单词 substitute（替换），该函数的基本语法格式如下：

re.sub(需要替换的内容, 替换值, 原字符串)

该函数主要用于清洗正则表达式提取出的内容。例如，3.1.3 节提取的新闻标题中还夹杂着 "<!--s-text-->" "<!--/s-text-->" "" "" 等无用的内容：

```
1    '<!--s-text-->双十一点燃线下经济 "小时达"服务成<em>阿里巴巴</em>增长
     新引擎<!--/s-text-->'
```

那么如何把这些无用的内容删除呢？传统的做法是使用 1.4.3 节介绍的 replace() 函数，代码如下：

```
1   title = '<!--s-text-->双十一点燃线下经济 "小时达"服务成<em>阿里巴巴
    </em>增长新引擎<!--/s-text-->'
2   title = title.replace('<!--s-text-->', '')
3   title = title.replace('<em>', '')
4   title = title.replace('</em>', '')
5   print(title)
```

运行结果如下：

```
1   双十一点燃线下经济 "小时达"服务成阿里巴巴增长新引擎
```

尽管用 replace() 函数可以达到目的，但是仍然不够灵活。如果其他标题的 "<>" 中是不同的内容，那么就需要再写一行代码，再调用一次 replace() 函数。而 sub() 函数则能以更加灵活和高效的方式来解决这个问题，代码如下：

```
1   title = '<!--s-text-->双十一点燃线下经济 "小时达"服务成<em>阿里巴巴
    </em>增长新引擎<!--/s-text-->'
2   title = re.sub('<.*?>', '', title)
3   print(title)
```

可以得到相同的运行结果：

```
1   双十一点燃线下经济 "小时达"服务成阿里巴巴增长新引擎
```

第 2 行代码中的 "<.*?>" 可能不太容易理解，回顾之前讲过的 ".*?"，可以发现 "<.*?>" 其实代表任何 "<×××>" 形式的字符串，那么自然涵盖了要删除的 "<!--s-text-->" "<!--/s-text-->" "" "" 等内容。下图可帮助大家更好地理解 sub() 函数在这里所起的作用。

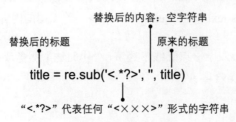

2．中括号"[ ]"的用法

在正则表达式中，"."".""*""?"等符号都有特殊的含义，但是如果想匹配的就是这些符号，就需要使用中括号取消这些符号的特殊含义。例如，想删除字符串里所有的"*"号（这个操作在爬取股票名称时很常用，因为有的上市公司名称里有"*"号，爬取后需要删除），演示代码如下：

```
1    company = '*华能信托'
2    company1 = re.sub('[*]', '', company)
3    print(company1)
```

运行结果如下：

```
1    华能信托
```

3.1.6　案例实战：提取百度新闻的标题、网址、日期和来源

本节以提取百度新闻的标题、网址、日期和来源为例，演示爬虫任务的完整步骤。

1．获取网页源代码

首先回顾一下 2.1.2 节中通过 Requests 库获取网页源代码的代码：

```
1    import requests
2    headers = {'User-Agent': 'Mozilla/5.0 (Windows NT 10.0; Win64;
     x64) AppleWebKit/537.36 (KHTML, like Gecko) Chrome/86.0.4240.198
     Safari/537.36'}
3    url = 'https://www.baidu.com/s?rtt=4&tn=news&word=阿里巴巴'
4    res = requests.get(url, headers=headers).text
5    print(res)
```

通过上述代码就可以获取在百度新闻中搜索"阿里巴巴"的结果页面的网页源代码。

2．编写正则表达式提取数据

在 3.1.2 和 3.1.3 节中已经讲解了提取新闻的来源和标题的正则表达式是如何编写的，这

里对相关代码进行汇总，然后讲解提取新闻的日期和网址的正则表达式的编写。

（1）提取新闻的来源和日期

前面已经找到了包含来源和日期的网页源代码的规律，具体如下：

<span class="c-color-gray c-font-normal c-gap-right">来源</span>

<span class="c-color-gray2 c-font-normal">日期</span>

根据上述规律，编写出用正则表达式提取来源和日期的代码如下：

```
1   p_date = '<span class="c-color-gray2 c-font-normal">(.*?)</span>'
2   p_source = '<span class="c-color-gray c-font-normal c-gap-right">
    (.*?)</span>'
3   date = re.findall(p_date, res)  # 不存在换行，无须添加re.S
4   source = re.findall(p_source, res)  # 不存在换行，无须添加re.S
```

（2）提取新闻的网址和标题

接着以下图所示的用 Python 获取的网页源代码为准，研究如何提取网址和标题。

通过观察，可以发现包含网址的网页源代码有如下规律：

<h3 class="news-title_1YtI1"><a href="网址"

根据上述规律，编写出用正则表达式提取网址的代码如下：

```
1   p_href = '<h3 class="news-title_1YtI1"><a href="(.*?)"'
2   href = re.findall(p_href, res)  # 不存在换行，无须添加re.S
```

标题的获取稍微复杂一些。通过观察，发现包含标题的网页源代码有如下规律：

<h3 class="news-title_1YtI1">一些不关心的内容（含换行）>标题</a>

根据上述规律，编写出用正则表达式提取标题的代码如下：

```
1    p_title = '<h3 class="news-title_1YtI1">.*?>(.*?)</a>'   # 用 ".*?"
     代替不关心的内容，用 "(.*?)" 提取需要的内容
2    title = re.findall(p_title, res, re.S)   # 存在换行，需要添加re.S
```

提取所需数据后，可用 print() 函数打印输出数据内容进行查看，结果如下图所示。还可用 len() 函数查看获取的各项内容的条数是否一致，以验证正则表达式是否编写正确。

可看到网址、日期、来源基本没有问题，但是标题含有 "<!--s-text-->" "<!--/s-text-->" "" "" 等无用的字符串，需要进行数据清洗。

补充知识点：正则表达式的其他写法

正则表达式的写法并非只有一种。如下图所示，新闻的网址和标题其实都位于 <a> 标签中，具有 "<a href="网址"> 文本内容 </a>" 的规律，虽然其中有一些我们不关心的内容，但 <a> 标签含有 class 属性，可以作为一个强定位条件。

因此，网址和标题也可以用如下代码提取，虽然不如之前的方法简洁，但也不失为一种新的思路。

```
1    p_href = '<a href="(.*?)" target="_blank" class="news-title-
     font_1xS-F"'
2    href = re.findall(p_href, res)
3    p_title = '<a href=".*?" target="_blank" class="news-title-
     font_1xS-F".*?>(.*?)</a>'
4    title = re.findall(p_title, res, re.S)
```

（3）数据清洗和打印输出

用 re 库中的 sub() 函数删除 "<em>" 等无用的字符串，然后用 "+" 运算符将各项内容拼接起来，用 print() 函数打印输出，代码如下：

```
1    for i in range(len(title)):
2        title[i] = re.sub('<.*?>', '', title[i])
3        print(str(i + 1) + '.' + title[i] + '(' + source[i] + ' ' +
         date[i] + ')')
4        print(href[i])
```

第 3 行代码中的 i 是数字，所以在拼接字符串时要用 str() 函数转换为字符串，并且 i 是从 0 开始的序号，所以要写成 str(i + 1)。

运行结果如下（部分内容从略），需要的数据基本都获取到了。

```
1    1.阿里巴巴港股股价首破300港元 市值逼近6.5万亿港元(站长之家 10分钟前)
2    http://www.chinaz.com/2020/1020/1197224.shtml
3    2.阿里巴巴董事长张勇如何看待技术员工的35岁焦虑？不怕只写代码...(36氪 56
     分钟前)
4    https://baijiahao.baidu.com/s?id=1681045868837927793&amp;wfr=spi-
     der&amp;for=pc
5    3.阿里巴巴盘中上涨近1% 股价首次站上300港元关口(腾讯网 2小时前)
6    https://new.qq.com/omn/FIN20201/FIN202010200076930Y.html
7    ············
```

技巧：如果提取的数据首尾存在无用的空格或换行，可利用 1.4.3 节介绍的 strip() 函数来删除，演示代码如下：

```
1    for i in range(len(title)):
2        title[i] = title[i].strip()
```

技巧：如果觉得用 "+" 运算符进行字符串拼接比较麻烦，也可以用逗号来分隔要同时输出的多项内容，演示代码如下（输出时各项内容位于同一行，之间以空格分隔）：

```
1    print(str(i + 1) + '.' + title[i], source[i], date[i])
```

需要注意的是，如果正则表达式编写不正确，会导致提取的标题、网址、来源和日期的数量不一致，那么在通过 for i in range(len(title)) 进行遍历时，程序会出现如下报错：

```
1    IndexError: list index out of range
```

上述报错的意思为"索引错误：列表索引超出范围"。举例来说，提取的标题有 10 条，但是日期只有 8 条，当 i 遍历到 8 时，就不会有 date[8] 这个内容（因为序号从 0 开始），从而产生报错。此时可利用 len() 函数查看各个列表的长度是否一致，以帮助改正代码中的错误。

最后将所有代码汇总如下：

```
1    import requests
2    import re
3
4    headers = {'User-Agent': 'Mozilla/5.0 (Windows NT 10.0; Win64;
     x64) AppleWebKit/537.36 (KHTML, like Gecko) Chrome/85.0.4183.83
     Safari/537.36'}
5
6    url = 'https://www.baidu.com/s?rtt=4&tn=news&word=阿里巴巴'
7    res = requests.get(url, headers=headers).text
8
9    # 提取网址和标题
10   p_href = '<h3 class="news-title_1YtI1"><a href="(.*?)"'
11   href = re.findall(p_href, res, re.S)
12   p_title = '<h3 class="news-title_1YtI1">.*?>(.*?)</a>'
13   title = re.findall(p_title, res, re.S)
14   # 提取日期和来源
15   p_date = '<span class="c-color-gray2 c-font-normal">(.*?)</span>'
16   date = re.findall(p_date, res)
17   p_source = '<span class="c-color-gray c-font-normal c-gap-right">
     (.*?)</span>'
18   source = re.findall(p_source, res)
19   # 数据清洗和打印输出
20   for i in range(len(title)):
21       title[i] = re.sub('<.*?>', '', title[i])
```

```
22    print(str(i + 1) + '.' + title[i] + '(' + source[i] + ' ' +
      date[i] + ')')
23    print(href[i])
```

在 3.7 节还会对百度新闻的爬取做进一步的处理，在第 5 章会对日期格式做进一步的清洗。

3.2 用 BeautifulSoup 库解析和提取数据

BeautifulSoup 库是爬虫任务中较常用的一个网页源代码解析库。熟悉了 2.3 节的 HTML 基础知识后，就能用 BeautifulSoup 库快速解析和提取想要的数据，而且代码相对简洁。本节先通过简单的例子讲解 BeautifulSoup 库的基本用法，然后通过新浪新闻爬取实战进行巩固。

对于初学者而言，正则表达式和 BeautifulSoup 库两者掌握其一即可，不过如果能对两种解析手段都有所了解，在解析网页源代码时会多一些思路。

如果没有安装 BeautifulSoup 库，可以使用命令"pip install beautifulsoup4"来安装，注意安装时使用的库名为"beautifulsoup4"。如果安装失败，可尝试从镜像服务器安装，具体方法见 1.4.4 节，这里不再赘述。

3.2.1 解析特定标签的网页元素

首先构建一段网页源代码用来演示 BeautifulSoup 库的用法，具体如下。其中 res 是用三个单引号定义的字符串，这样可以让字符串包含换行。

```
1    res = '''
2    <html>
3        <body>
4            <h1 class="title">华能信托是家好公司</h1>
5            <h1 class="title">上海交大是所好学校</h1>
6            <a href="https://www.baidu.com/" id="source">百度新闻</a>
7        </body>
8    </html>
9    '''
```

BeautifulSoup 库可以根据 HTML 标签解析网页元素并提取文本内容。下面从第 4 行和第

5 行代码中的 <h1> 标签（一级标题）入手进行提取，代码如下：

```
1    from bs4 import BeautifulSoup
2    soup = BeautifulSoup(res, 'html.parser')
3    title = soup.select('h1')
4    print(title)
```

第 1 行代码是导入 BeautifulSoup 库的固定写法，bs4 是 beautifulsoup4 的缩写。

第 2 行代码用于激活 BeautifulSoup 库，其中 'html.parser' 表示设置解析器为 HTML 解析器，res 则是之前创建的需要解析的网页源代码，并将解析器命名为 soup。

第 3 行代码用 select() 函数选取所有 <h1> 标签，传入的参数为标签名。

第 4 行代码打印输出选取结果。

运行结果如下，可以看到选取成功。

```
1    [<h1 class="title">华能信托是家好公司</h1>, <h1 class="title">上海交
     大是所好学校</h1>]
```

继续选取所有 <a> 标签，代码如下：

```
1    source = soup.select('a')
2    print(source)
```

运行结果如下：

```
1    [<a href="https://www.baidu.com/" id="source">百度新闻</a>]
```

如果想进一步提取标签中的文本内容，则需要遍历各个标签，然后通过 text 属性提取文本内容，代码如下：

```
1    for i in title:
2        print(i.text)
```

运行结果如下，可以看到成功提取了 <h1> 标签中的文本内容。

```
1    华能信托是家好公司
2    上海交大是所好学校
```

通过 text 属性提取文本内容的一个好处是它只提取文本，会自动忽略可能存在的 <em> 或 </em> 等标签，因而无须再对提取结果做数据清洗。更多内容将在 3.4.2 节讲解。

如果想把这些文本保存起来，可构造一个空列表，再将文本逐一添加到列表中，代码如下：

```
1   title_all = []
2   for i in title:
3       title_all.append(i.text)   # 用append()函数添加文本内容i.text
```

3.2.2 解析特定属性的网页元素

2.3.2 节讲过，有些标签具有特定的属性，如 class 和 id。BeautifulSoup 库也支持根据特定属性解析网页元素。

本例中，所有 <h1> 标签的 class 属性都为"title"，相应的解析代码如下：

```
1   title = soup.select('.title')
2   print(title)
```

和 3.2.1 节不同，这里在 select() 函数中输入的参数不是标签名，而是 class 属性的值，并且在属性值前需要加上"."，用于声明寻找的是 class 属性。运行结果如下：

```
1   [<h1 class="title">华能信托是家好公司</h1>，<h1 class="title">上海交
    大是所好学校</h1>]
```

可以看到所有 class 属性为"title"的标签都被选取出来了，随后可以和 3.2.1 节一样，通过 text 属性提取标签中的文本内容，代码如下：

```
1   for i in title:
2       print(i.text)
```

同理，如果想选取特定 id 属性的标签，可以通过如下代码实现：

```
1   source = soup.select('#source')
2   print(source)
```

与根据 class 属性选取标签唯一的区别是，在属性值前用"#"号来声明寻找的是 id 属性。运行结果如下：

```
1    [<a href="https://www.baidu.com/" id="source">百度新闻</a>]
```

 补充知识点：select() 函数的多层次筛选

在 2.3.1 节讲过，网页源代码中的标签通常是层层嵌套的关系。在如下所示的示例代码中，第 3 行的 <h1> 标签就是包含在第 2 ～ 4 行的 <div> 标签中。

```
1    res = '''
2    <div class="result1">
3        <h1 class="title">华能信托是家好公司</h1>
4    </div>
5    <div class="result2">
6        <h1 class="title">华能信托是家好公司</h1>
7    </div>
8    '''
```

如果只想提取 class 属性为 "result1" 的 <div> 标签里的标题信息，就要利用 select() 函数的多层次筛选功能，代码如下：

```
1    soup = BeautifulSoup(res, 'html.parser')
2    title = soup.select('.result1 h1')   # 核心代码，多层次筛选
3    print(title)
```

其核心为第 2 行代码，通过在 select() 函数中连续传入多个层级的筛选条件，实现多层次筛选。该行代码也可以写成 title = soup.select('.result .title')。运行结果如下：

```
1    [<h1 class="title">华能信托是家好公司</h1>]
```

3.2.3　提取 <a> 标签中的网址

前面学习了如何从标签中提取文本，本节来讲解如何从 <a> 标签中提取网址，代码如下：

```
1    source = soup.select('a')
```

```
2  for i in source:
3      print(i['href'])
```

第 1 行代码选取所有 <a> 标签，然后遍历选取结果，并通过 href 属性提取 <a> 标签中的
网址，运行结果如下。因为这里演示的网页源代码只有 1 个 <a> 标签，所以只输出了 1 个网址。

```
1  https://www.baidu.com/
```

整理一下 BeautifulSoup 库的核心知识点，如下表所示。

知识点	演示代码	知识点	演示代码
根据标签名选取标签	soup.select('h1')	提取标签的文本内容	i.text
根据class属性选取标签	soup.select('.title')	提取<a>标签中的网址	i['href']
根据id属性选取标签	soup.select('#source')	—	—

3.2.4　案例实战：新浪新闻标题和网址爬取

新浪新闻的"国内"频道（https://news.sina.com.cn/china/）页面效果如下图所示。本节
要利用 BeautifulSoup 库爬取该页面中头条新闻的标题和网址。

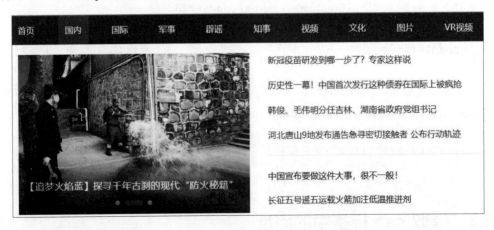

1．获取网页源代码

爬虫任务的第一步永远都是获取正确的网页源代码。我们先用常规手段尝试获取网页源
代码，代码如下：

```
1  import requests
2  headers = {'User-Agent': 'Mozilla/5.0 (Windows NT 10.0; Win64;
   x64) AppleWebKit/537.36 (KHTML, like Gecko) Chrome/86.0.4240.198
   Safari/537.36'}
3  url = 'http://news.sina.com.cn/china/'
4  res = requests.get(url, headers=headers).text
5  print(res)
```

这里为了增加获取的成功率，通过设置 headers 参数，用 User-Agent 来模拟浏览器访问网页。获取到的网页源代码如下图所示。

可以看到，获取到的网页源代码中有很多乱码，这些乱码原本应该是中文字符。中文字符变成乱码是新浪新闻网页源代码获取过程中的一个难点。

网页源代码中出现乱码的原因主要是 Python 获取的网页源代码的编码格式和网页实际的编码格式不一致，常见的编码格式有 UTF-8、GBK、ISO-8859-1。

先来查看网页实际的编码格式。用开发者工具查看网页源代码，然后展开 <head> 标签，查看 <meta> 标签的 charset 属性，可以知道网页的编码格式为 UTF-8，如下图所示。

然后通过 Requests 库的 encoding 属性查看 Python 获取的网页源代码的编码格式，代码如下：

```
1  code = requests.get(url, headers=headers).encoding
```

用 print() 函数打印输出 code，结果为 ISO-8859-1，与网页实际的编码格式 UTF-8 不一致，这就是导致 Python 获取的内容出现乱码的原因。下面讲解两种解决方法。

方法 1：对获取的网页源代码文本进行处理

第 1 种方法是对获取的网页源代码文本进行重新编码及解码，代码如下：

```
1   res = requests.get(url, headers=headers).text
2   res = res.encode('ISO-8859-1').decode('utf-8')
```

第 2 行代码先用 encode() 函数将获取的网页源代码文本用 ISO-8859-1 格式编码为二进制字符，然后用 decode() 函数将二进制字符用网页实际的编码格式 UTF-8 进行解码，即将获取的文本的编码格式变成网页实际的编码格式。关于编码和解码的更多知识会在 5.1.3 节讲解，这里先简单了解即可。

方法 2：对获取的网页响应进行编码处理，再提取文本

第 2 种方法是先对获取的网页响应进行编码处理，再通过 text 属性提取网页源代码的文本，代码如下：

```
1   res = requests.get(url, headers=headers)
2   res.encoding = 'utf-8'
3   res = res.text
```

这里使用第 2 种方法解决乱码问题，再次打印输出 res，可看到网页源代码中不再含有乱码，如下图所示。

```
<html>
<head>
    <meta http-equiv="Content-type" content="text/html; charset=utf-8" />
    <title>国内新闻_新闻中心_新浪网</title>
<meta name="keywords" content="国内时政,内地新闻">
<meta name="description" content="新闻中心国内频道，纵览国内时政、综述评论及图片的栏目，主要包括时政要闻、内地新闻、港澳台新闻、媒体聚焦、评论分析。">
<meta name="robots" content="noarchive">
<meta name="Baiduspider" content="noarchive">
<meta http-equiv="Cache-Control" content="no-transform">
<meta http-equiv="Cache-Control" content="no-siteapp">
<meta name="applicable-device" content="pc,mobile">
<meta name="MobileOptimized" content="width">
<meta name="HandheldFriendly" content="true">
<meta content="always" name="referrer">
```

2. 用 BeautifulSoup 库解析网页源代码

成功获取到网页源代码后，就可以对源代码进行解析了，这里使用 BeautifulSoup 库进行解析。首先分析网页源代码的规律，因为用开发者工具看到的内容和用 Python 获取的内容一致，所以直接用开发者工具中的内容进行分析。

如下图所示，可以看到头条新闻的存放位置路径为：class 属性为 "news-1" 或 "news-2" 的 \<ul> 标签→ \<li> 标签→ \<a> 标签。

根据分析结果，编写出如下代码来选取标签：

```
1   soup = BeautifulSoup(res, 'html.parser')
2   a = soup.select('.news-1 li a') + soup.select('.news-2 li a')
```

这里有两点需要注意：第一，select('.news-1 li a') 使用了多层次筛选功能，先用 ".news-1" 筛选 class 属性为 "news-1" 的标签，再用 "li a" 继续往下筛选 \<li> 标签下的 \<a> 标签；第二，这里直接把两个 select() 函数的筛选结果用 "+" 号连接起来，类似于列表的拼接，实现选取结果的汇总。a 的打印输出结果如下（部分内容从略），可以看到成功选取了所有包含头条新闻的 \<a> 标签。

```
1   [<a href="https://news.sina.com.cn/c/2020-11-22/doc-iiznezxs
    3071445.shtml" target="_blank">新冠疫苗研发到哪一步了？专家这样说</a>,
    <a href="https://news.sina.com.cn/c/2020-11-22/doc-iiznctke
    2647388.shtml" target="_blank">历史性一幕！中国首次发行这种债券在国际
    上被疯抢</a>, <a ……]
```

然后根据 3.2.1 节和 3.2.3 节讲解的知识，用 text 属性提取标题，用 ['href'] 属性提取网址，代码如下：

```
1   for i in range(len(a)):
2       print(str(i + 1) + '.' + a[i].text)
3       print(a[i]['href'])
```

运行结果如下（部分内容从略）：

```
1    1.新冠疫苗研发到哪一步了？专家这样说
2    https://news.sina.com.cn/c/2020-11-22/doc-iiznezxs3071445.shtml
3    2.历史性一幕！中国首次发行这种债券在国际上被疯抢
4    https://news.sina.com.cn/c/2020-11-22/doc-iiznctke2647388.shtml
5    ············
```

如果想将提取的标题和网址保存到列表中，可以使用如下代码：

```
1    title = []
2    href = []
3    for i in range(len(a)):
4        title.append(a[i].text)
5        href.append(a[i]['href'])
```

完整代码汇总如下：

```
1    import requests
2    from bs4 import BeautifulSoup
3    headers = {'User-Agent': 'Mozilla/5.0 (Windows NT 10.0; Win64;
     x64) AppleWebKit/537.36 (KHTML, like Gecko) Chrome/86.0.4240.198
     Safari/537.36'}
4    url = 'http://news.sina.com.cn/china/'
5    res = requests.get(url, headers=headers)
6    res.encoding = 'utf-8'
7    res = res.text
8
9    soup = BeautifulSoup(res, 'html.parser')
10   a = soup.select('.news-1 li a') + soup.select('.news-2 li a')
11
12   for i in range(len(a)):
13       print(str(i + 1) + '.' + a[i].text)
14       print(a[i]['href'])
```

3.3　百度新闻爬取进阶探索

3.1.6 节对百度新闻进行了初步爬取，本节就来对百度新闻的爬取做进一步探索。

3.3.1　批量爬取多家公司的新闻

3.1.6 节从百度新闻爬取了与"阿里巴巴"相关的新闻的标题、网址、日期和来源。如果要爬取其他公司的新闻，最简单的办法就是把代码复制一遍，然后修改网址。但是如果有几十家公司的新闻需要爬取，用复制的办法就有点低效了。下面利用自定义函数来解决批量爬取的问题。

首先用一个简单的例子来回顾一下自定义函数的语法知识：

```
1  def baidu(company):
2      url = 'https://www.baidu.com/s?rtt=4&tn=news&word=' + company
3      print(url)
4
5  # 批量调用函数
6  companies = ['华能信托', '阿里巴巴', '百度集团']
7  for i in companies:
8      baidu(i)
```

第 1 ～ 3 行代码编写了一个自定义函数 baidu()，该函数只有一个参数 company，功能代码为第 2 行和第 3 行：第 2 行定义了一个变量 url，其中的 company 是函数的参数；第 3 行打印输出变量 url。定义函数后，便可以用 for 循环语句批量调用函数了。

运行结果如下：

```
1  https://www.baidu.com/s?rtt=4&tn=news&word=华能信托
2  https://www.baidu.com/s?rtt=4&tn=news&word=阿里巴巴
3  https://www.baidu.com/s?rtt=4&tn=news&word=百度集团
```

上述代码就体现了批量爬取的核心思路。根据这个思路编写出从百度新闻批量爬取多家公司新闻的代码框架如下（其中省略了部分代码）：

```
1  # 这部分需要编写导入库和设置headers等参数的代码
```

```
2   def baidu(company):
3       url = 'https://www.baidu.com/s?rtt=4&tn=news&word=' + company
4       res = requests.get(url, headers=headers).text
5       # 这部分需要编写数据提取、清洗、打印输出的代码，参见3.1.6节，注意缩
        进，写到函数内部
6
7   companies = ['华能信托', '阿里巴巴', '万科集团', '腾讯', '京东']
8   for i in companies:
9       baidu(i)
10      print(i + '百度新闻爬取成功')
```

上述代码定义了一个 baidu() 函数，函数的功能代码会根据传入的参数 company 修改爬取的网址，最后通过 for 循环语句调用 baidu() 函数并传入不同公司的名称，从而实现批量爬取。

3.3.2　将爬取结果保存为文本文件

现在已经能够批量爬取新闻并在 Python 中输出爬取结果了。如果还想把爬取到的内容保存成文件，最简单的办法是选中 Python 输出的内容，再复制、粘贴到文本文件或 Word 文档中，不过这个方法的效率比较低。其实用 Python 是可以自动生成文本文件的，下面就来讲解具体方法。

首先来讲解如何生成一个文本文件，代码如下：

```
1   file1 = open('E:\\测试.txt', 'a')
2   file1.write('把内容写入文本文件，就是这么简单')
```

运行上述代码，会在 E 盘的根文件夹下创建一个名为"测试.txt"的文本文件，打开该文件，可以看到"把内容写入文本文件，就是这么简单"的文本。用下图来解释一下上述代码。

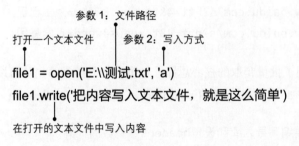

第 1 行代码用于打开一个文本文件，其基本语法格式如下：

变量名 = open('文件路径', '写入方式')

其中文件路径就是文件所在的地址，如果该文件不存在，则自动新建该文件。写入方式主要有两种：'w'，表示每次新写入内容都会清除原有内容；'a'，表示不清除原有内容，在原有内容之后写入新内容。一般用写入方式 'a'，这样不用担心原有内容被清空。

第 2 行代码使用 write() 函数把内容写入打开的文本文件。读者可以把 write() 函数括号中的内容换成其他内容，看看会得到怎样的运行结果。

掌握了上面的知识，就可以将爬取到的内容保存为文本文件了，代码框架如下（其中省略了部分代码）：

```python
# 这部分需要编写导入库和设置headers等参数的代码
def baidu(company):
    url = 'https://www.baidu.com/s?rtt=4&tn=news&word=' + company
    res = requests.get(url, headers=headers).text
    # 这部分需要编写数据提取、清洗、打印输出的代码，参见3.1.6节，注意缩进，写到函数内部

    file1 = open('E:\\数据挖掘报告.txt', 'a')  # 将爬取内容保存到E盘根文件夹下的文本文件"数据挖掘报告.txt"中
    file1.write(company + '数据挖掘完毕！' + '\n' + '\n')  # '\n'表示换行
    for i in range(len(title)):
        file1.write(str(i + 1) + '.' + title[i] + '(' + date[i] + '-' + source[i] + ')' + '\n')
        file1.write(href[i] + '\n')
    file1.write('————————————————' + '\n' + '\n')  # 分隔符

companies = ['华能信托', '阿里巴巴', '万科集团', '腾讯', '京东']
for i in companies:
    baidu(i)
    print(i + '百度新闻爬取成功')
```

其中的 '\n' 表示换行符，可以把它当成拼接字符串时用于实现换行效果的一个字符，这

里主要利用它来让版面更清晰美观。其他内容其实和之前讲的打印输出清洗后的数据没有区别，只是把 print() 函数换成了 file1.wirte() 函数。

补充知识点 1：文件的相对路径与绝对路径

文件的相对路径就是代码文件所在的文件夹。例如，'数据挖掘报告.txt' 表示该文件位于代码文件所在的文件夹下。相对路径的另一种写法是"./ 数据挖掘报告.txt"，其中"./"表示同级文件夹（"../"则表示代码文件所在文件夹的上一级文件夹）。使用相对路径的好处是在不同的计算机上运行代码时无须修改文件路径。

文件的绝对路径就是文件的完整路径，如 'E:\大数据分析\data.xlsx'。因为在 Python 中"\"有特殊含义，如"\n"表示换行，所以通常建议在书写绝对路径时用两个"\"来取消单个"\"的特殊含义，写成 'E:\\大数据分析\\data.xlsx'。

此外，还可以在文件路径的字符串前加一个字母"r"来取消单个"\"的特殊含义，或者用一个"/"来代替"\\"。

路径的写法总结如下：

```
1  open('E:\\大数据分析\\数据挖掘报告.txt', 'a')  # 绝对路径推荐写法1
2  open(r'E:\大数据分析\数据挖掘报告.txt', 'a')   # 绝对路径推荐写法2
3  open('E:/大数据分析/数据挖掘报告.txt', 'a')    # 绝对路径推荐写法3
4  open('数据挖掘报告.txt', 'a')  # 相对路径写法
```

补充知识点 2：文本文件的编码问题

如果运行程序时出现类似 "'gbk' codec can't encode character '\u2022'" 的报错信息，是因为有些计算机的文本文件编码格式为 GBK（更多数据编码的知识可参考 5.1.3 节），而如果读取的内容是 UTF-8，就会导致中文变成乱码。解决办法是将 open() 函数的参数 encoding 设置为 'utf-8'，代码如下：

```
1  file1 = open('数据挖掘报告.txt', 'a', encoding='utf-8')
```

3.3.3 异常处理及 24 小时不间断爬取

1. 异常处理

有时虽然代码写得比较完善，但是总难免会遇到网页结构出现预想不到的状况或者突然断网等意外。为了防止程序因为很偶然的异常情况而停止运行，可以使用 1.3.4 节介绍的 try/except 异常处理语句来处理异常情况，代码如下：

```
1  companies = ['华能信托', '阿里巴巴', '万科集团', '腾讯', '京东']
2  for i in companies:
3      try:
4          baidu(i)
5          print(i + '百度新闻爬取成功')
6      except:
7          print(i + '百度新闻爬取失败')
```

如果 baidu() 函数在执行时出现异常，例如，在爬取"万科集团"时出现异常，程序不会停止运行，而会执行 except 部分的代码，打印输出"万科集团百度新闻爬取失败"。

2. 24 小时不间断爬取

如果想实现 24 小时不间断爬取，可以使用 1.3.3 节介绍的 while True 构造一个永久循环，代码如下：

```
1  while True:
2      companies = ['华能信托', '阿里巴巴', '万科集团', '腾讯', '京东']
3      for i in companies:
4          try:
5              baidu(i)
6              print(i + '百度新闻爬取成功')
7          except:
8              print(i + '百度新闻爬取失败')
```

这样程序就会 24 小时不间断地运行，而且因为使用了异常处理语句，所以就算出现了异常，整个程序也不会中断。例如，如果在爬取过程中突然断网，程序就会进行异常处理，输出爬取失败的信息，当网络恢复后，程序则会继续爬取。

如果不需要一直爬取，而是每隔一定时间爬取一次，可以使用 time 库中的 sleep() 函数来达到目的，代码如下：

```
1   import time
2   while True:
3       companies = ['华能信托', '阿里巴巴', '万科集团', '腾讯', '京东']
4       for i in companies:
5           try:
6               baidu(i)
7               print(i + '新闻爬取成功')
8           except:
9               print(i + '新闻爬取失败')
10      time.sleep(10800)
```

第 1 行代码导入 time 库。第 10 行代码调用 time 库中的 sleep() 函数实现等待指定的时长，函数括号中数字的单位是秒，time.sleep(10800) 就是等待 10800 秒（3 小时）。这样 for 循环语句执行完一遍之后，会自动等待 3 小时再继续运行。注意第 10 行代码不要写到 for 循环语句内部，它的缩进量要和 for 循环语句的缩进量相同，因为是要等 for 循环语句执行完才执行等待操作。

完整的代码框架如下：

```
1   # 这部分需要编写导入库和设置headers等参数的代码
2   def baidu(company):
3       url = 'https://www.baidu.com/s?rtt=4&tn=news&word=' + company
4       res = requests.get(url, headers=headers).text
5       # 这部分需要编写数据提取、清洗、打印输出或保存为文本文件的代码，参见
        3.1.6节和3.3.2节，注意缩进，写到函数内部
6
7   while True:
8       companies = ['华能信托', '阿里巴巴', '万科集团', '腾讯', '京东']
9       for i in companies:
10          try:
11              baidu(i)
```

```
12                 print(i + '百度新闻爬取成功')
13         except:
14             print(i + '百度新闻爬取失败')
15     time.sleep(10800)
```

至此便实现了 24 小时不间断地爬取多家公司的新闻数据。需要说明的是，这里对每家公司的新闻只爬取了搜索结果的第 1 页，那么会不会错过重要的新闻呢？答案是不会的，因为这是 24 小时不间断爬取，并且在网址中设置了 rtt=4 来按时间排序，使最新的新闻出现在第 1 页，所以只要出现新的新闻基本都可以捕捉到。有的读者可能又有疑问：这样一直爬取，会不会爬取到很多重复的新闻呢？答案是会的，不间断爬取的确会爬取到重复的内容，此时需要进行数据去重，相关知识将在第 6 章详细讲解。

3.3.4　批量爬取多页内容

前面解释过，实现 24 小时不间断爬取后，只爬取 1 页已经不太可能遗漏新的新闻。但在实战中常常还是需要批量爬取多页内容，下面就来讲解相应的方法。

1．爬取一家公司的多页内容

其实爬取多页内容和爬取多家公司的新闻比较类似，都是在网址上做文章。在百度新闻中搜索"阿里巴巴"，搜索结果第 1 页的网址如下（该网址做了精简，下同）：

```
1    https://www.baidu.com/s?rtt=4&tn=news&word=阿里巴巴
```

在第 1 页底部单击链接跳转到第 2 页，网址如下：

```
1    https://www.baidu.com/s?rtt=4&tn=news&word=阿里巴巴&pn=10
```

此时好像还找不出什么规律，再来看第 3 页，网址如下：

```
1    https://www.baidu.com/s?rtt=4&tn=news&word=阿里巴巴&pn=20
```

再多翻几页，对比一下网址，就能发现一个规律：从第 2 页开始，每个网址只有一个内容有变化，即"&pn=××"，其等号后的数字以 10、20、30……的规律递增，可以推断它就是爬取多页的关键（猜测 pn 可能是 page number 的缩写）。

现在还需要解决第 1 页的网址的问题，因为它和其他页的网址不太一样，并没有
"&pn=××" 的内容。之前解释过，网址中有些内容不是必需的，这里第 1 页的网址就属于
这种情况，它不需要有 "&pn=××" 就能打开。我们可以尝试仿照其他页的网址格式构造一
个第 1 页的网址，看看还能不能打开。按递增规律猜测第 1 页的网址中应该是 "&pn=0"，由
此构造出第 1 页的网址如下：

```
1   https://www.baidu.com/s?rtt=4&tn=news&word=阿里巴巴&pn=0
```

将这个网址复制、粘贴到浏览器的地址栏中并打开，可以看到的确是第 1 页的内容，说
明上述规律是有效的。下面就可以根据这个规律构造网址，批量爬取多页内容了，代码框架
如下：

```
1   def baidu(page):
2       num = (page - 1) * 10  # 参数规律是（页码-1）×10
3       url = 'https://www.baidu.com/s?rtt=4&tn=news&word=阿里巴巴
         &pn=' + str(num)
4       res = requests.get(url, headers=headers).text
5       # 此处省略了数据提取、清洗、打印输出的代码
6
7   for i in range(10):
8       baidu(i + 1)  # i是从0开始的序号，要加上1才是页码
9       print('第' + str(i + 1) + '页爬取成功')
10      time.sleep(3)  # 每爬取一页就等待3秒，以免触发百度的反爬机制
```

上述代码中的 num、i 是数字类型的变量，在做字符串拼接时注意用 str() 函数进行转换。
此外，笔者在实践中发现如果爬取太快会触发百度的反爬机制，因此，每爬取一页后通过第
10 行代码等待 3 秒，以保证每一页都能爬取成功。

2．爬取多家公司的多页内容

如果想爬取多家公司的多页内容，可以给 baidu() 函数设置两个参数，通过两个 for 循环
语句进行批量爬取，代码框架如下：

```
1   def baidu(company, page):
2       num = (page - 1) * 10  # 参数规律是（页码-1）×10
```

```
3        url = 'https://www.baidu.com/s?rtt=4&tn=news&word=' + company
         + '&pn=' + str(num)
4        res = requests.get(url, headers=headers).text
5        # 此处省略了数据提取、清洗、打印输出的代码
6
7    companies = ['华能信托', '阿里巴巴', '万科集团', '腾讯', '京东']
8    for company in companies:
9        for i in range(10):
10           baidu(company, i + 1)   # i是从0开始的序号，要加上1才是页码
11           print(company + '第' + str(i + 1) + '页爬取成功')
12           time.sleep(3)   # 每爬取一页就等待3秒，以免触发百度的反爬机制
```

补充知识点：访问超时设置——timeout 参数的使用

有时访问一个网址可能等待很久都没有响应，由于无法获得网页源代码，程序就会一直等待，呈现"假死"状态。为避免陷入无限的等待之中，需要设置访问超时，也就是说，如果访问一个网址的等待响应时间超过指定秒数，就报出异常，停止访问。

访问超时的设置方法非常简单，只需在 requests.get(url, headers=headers) 中再加一个 timecout=10（10 代表 10 秒，可以改为自己想设定的秒数），代码如下：

```
1    res = requests.get(url, headers=headers, timeout=10).text
```

这样当访问指定网址 10 秒还没有响应时，就会停止访问并报出异常。实战中通常会用 try/except 语句来处理异常，这样报出异常也不会影响整体程序的运行，代码如下：

```
1    def baidu(company):
2        url = 'https://www.baidu.com/s?rtt=4&tn=news&word=' + company
3        res = requests.get(url, headers=headers, timeout=10).text
4        # 此处省略了数据提取、清洗、打印输出的代码
5
6    companies = ['华能信托', '阿里巴巴', '万科集团', '腾讯', '京东']
7    for i in companies:
8        try:
```

```
9        baidu(i)
10       print(i + '爬取成功')
11   except:
12       print(i + '爬取失败')
```

　　在实战中其实很少遇到访问超时的情况，似乎省略 timeout 参数也没什么问题。但是，在 24 小时不间断批量爬取多个网址时，一旦中途有某个网址访问超时，程序就会陷入"假死"，不能继续爬取其他网址，导致时间上的浪费。所以最好还是要设置 timeout 参数。

3.4　证券日报网爬取实战

　　证券日报网（http://www.zqrb.cn/）是主流财经类媒体证券日报的官方网站，在该网站搜索"贵州茅台"，搜索结果页面如下图所示，其网址为 http://search.zqrb.cn/search.php?src=all&q=贵州茅台&f=_all&s=newsdate_DESC。下面分别用正则表达式和 BeautifulSoup 库两种方法来爬取该页面中的新闻，对前面所学的知识进行巩固。

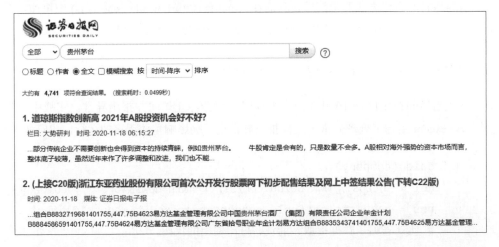

3.4.1　用正则表达式爬取

　　本节用正则表达式来爬取新闻标题、网址和日期，主要步骤包括获取网页源代码、解析网页源代码并提取数据、数据清洗和打印输出。

1. 获取网页源代码

通过如下代码获取网页源代码：

```
1   import requests
2   headers = {'User-Agent': 'Mozilla/5.0 (Windows NT 10.0; Win64;
    x64) AppleWebKit/537.36 (KHTML, like Gecko) Chrome/86.0.4240.198
    Safari/537.36'}
3
4   url = 'http://search.zqrb.cn/search.php?src=all&q=贵州茅台&f=_all&
    s=newsdate_DESC'
5   res = requests.get(url, headers=headers).text
```

打印输出网页源代码，发现没有乱码，并且包含需要的内容，说明网页源代码获取成功。

2. 解析网页源代码并提取数据

在 Python 打印输出的网页源代码中寻找新闻标题、网址和日期的规律，如下图所示。

发现包含标题、网址、日期的网页源代码有如下规律：

<a href="网址" target="_blank"><h4>标题</h4></a>

时间:日期

根据前面学习的知识，可以较为轻松地编写出用正则表达式解析和提取数据的代码：

```
1   p_title = '<a href=".*?" target="_blank"><h4>(.*?)</h4></a>'
2   p_href = '<a href="(.*?)" target="_blank"><h4>.*?</h4></a>'
3   p_date = '<span><strong>时间:</strong>(.*?)</span>'
4   title = re.findall(p_title, res)
5   href = re.findall(p_href, res)
6   date = re.findall(p_date, res)
```

3．数据清洗和打印输出

提取数据后，可以通过如下代码进行数据清洗和打印输出：

```
1  source = []  # 创建一个空列表用于存放新闻来源，这里都是"证券日报"
2  for i in range(len(title)):
3      source.append('证券日报')
4      title[i] = re.sub('<.*?>', '', title[i])
5      date[i] = date[i].split(' ')[0]
6      print(title[i] + '(' + source[i] + ' ' + date[i] + ')')
7      print(href[i])
```

对上述代码有几点说明如下：

• 第 1 行代码创建了一个空列表，再在第 3 行代码用 append() 函数为每条新闻添加来源；

• 提取的新闻标题有的含有 <em> 和 </em> 标签，所以在第 4 行代码用 sub() 函数清洗数据；

• 提取的日期还包含时间，如"2020-11-18 06:15:27"，但这里只需要其中的年月日信息，所以在第 5 行代码用 split() 函数以空格为分隔符拆分字符串，然后提取年月日信息；

• 提取的新闻标题自带序号，所以无须再用字符串拼接序号。

运行结果如下（部分内容从略）：

```
1  1. 道琼斯指数创新高 2021年A股投资机会好不好？(证券日报 2020-11-18)
2  http://www.zqrb.cn/stock/dashiyanpan/2020-11-18/A1605651337998.html
3  2. (上接C20版)浙江东亚药业股份有限公司首次公开发行股票网下初步配售结果
   及网上中签结果公告(下转C22版)(证券日报 2020-11-18)
4  http://epaper.zqrb.cn/html/2020-11/18/content_677675.htm
5  3. 快讯：白酒指数涨2.84% 6只个股均获超1000万元大单抢筹(证券日报2020-
   11-17)
6  http://www.zqrb.cn/stock/zuixinbobao/2020-11-17/A1605580595368.html
7  ............
```

完整代码如下：

```
1  import requests
2  import re
3
```

```
4    headers = {'User-Agent': 'Mozilla/5.0 (Windows NT 10.0; Win64;
     x64) AppleWebKit/537.36 (KHTML, like Gecko) Chrome/86.0.4240.198
     Safari/537.36'}
5
6    # 1. 获取网页源代码
7    url = 'http://search.zqrb.cn/search.php?src=all&q=贵州茅台&f=_all&
     s=newsdate_DESC'
8    res = requests.get(url, headers=headers).text
9    # print(res)
10
11   # 2. 解析网页源代码并提取数据
12   p_title = '<a href=".*?" target="_blank"><h4>(.*)</h4></a>'
13   p_href = '<a href="(.*?)" target="_blank"><h4>.*?</h4></a>'
14   p_date = '<span><strong>时间:</strong>(.*?)</span>'
15   title = re.findall(p_title, res)
16   href = re.findall(p_href, res)
17   date = re.findall(p_date, res)
18
19   # 3. 数据清洗和打印输出
20   source = []   # 创建一个空列表用于存放新闻来源，这里都是"证券日报"
21   for i in range(len(title)):
22       source.append('证券日报')
23       title[i] = re.sub('<.*?>', '', title[i])
24       date[i] = date[i].split(' ')[0]
25       print(title[i] + '(' + source[i] + ' ' + date[i] + ')')
26       print(href[i])
```

如果想批量爬取多家公司的新闻，可以参考 3.3.1 节定义一个函数，其参数为公司名称，然后用 for 循环语句重复调用该函数。该函数的核心代码如下：

```
1    def piliang(company):
2        url = 'http://search.zqrb.cn/search.php?src=all&q=' + company
         + '&f=_all&s=newsdate_DESC'
```

3.4.2　用 BeautifulSoup 库爬取

本节用 BeautifulSoup 库来爬取新闻标题和网址。通过观察发现新闻标题和网址都位于
<dt> 标签下的 <a> 标签中，如下图所示。

因此，用 BeautifulSoup 库解析网页源代码的核心代码如下：

```
1   # 此处省略了导入库和设置headers等参数的代码
2   res = requests.get(url, headers=headers).text
3   soup = BeautifulSoup(res, 'html.parser')
4
5   a = soup.select('dt a')
6
7   for i in range(len(a)):
8       print(a[i].text)  # 这里的标题自带序号
9       print(a[i]['href'])
```

运行结果如下（部分内容从略）：

```
1   1. 民族品牌指数涨1.30% 多只汽车股涨停
2   http://www.zqrb.cn/stock/redian/2020-11-21/A1605917426085.html
3   2. 北上资金连续净买入 "茅五洋"再遭减持
4   http://www.zqrb.cn/stock/dashiyanpan/2020-11-21/A1605911049976.html
5   3. 顺周期、大消费轮番表演 沪指距年内新高一步之遥
6   http://www.zqrb.cn/stock/dashiyanpan/2020-11-21/A1605911024313.html
```

```
7    4. 贵州茅台：四季度计划直销4160吨 将贡献收入115亿
8    http://www.zqrb.cn/shipin/shipinhangye/2020-11-21/A1605897415321.
     html
9    ...........
```

可以看到数据几乎不需要清洗，因为 text 属性只提取文本，会自动忽略标题里可能存在的 `<em>` 和 `</em>` 标签。

本节没有演示如何用 BeautifulSoup 库提取日期，是因为相应的代码较为烦琐，感兴趣的读者可以自行尝试。

3.5　中证网爬取实战

中证网（http://www.cs.com.cn/）是主流财经类媒体中国证券报的官方网站，本节使用正则表达式来爬取该网站的新闻。以在该网站搜索"贵州茅台"的结果页面为例，如下图所示，其网址为 http://search.cs.com.cn/search?channelid=215308&searchword=贵州茅台。

1．获取网页源代码

通过如下代码可以获取网页源代码，其中的网址已经做了精简。

```
1    import requests
2    headers = {'User-Agent': 'Mozilla/5.0 (Windows NT 10.0; Win64;
```

```
      x64) AppleWebKit/537.36 (KHTML, like Gecko) Chrome/86.0.4240.198
      Safari/537.36'}
3
4     url = 'http://search.cs.com.cn/search?channelid=215308&searchword=
      贵州茅台'
5     res = requests.get(url, headers=headers).text
```

打印输出网页源代码，发现没有乱码，并且包含需要的内容，说明网页源代码获取成功。

2．解析网页源代码并提取数据

在 Python 打印输出的网页源代码中寻找新闻标题、网址和日期的规律，如下图所示。

发现包含标题、网址、日期的网页源代码有如下规律：

<a style="font-size: 16px;color: #0066ff;line-height: 20px" href="网址"

target="_blank">标题</a> 换行 日期</td>

根据前面学习的知识，编写出用正则表达式解析和提取数据的代码如下：

```
1     p_title = '<a style="font-size: 16px;color: #0066ff;line-height:
      20px" href=".*?" target="_blank">(.*?)</a>'
2     p_href = '<a style="font-size: 16px;color: #0066ff;line-height:
      20px" href="(.*?)" target="_blank">'
3     p_date = '  .*? (.*?)</td>'
4     title = re.findall(p_title, res)
5     href = re.findall(p_href, res)
6     date = re.findall(p_date, res, re.S)
```

因为第 3 行代码中的 ".*?" 要匹配换行，所以第 6 行代码中的 findall() 函数中需添加
re.S 来自动考虑换行的影响。

3. 数据清洗和打印输出

提取数据后，可以通过如下代码进行数据清洗和打印输出：

```
source = []  # 创建一个空列表用于存放新闻来源，这里都是"中国证券报"
for i in range(len(title)):
    source.append('中国证券报')
    title[i] = re.sub('<.*?>', '', title[i])  # 清除<×××>格式的内容
    date[i] = date[i].strip()  # 清除换行和空格
    date[i] = re.sub('[.]', '-', date[i])  # 将日期中的"."替换成"-"
    date[i] = date[i].split(' ')[0]  # 提取年月日信息
    print(str(i + 1) + '.' + title[i] + '(' + source[i] + ' ' +
date[i] + ')')
    print(href[i])
```

对上述代码有几点说明如下：

• 第 1 行代码创建了一个空列表，再在第 3 行代码用 append() 函数为每条新闻添加来源；

• 提取的新闻标题有的含有 <font> 和 </font> 标签，所以在第 4 行代码用 sub() 函数清除；

• 提取的日期首尾有换行和空格，所以在第 5 行代码用 strip() 函数进行清除；

• 提取的日期还包含时间，并且年月日之间以"."号分隔，如"2020.11.21 06:15:04"，但这里需要去除时间信息，并以"年-月-日"的格式输出，所以在第 6 行代码用 sub() 函数将"."替换成"-"（因为"."在正则表达式中有特殊含义，所以用 [] 包围"."来取消它的特殊含义），然后在第 7 行代码用 split() 函数以空格为分隔符拆分字符串，并提取年月日信息；

• 第 8 行代码在拼接字符串时，因为 i + 1 是数字，所以需要用 str() 函数转换为字符串。

运行结果如下（部分内容从略）：

```
1.贵州茅台加大直销渠道投放(中国证券报 2020-11-21)
http://www.cs.com.cn/ssgs/gsxw/202011/t20201121_6113370.html
2.民族品牌指数涨1.04% 科沃斯再创新高(中国证券报 2020-11-20)
http://www.cs.com.cn/gppd/gsyj/202011/t20201120_6113023.htm1
3.茅台集团董事长高卫东：技术开发公司要突出"服务商"和"开发商"两个功能
(中国证券报 2020-11-18)
http://www.cs.com.cn/cj2020/202011/t20201118_6112581.htm1
...........
```

完整代码如下：

```
1   import requests
2   import re
3   headers = {'User-Agent': 'Mozilla/5.0 (Windows NT 10.0; Win64;
    x64) AppleWebKit/537.36 (KHTML, like Gecko) Chrome/86.0.4240.198
    Safari/537.36'}
4   # 1. 获取网页源代码
5   url = 'http://search.cs.com.cn/search?channelid=215308&searchword=
    贵州茅台'  # 该网址已经简化了一些不必要的参数
6   res = requests.get(url, headers=headers).text
7
8   # 2. 解析网页源代码并提取数据
9   p_title = '<a style="font-size: 16px;color: #0066ff;line-height:
    20px" href=".*?" target="_blank">(.*?)</a>'
10  p_href = '<a style="font-size: 16px;color: #0066ff;line-height:
    20px" href="(.*?)" target="_blank">'
11  p_date = '  .*? (.*?)</td>'
12  title = re.findall(p_title, res)
13  href = re.findall(p_href, res)
14  date = re.findall(p_date, res, re.S)
15
16  # 3. 数据清洗和打印输出
17  source = []  # 创建一个空列表用于存放新闻来源，这里都是"中国证券报"
18  for i in range(len(title)):
19      source.append('中国证券报')
20      title[i] = re.sub('<.*?>', '', title[i])  # 清除<××>格式的内容
21      date[i] = date[i].strip()  # 清除换行和空格
22      date[i] = re.sub('[.]', '-', date[i])  # 将日期中的"."替换成"-"
23      date[i] = date[i].split(' ')[0]  # 提取年月日信息
24      print(str(i + 1) + '.' + title[i] + '(' + source[i] + ' ' +
        date[i] + ')')
25      print(href[i])
```

如果想批量爬取多家公司的新闻，可以参考 3.3.1 节定义一个函数，其参数为公司名称，然后用 for 循环语句重复调用该函数。该函数的核心代码如下：

```
1  def piliang(company):
2      url = 'http://search.cs.com.cn/search?channelid=215308&search-
       word=' + company
```

3.6　新浪微博爬取实战

新浪微博提供了一个站内搜索引擎（https://s.weibo.com/），本节使用正则表达式来爬取该引擎的搜索结果。以在该引擎中搜索"阿里巴巴"的结果页面为例，如下图所示，其网址为 https://s.weibo.com/weibo?q=阿里巴巴（该网址已经做了精简）。

1．获取网页源代码

通过如下代码可以获取网页源代码：

```
1  import requests
2  headers = {'User-Agent': 'Mozilla/5.0 (Windows NT 10.0; Win64;
   x64) AppleWebKit/537.36 (KHTML, like Gecko) Chrome/86.0.4240.198
   Safari/537.36'}
3
```

```
4    url = 'https://s.weibo.com/weibo?q=阿里巴巴'
5    res = requests.get(url, headers=headers, timeout=10).text
```

打印输出网页源代码，发现没有乱码，并且包含需要的内容，说明网页源代码获取成功。

2．解析网页源代码并提取数据

在 Python 打印输出的网页源代码中寻找微博内容和来源的规律，如下图所示。

发现包含微博内容和来源的网页源代码有如下规律：

      `<p class="txt" node-type="feed_list_content" nick-name="来源">内容</p>`

根据前面学习的知识，编写出用正则表达式解析和提取数据的代码如下：

```
1    p_source = '<p class="txt" node-type="feed_list_content" nick-name
     ="(.*?)">'
2    source = re.findall(p_source, res)
3    p_title = '<p class="txt" node-type="feed_list_content" nick-name
     =".*?">(.*?)</p>'
4    title = re.findall(p_title, res, re.S)
```

因为第 3 行代码中的"(.*?)"需要匹配换行，所以第 4 行代码的 findall() 函数中需添加 re.S 来自动考虑换行的影响。

3．数据清洗和打印输出

提取数据后，可以通过如下代码进行数据清洗和打印输出：

```
1    for i in range(len(title)):
2        title[i] = title[i].strip()
3        title[i] = re.sub('<.*?>', '', title[i])
4        print(str(i + 1) + '.' + title[i] + '-' + source[i])
```

对上述代码有几点说明如下：

- 第 2 行代码用 strip() 函数清除内容首尾的换行和空格；
- 提取的内容有的含有标签，所以在第 3 行代码用 sub() 函数清除；
- 第 4 行代码在拼接字符串时，因为 i + 1 是数字，所以需要用 str() 函数转换为字符串。

运行结果如下（部分内容从略），可以看到效果还是不错的。

```
1   1.阿里巴巴成立前期，公司急缺人才，马云带着人亲自去招聘会上招揽精英。当
    时，阿里巴巴已经展露锋芒，充满着前途和机会，因此，很多优秀的人才慕名而
    来。其中有一位面试者十分优秀，赢得了所有面试官的一致赞许，但马云却毫不犹
    豫在这位面试者的简历上画了一个叉。这位面试者是一位小伙子，不仅精力      展
    开全文c-人力资源研究
2   2.是的人类历史本身就是融合迭代的产物，另外说个大理寺相关的题外话：阿里巴
    巴所处的时代就是里面提到的阿拉伯人灭波斯萨珊王朝这段时期，所以他们家作为
    波斯贵族，他才不得不与阿拉伯人通婚来求存。千里迢迢跑到大唐这边考公务员也
    是为了以备不测，给自己家族留条后路。-RC的微脖儿
3   3.【世界哄抢！#中国自行车订单排到明年7月#，工人每晚加班至10点！】中国第
    三季度自行车出口继续保持增长态势。阿里巴巴国际站数据显示，自行车行业连
    续6个月实收GMV(成交总额)超过100%增长，10月份订单量同比去年增长了220%。
    "目前我们在手的订单已经排到2021年7月了。"上海凤凰进出口有限公司业务
    展开全文c-每日经济新闻
4   …………
```

完整代码如下：

```
1   import requests
2   import re
3   headers = {'User-Agent': 'Mozilla/5.0 (Windows NT 10.0; Win64;
    x64) AppleWebKit/537.36 (KHTML, like Gecko) Chrome/69.0.3497.100
    Safari/537.36'}
4
5   # 1. 获取网页源代码
6   url = 'https://s.weibo.com/weibo?q=阿里巴巴'
7   res = requests.get(url, headers=headers, timeout=10).text
8
```

```
9    # 2. 解析网页源代码并提取数据
10   p_source = '<p class="txt" node-type="feed_list_content" nick-name
     ="(.*?)">'
11   source = re.findall(p_source, res)
12   p_title = '<p class="txt" node-type="feed_list_content" nick-name
     =".*?">(.*?)</p>'
13   title = re.findall(p_title, res, re.S)
14
15   # 3. 数据清洗和打印输出
16   for i in range(len(title)):
17       title[i] = title[i].strip()
18       title[i] = re.sub('<.*?>', '', title[i])
19       print(str(i + 1) + '.' + title[i] + '-' + source[i])
```

如果想批量爬取多家公司的微博，可以参考 3.3.1 节定义一个函数，其参数为公司名称，然后用 for 循环语句重复调用该函数。该函数的核心代码如下：

```
1    def piliang(company):
2        url = 'https://s.weibo.com/weibo?q=' + company
```

需要说明的是，本节爬取的内容是不必登录新浪微博就能直接访问的，所以可以直接用 Requests 库爬取。如果想爬取新浪热搜、微博文章等需要登录才能查看的内容，可以使用 Selenium 库手动登录后爬取（登录的过程中可以用 time.sleep() 设置登录时间）。

3.7 上海证券交易所上市公司 PDF 文件下载

Requests 库除了能爬取文本信息，还能下载网页上的文件。本节就来讲解具体方法。

3.7.1 用 Requests 库下载文件的基本方法

用 Requests 库下载文件的核心代码如下：

```
1    res = requests.get('文件的网址')
```

```
2  file = open('文件的保存路径', 'wb')
3  file.write(res.content)
4  file.close()
```

对上述代码有几点说明如下：

•第 1 行代码通过 Requests 库请求文件的网址，如果在爬取的过程中出现反爬（不常见），可以在第 1 行代码中添加 headers 参数设置 User-Agent；

•第 2 行代码用 3.3.2 节讲解的 open(' 文件路径 ', ' 写入方式 ') 创建相关文件，这里使用的写入方式不是前面介绍的 'w' 或 'a'，而是 'wb'，代表以二进制格式写入，因为下载文件时常见的 CSV 文件、Excel 工作簿、PDF 文件、图片等文件与文本文件不同，它们是以二进制格式进行文件读写的；

•第 3 行代码用 write() 函数写入文件内容，即第 1 行代码获取的响应，与获取网页源代码时使用的 text 属性不同，content 属性获取的是二进制内容；

•第 4 行代码用 close() 函数关闭相关文件。

下面用一段简单的代码作为演示，它可以下载网页上的图片。

```
1  import requests
2  url = 'http://p99.pstatp.com/origin/tuchong.fullscreen/227148
   277_tt'  # 指定图片的网址
3  res = requests.get(url)
4  file = open('图片.jpg', 'wb')  # 注意要以二进制格式写入
5  file.write(res.content)
6  file.close()
```

补充知识点：用 urlretrieve() 函数下载文件

除了使用 Requests 库，还可以使用 urlretrieve() 函数下载文件，核心代码如下：

```
1  from urllib.request import urlretrieve
2  urlretrieve('文件的网址', '文件的保存路径')
```

第 1 行代码导入相关库，第 2 行代码调用 urlretrieve() 函数下载文件。其代码相对简洁一些，读者可以根据需要自行选择。

3.7.2 初步尝试下载上海证券交易所上市公司 PDF 文件

了解了用 Requests 库下载文件的基本方法后，本节来下载上海证券交易所"贵州茅台"相关公告的 PDF 文件。在浏览器中打开上海证券交易所官网（http://www.sse.com.cn/），然后搜索"贵州茅台"，进入如下图所示的页面。

假设要下载上图中的"贵州茅台 2020 年第三季度报告"，单击链接，进入如下图所示的页面。可以看到地址栏中网址的扩展名为".pdf"，它就是下载 PDF 文件的网址。

将该网址复制、粘贴到 IDE 中，然后编写代码，用 Requests 库进行下载，代码如下：

```
1  import requests
2  url = 'http://www.sse.com.cn//disclosure/listedinfo/announcement/
   c/2020-10-26/600519_20201026_3.pdf'
3  res = requests.get(url)
4  file = open('报告.pdf', 'wb')  # 注意要以二进制格式写入
5  file.write(res.content)
6  file.close()
```

第 4 行代码使用了相对路径，因此，运行代码后会在代码文件所在文件夹下生成一个名为 "报告.pdf" 的 PDF 文件。

本节是以手动复制网址的方式下载文件，第 4 章将用 Selenium 库批量获取公告下载网址（上海证券交易所的网页是动态渲染出来的，用 Requests 库获取不到正确的网页源代码），然后批量下载公告文件。此外，有的网站的文件不能直接获取下载网址，必须以手动方式下载（如巨潮资讯网上的 PDF 文件），具体方法也将在第 4 章讲解。

3.8 豆瓣电影 Top 250 排行榜海报图片下载

上一节演示了用 Requests 库下载 PDF 文件，本节来演示用 Requests 库下载图片。以豆瓣电影 Top 250 排行榜为例，网址为 https://movie.douban.com/top250，页面效果如下图所示。现在要爬取排行榜中 250 部电影的海报图片及片名，每页有 25 部电影，共 10 页。先从爬取单页入手，再以此为基础实现爬取多页。

3.8.1 爬取单页

先来爬取第 1 页，网址为 https://movie.douban.com/top250。

1．获取网页源代码

通过如下代码可以获取网页源代码：

```
1   import requests
2   headers = {'User-Agent': 'Mozilla/5.0 (Windows NT 10.0; Win64;
    x64) AppleWebKit/537.36 (KHTML, like Gecko) Chrome/86.0.4240.198
    Safari/537.36'}
3
4   url = 'https://movie.douban.com/top250'
5   res = requests.get(url, headers=headers).text
```

打印输出网页源代码，发现没有乱码，并且包含需要的内容，说明网页源代码获取成功。

2．用正则表达式提取电影片名和图片网址

在 Python 打印输出的网页源代码中寻找海报图片的网址和电影片名的规律，如下图所示。

```
              <div class="pic">
                 <em class="">1</em>
                 <a href="https://movie.douban.com/subject/1292052/">
                    <img width="100" alt="肖申克的救赎" src="https://img2.doubanio.com/view/photo/s_ratio_poster/public/p480747492.jpg" class="">
                 </a>
              </div>
                              片名                          图片网址
```

发现包含海报图片的网址和电影片名的网页源代码有如下规律：

<img width="100" alt="片名" src="图片网址">

根据前面学习的知识，编写出用正则表达式解析和提取数据的代码如下：

```
1   p_title = '<img width="100" alt="(.*?)"'
2   title = re.findall(p_title, res)  # 提取片名
3   p_img = '<img width="100" alt=".*?" src="(.*?)"'
4   img = re.findall(p_img, res)  # 提取图片网址
```

实际上，电影片名在网页源代码的其他地方也有出现，因此，提取电影片名的方式不止一种。例如，下述代码也能达到同样的目的，感兴趣的读者可以通过观察网页源代码来理解这段代码的编写思路。

```
1   p_img = '<div class="pic">.*?src="(.*?)"'
2   img = re.findall(p_img, res, re.S)
3   p_title = '<span class="title">(.*?)</span>.*?</div>'
4   title = re.findall(p_title, res, re.S)
```

3. 打印输出电影片名和图片网址，并下载图片

提取了电影片名和图片网址后，可以打印输出相关内容，并用 Requests 库下载图片，代码如下：

```
1  for i in range(len(title)):
2      print(str(i + 1) + '.' + title[i])
3      print(img[i])
4      res = requests.get(img[i])  # 开始下载图片
5      file = open('images/' + title[i] + '.jpg', 'wb')  # 需提前在代
       码文件所在文件夹下创建"images"文件夹，以片名作为图片文件名
6      file.write(res.content)
7      file.close()
```

第 5 行代码中使用的是相对路径，即把图片保存到代码文件所在文件夹下的"images"文件夹下，这个文件夹需要提前创建好。此外，这里的文件路径用的是"/"，相关知识见 3.3.2 节的"补充知识点 1"。

也可以用 3.7.1 节的"补充知识点"介绍的 urlretrieve() 函数下载图片，代码如下：

```
1  from urllib.request import urlretrieve
2  for i in range(len(title)):
3      urlretrieve(img[i], 'images/' + title[i] + '.jpg')
```

运行代码后，打印输出结果如下（部分内容从略）：

```
1  1.肖申克的救赎
2  https://img2.doubanio.com/view/photo/s_ratio_poster/public/
   p480747492.jpg
3  2.霸王别姬
4  https://img3.doubanio.com/view/photo/s_ratio_poster/public/
   p2561716440.jpg
5  3.阿甘正传
6  https://img2.doubanio.com/view/photo/s_ratio_poster/public/
   p2372307693.jpg
7  ……………
```

打开"images"文件夹，可看到下载好的 25 张海报图片，如下图所示。

3.8.2 爬取多页

上一节成功爬取了第 1 页的 25 张海报图片，本节在此基础上批量爬取 10 页共 250 张海报图片。其思路和 3.3.4 节的思路类似，都是寻找网址的规律。通过翻页并观察网址的变化，可以发现不同页面的网址规律如下：

```
1   第1页：https://movie.douban.com/top250
2   第2页：https://movie.douban.com/top250?start=25
3   第3页：https://movie.douban.com/top250?start=50
4   ············
5   第n页：https://movie.douban.com/top250?start=(n-1)*25
```

根据上述规律编写出批量爬取多页的代码如下：

```
1   def db(page):
2       num = (page - 1) * 25   # 页面参数规律是（页码－1）×25
3       url = 'https://movie.douban.com/top250?start=' + str(num)
4       #  此处省略了用正则表达式提取内容、打印输出内容和下载图片的代码，参
          见3.8.1节
5
```

```
6    for i in range(10):   # i是从0开始的序号，要加上1才是页码
7        db(i + 1)
8        print('第' + str(i + 1) + '页爬取成功！')
```

运行代码，在"images"文件夹中可以看到成功下载了豆瓣电影 Top 250 排行榜中 250 部电影的海报图片，如下图所示。

完整代码如下：

```
1    import requests
2    import re
3    headers = {'User-Agent': 'Mozilla/5.0 (Windows NT 10.0; Win64;
     x64) AppleWebKit/537.36 (KHTML, like Gecko) Chrome/86.0.4240.198
     Safari/537.36'}
4
5    def db(page):
6        # 1. 获取网页源代码
7        num = (page - 1) * 25   # 页面参数规律是（页码－1）×25
8        url = 'https://movie.douban.com/top250?start=' + str(num)
9        res = requests.get(url, headers=headers).text
10       # 2. 用正则表达式提取电影片名和图片网址
11       p_title = '<img width="100" alt="(.*?)"'
```

```
12      title = re.findall(p_title, res)
13      p_img = '<img width="100" alt=".*?" src="(.*?)"'
14      img = re.findall(p_img, res)
15      # 3. 打印输出电影片名和图片网址，并下载图片
16      for i in range(len(title)):
17          print(str(i + 1) + '.' + title[i])
18          print(img[i])
19          res = requests.get(img[i])   # 开始下载图片
20          file = open('images/' + title[i] + '.jpg', 'wb')
21          file.write(res.content)
22          file.close()
23
24  for i in range(10):   # i是从0开始的序号，要加上1才是页码
25      db(i + 1)
26      print('第' + str(i + 1) + '页爬取成功！')
```

通过学习前面的多个实战案例，相信读者已经对如何解析网页源代码并提取数据有了较为深刻的理解。无论是使用正则表达式还是 BeautifulSoup 等专门的解析库，只要能提取出所需内容即可。此外，细心的读者可能发现了本章的所有案例都是使用 Requests 库来获取网页源代码的，实战中还有很多网站无法直接通过 Requests 库获取网页源代码，这类网站的爬虫实战将在第 4 章讲解。

课后习题

1. 爬取在新浪财经中搜索"贵州茅台"（https://search.sina.com.cn/?q=贵州茅台&c=news&from=channel）得到的信息，包括新闻标题、网址、来源、日期。

2. 爬取多家公司的新浪财经新闻，并设置好异常情况处理。

3. 将爬取到的多家公司的新浪财经新闻自动保存为文本文件。

4. 爬取新浪财经的多页信息。（提示：参考 3.3.4 节）

第4章

爬虫神器 Selenium 库深度讲解

在实战中，很多网页都是经过动态渲染的，直接通过 Requests 库请求难以获取真正的网页源代码。而使用 Selenium 库则能获取大部分复杂网页的源代码，而且能执行网页自动化操作。2.2 节学习了 Selenium 库的安装、配置与基本用法，本章则要讲解 Selenium 库的进阶知识，并通过多个实战案例（这些案例都是难以通过 Requests 库直接获取网页源代码的）带领大家从不同角度体会 Selenium 库的妙用。

4.1 Selenium 库进阶知识

本节要讲解 Selenium 库的进阶知识，建议读者返回 2.2 节简单回顾一下 Selenium 库的基本用法。

1．浏览器窗口最大化

使用 maximize_window() 函数可将模拟浏览器窗口最大化，演示代码如下：

```
1  from selenium import webdriver  # 导入Selenium库中的webdriver功能
2  browser = webdriver.Chrome()  # 声明要模拟的浏览器是谷歌浏览器
3  browser.maximize_window()  # 将模拟浏览器窗口最大化
4  browser.get('https://www.baidu.com/')  # 在模拟浏览器中打开指定网址
5  browser.quit()  # 关闭模拟浏览器
```

2．定位元素并模拟鼠标和键盘操作

Selenium 库还可以模拟人在浏览器中的鼠标和键盘操作。下面以在百度首页的搜索框内输入"python"，然后单击"百度一下"按钮进行搜索为例进行讲解，如下图所示。

搜索框和"百度一下"按钮都是网页元素，要对它们进行操作，得先找到它们。定位网页元素主要有两种方法：XPath 法和 CSS 选择器法。

（1）XPath 法

XPath 可以理解为网页元素的名字或 ID。find_element_by_xpath() 函数可根据 XPath 表达式定位网页元素，其基本语法格式如下：

browser.find_element_by_xpath('XPath表达式')

利用开发者工具可获取网页元素的 XPath 表达式。如下图所示，按【F12】键打开开发者工具，❶单击元素选择工具按钮，❷在网页中选中搜索框，❸再在"Elements"选项卡中右击搜索框对应的那一行源代码，❹在弹出的快捷菜单中执行"Copy>Copy XPath"命令，即可把搜索框的 XPath 表达式复制到剪贴板，在编写代码时就可以粘贴到函数中作为参数。

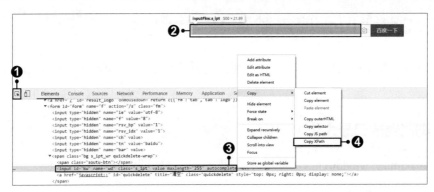

用上述方法获取的搜索框的 XPath 表达式是"//*[@id="kw"]"，由此可编写出自动在搜索框里输入内容的代码如下：

```
1   from selenium import webdriver
2   browser = webdriver.Chrome()
3   browser.get('https://www.baidu.com/')
4   browser.find_element_by_xpath('//*[@id="kw"]').send_keys('python')
```

第 4 行代码先用 browser.find_element_by_xpath('//*[@id="kw"]') 定位到搜索框，然后在该代码后面加入 .send_keys('python')，就可以模拟在搜索框里输入"python"的效果了。

如果搜索框里有默认文本，可使用如下代码清空默认文本，再通过 send_keys() 输入内容。

```
1   browser.find_element_by_xpath('//*[@id="kw"]').clear()
```

代码运行结果如下图所示，模拟浏览器自动打开百度首页，并在搜索框中输入关键词"python"。

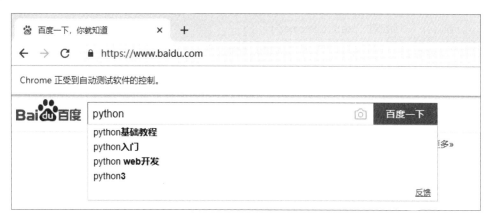

用同样的方法获取"百度一下"按钮的 XPath 表达式为"//*[@id="su"]"，那么要模拟单击该按钮，在之前的代码后面继续输入如下代码即可：

```
1   browser.find_element_by_xpath('//*[@id="su"]').click()
```

这一行代码先用 browser.find_element_by_xpath('//*[@id="su"]') 定位"百度一下"按钮，再通过 .click() 模拟鼠标单击的操作。

最后的运行结果如下图所示，它实现了自动打开一个浏览器并访问百度首页，在搜索框里输入"python"并单击"百度一下"按钮进行搜索。

完整代码如下：

```
1  from selenium import webdriver
2  browser = webdriver.Chrome()
3  browser.get('https://www.baidu.com/')
4  browser.find_element_by_xpath('//*[@id="kw"]').send_keys('python')
5  browser.find_element_by_xpath('//*[@id="su"]').click()
```

（2）CSS 选择器法

CSS 选择器是另一种定位网页元素的手段。find_element_by_css_selector() 函数可根据 CSS 选择器定位网页元素，其基本语法格式如下：

browser.find_element_by_css_selector('CSS选择器')

与 XPath 表达式类似，CSS 选择器也可通过开发者工具获取。如下图所示，右击网页元素对应的源代码，在弹出的快捷菜单中执行 "Copy>Copy selector" 命令即可复制 CSS 选择器。

用上述方法获取搜索框和 "百度一下" 按钮的 CSS 选择器分别为 "#kw" 和 "#su"，由此编写出完整代码如下：

```
1  from selenium import webdriver
2  browser = webdriver.Chrome()
3  browser.get('https://www.baidu.com/')
4  browser.find_element_by_css_selector('#kw').send_keys('python')
5  browser.find_element_by_css_selector('#su').click()
```

XPath 法和 CSS 选择器法在本质上是一样的，不过有时只有其中一种方法能起作用，所以两种方法都要掌握。通常用这两种方法能解决大部分问题，有些不太好解决的问题，如 XPath 表达式重复，将结合具体的案例来讲解。

3．无界面浏览器模式

如果希望运行代码时不弹出模拟浏览器窗口，就要启用无界面浏览器（Chrome Headless）模式，把浏览器转到后台运行而不显示出来。方法也很简单，把 browser = webdriver.Chrome() 替换成如下代码：

```
chrome_options = webdriver.ChromeOptions()
chrome_options.add_argument('--headless')
browser = webdriver.Chrome(options=chrome_options)
```

用这个设置来获取百度首页的网页源代码，代码如下：

```
from selenium import webdriver
chrome_options = webdriver.ChromeOptions()
chrome_options.add_argument('--headless')
browser = webdriver.Chrome(options=chrome_options)
browser.get('https://www.baidu.com/')
data = browser.page_source
print(data)
```

运行之后可以看到，不会弹出模拟浏览器窗口，同样能获取到网页源代码。实战中一般都会启用无界面浏览器模式，因为通常不希望弹出的模拟浏览器窗口干扰正在进行的其他操作。不过笔者建议初学者不要一开始就启用无界面浏览器模式，因为这样不利于观察网页的加载过程。例如，有的网页需要一定的时间来加载和刷新，对于这类网页，在执行 browser.get() 之后，还需要用 time.sleep() 让程序暂停一段时间，等待网页加载完毕后，用 browser.page_source 获得的才是正确的网页源代码。如果一开始就启用无界面浏览器模式，我们就观察不到网页的加载过程，也就无法编写出正确的代码。因此，通常先在有界面浏览器模式下将所有代码编写和调试完毕，再切换为无界面浏览器模式进行正式爬取。

4．其他知识点

Selenium 库的以下 3 个知识点，虽然用得不多，但也很重要，将在之后的章节逐步讲解。切换子页面（网页中的网页），将在 4.5 节结合案例详细讲解。

```
browser.switch_to.frame('子页面的name属性值')
```

切换浏览器同级页面，将在 4.5 节的"补充知识点"中详细讲解。

```
1  handles = browser.window_handles  # 获取浏览器所有窗口的句柄
2  browser.switch_to.window(handles[0])  # 切换到第一个窗口，即最开始打
   开的窗口
3  browser.switch_to.window(handles[-1])  # 切换到倒数第一个窗口，即最
   新打开的窗口
```

控制滚动条滚动，将在《零基础学 Python 网络爬虫案例实战全流程详解（高级进阶篇）》3.3
节的综合案例中详细讲解。

```
1  # 滚动1个页面高度的距离（非常灵活，强烈推荐）
2  browser.execute_script('window.scrollTo(0, document.body.scroll-
   Height)')
3  # 从最顶端向下滚动60000像素的距离，通常就是滚动到页面底部了
4  browser.execute_script('document.documentElement.scrollTop=60000')
```

至此，Selenium 库的大部分知识点已讲解完毕，之后将进入实战演练环节，带领大家体
会 Selenium 库的强大之处。

4.2 新浪财经股票行情数据爬取

股票行情数据有多种获取渠道。本节将用两种方式从新浪财经快速爬取股票行情数据：
第 1 种方式是用 Selenium 库从新浪财经的股票行情页面上爬取股票行情数据，第 2 种方式是
用 Requests 库从新浪财经的 API（数据接口）中获取股票行情数据。

4.2.1 用 Selenium 库爬取股票行情数据

首先讲解如何用 Selenium 库爬取新浪财经的股票行情实时数据，以"贵州茅台"这只股
票为例，其行情页面网址为 http://finance.sina.com.cn/realstock/company/sh600519/nc.shtml。

1. 获取网页源代码

首先通过如下代码获取网页源代码：

```
1    from selenium import webdriver
2    browser = webdriver.Chrome()
3    browser.get('http://finance.sina.com.cn/realstock/company/sh600519/
     nc.shtml')
4    data = browser.page_source
5    browser.quit()
6    print(data)  # 打印网页源代码
```

2. 解析网页源代码并提取数据

获取网页源代码之后，接着要做的就是提取需要的行情数据，如股价、涨跌幅、成交量等。这里以提取股价为例进行讲解。

用开发者工具观察网页源代码，看看有没有什么规律，如下图所示。

经过观察可以发现，包含股价的网页源代码有如下规律：

<div id="price" class="up/down">股价</div>

该 <div> 标签的 id 属性为 "price"，之前讲过，id 属性类似于身份证号，一个网页中各个元素的 id 属性一般不会重复，因此，可以用这个 <div> 标签作为一个强定位条件。

此外，该 <div> 标签的 class 属性表示股价是上涨还是下跌，上图中的 "down" 表示下跌。如果是上涨的话，class 属性则为 "up"，感兴趣的读者可以找一只上涨的股票进行验证。

根据找到的规律，编写出用正则表达式提取股价的代码如下：

```
1    import re
2    p_price = '<div id="price" class=".*?">(.*?)</div>'
3    price = re.findall(p_price, data)
```

完整代码如下：

```
1   from selenium import webdriver
2   import re
3   browser = webdriver.Chrome()
4   browser.get('http://finance.sina.com.cn/realstock/company/sh600519/
    nc.shtml')
5   data = browser.page_source
6   browser.quit()
7
8   p_price = '<div id="price" class=".*?">(.*?)</div>'
9   price = re.findall(p_price, data)
10  print(price)
```

运行结果如下，与网页上显示的数据一致（该数据是实时变化的，爬取结果有可能会与
网页上显示的数据不一样）：

```
1   ['1713.91']
```

用类似的方法可以爬取"贵州茅台"的其他行情数据。通过更改第 4 行代码中的网址，
还可以爬取其他股票的各种行情数据。此外，如果不想在代码运行过程中看到模拟浏览器窗
口弹出，可以在代码编写和调试完毕后，启用 4.1 节提到的无界面浏览器模式。

4.2.2　用新浪财经 API 爬取股票行情数据

除了用 Selenium 库爬取网页上的数据，还可以通过新浪财经 API（数据接口）快速爬取
股票行情实时数据。同样以"贵州茅台"（股票代码 600519）为例，访问网址 http://hq.sinajs.
cn/list=sh600519，即可获得该股票的实时行情数据。先用浏览器访问该网址，获得的内容如
下图所示。

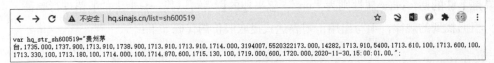

可以看到显示的是一串文本，不同含义的数据由逗号隔开，这里讲解一下核心数据：
●贵州茅台，股票名称；

- 1735.000，今日开盘价；
- 1737.900，昨日收盘价；
- 1713.910，当前价格（如果是收盘后查看，该价格就是收盘价）；
- 1738.900，今日最高价；
- 1713.910，今日最低价；
- 1713.910，竞买价，即"买一"报价；
- 1714.000，竞卖价，即"卖一"报价；
- 3194007，成交的股票数。股票交易以 100 股为基本单位，称为"手"，所以在使用时，通常会用该值除以 100，这里就是 31940 手股票；
- 5520322173.000，成交金额，单位为"元"。为了一目了然，通常以"万元"为成交金额的单位，所以通常会用该值除以 10000，这里就是 552032 万元；
- 中间的其他数据为"买一"到"买五"、"卖一"到"卖五"的相关数据，相对不那么重要，这里不做讲解；
- 最后的 2020-11-30 为日期，15:00:01 为时间，即收盘时间。

下面用 Requests 库来获取这些数据，代码如下：

```
1  import requests
2  url = 'http://hq.sinajs.cn/list=sh600519'
3  res = requests.get(url).text
```

打印输出此时的 res，结果如下：

```
1  'var hq_str_sh600519="贵州茅台,1735.000,1737.900,1713.910,1738.900,
   1713.910,1713.910,1714.000,3194007,5520322173.000,14282,1713.910,
   5400,1713.610,100,1713.600,100,1713.330,100,1713.180,100,1714.000,
   100,1714.870,600,1715.130,100,1719.000,600,1720.000,2020-11-30,
   15:00:01,00,";\n'
```

使用 split() 函数以逗号为分隔符拆分字符串后即可提取所需数据，演示代码如下：

```
1  res_split = res.split(',')  # 以逗号为分隔符拆分字符串
2  open_price = res_split[1]  # 提取第2个元素（开盘价），下面依此类推
3  pre_close_price = res_split[2]
4  now_price = res_split[3]
```

```
5    high_price = res_split[4]
6    low_price = res_split[5]
7
8    print('开盘价为: ' + open_price)
9    print('昨日收盘价为: ' + pre_close_price)
10   print('当前价格为: ' + now_price)
11   print('最高价为: ' + high_price)
12   print('最低价为: ' + low_price)
```

运行结果如下：

```
1    开盘价为: 1735.000
2    昨日收盘价为: 1737.900
3    当前价格为: 1713.910
4    最高价为: 1738.900
5    最低价为: 1713.910
```

需要注意的是，因为"贵州茅台"是在上海证券交易所上市的，所以网址 http://hq.sinajs.cn/list=sh600519 中股票代码的前缀是"上海"的拼音首字母"sh"。如果是深圳证券交易所上市的股票，则要把"sh"换成"深圳"的拼音首字母"sz"。例如，"牧原股份"（股票代码002714）是在深圳证券交易所上市的，所以其网址为 http://hq.sinajs.cn/list=sz002714。

如果想同时查询多只股票的行情，那么用逗号分隔多个股票代码。例如，要一次性查询"贵州茅台"（600519）和"牧原股份"（002714）的行情数据，使用网址 http://hq.sinajs.cn/list=sh600519,sz002714，获取结果如下图所示，两只股票的行情数据之间以分号分隔。

如果想查询大盘指数，如上证综合指数（000001），网址为 http://hq.sinajs.cn/list=s_sh000001，返回结果为"var hq_str_s_sh000001="上证指数 ,3391.7551,-16.5520,-0.49,3849899,45450057";"，数据含义分别为指数名称、当前指数、涨跌点数、涨跌率、成交量（手）、成交额（万元）。同理，查询深圳成指（深圳证券交易所成分股价指数）的网址为 http://hq.sinajs.cn/list=s_sz399001。

此外，股票行情的 K 线图、日线图等实时图也可通过新浪财经 API 获取。例如：

- 上证指数分时线：http://image.sinajs.cn/newchart/min/n/sh000001.gif；
- 上证指数日 K 线：http://image.sinajs.cn/newchart/daily/n/sh000001.gif；

- 上证指数周 K 线：http://image.sinajs.cn/newchart/weekly/n/sh000001.gif；
- 上证指数月 K 线：http://image.sinajs.cn/newchart/monthly/n/sh000001.gif。

把上述网址中的"sh000001"换成其他股票代码即可查询其他股票。读者如果还想用新浪财经的其他 API 获取数据，可自行搜索"×××新浪财经接口"。

补充知识点：用 Tushare 库获取股票行情数据

前面讲解了如何获取股票行情的实时数据，如果想获取股票行情的历史数据，可以使用 Python 的第三方库 Tushare。用命令"pip install tushare"安装该库，如果安装失败，可尝试从镜像服务器安装，具体方法见 1.4.4 节，这里不再赘述。

下面简单演示一下 Tushare 库的用法。先获取"贵州茅台"（股票代码 600519）的行情历史数据，代码如下：

```
1  import tushare as ts
2  df = ts.get_hist_data('600519', start='2018-01-01', end='2020-11-11')
```

第 1 行代码导入 Tushare 库并简写为 ts，以方便以后使用。第 2 行代码使用 Tushare 库中的 get_hist_data() 函数获取"贵州茅台"从 2018 年 1 月 1 日到 2020 年 11 月 11 日的日线级别的行情数据，返回的是一个 DataFrame 格式的二维表格，在 Jupyter Notebook 中打印输出（直接在代码区块的最后一行输入变量名）的结果如下图所示。

本接口即将停止更新，请尽快使用Pro版接口：https://tushare.pro/document/2

date	open	high	close	low	volume	price_change	p_change	ma5	ma10	ma20	v_ma5	v_ma10	v_ma20	turnover
2020-11-30	1735.00	1738.90	1713.91	1713.91	31940.07	-23.99	-1.38	1735.316	1731.639	1726.113	27485.73	31415.93	29471.41	0.25
2020-11-27	1732.66	1740.03	1737.90	1718.00	21568.61	3.51	0.20	1750.576	1733.253	1724.118	34425.17	31283.27	28927.72	0.17
2020-11-26	1726.00	1739.99	1734.39	1725.18	23228.30	7.51	0.43	1746.988	1729.963	1720.724	34486.38	31941.96	29152.07	0.18
2020-11-25	1761.50	1768.88	1726.88	1724.00	28226.32	-36.62	-2.08	1744.148	1730.003	1717.804	35403.87	31966.44	29959.34	0.22

其中，open 为开盘价，high 为最高价，close 为收盘价，low 为最低价，volume 为成交量，price_change 为价格变化（今日收盘价－昨日收盘价），p_change 为价格涨跌幅（price_change/昨日收盘价），ma5 为 5 日均线价格，v_ma5 为 5 日均线成交量，turnover 为换手率（成交量/总股数）。注意，如果不写 start 和 end 参数，直接写 ts.get_hist_data('600519')，会默认调取从当天往前 3 年的数据。

可以看到运行结果中还有"本接口即将停止更新，请尽快使用 Pro 版接口"的提示，其实目前使用旧版 Tushare 还能获取数据，不过这里还是讲解一下 Tushare Pro 的基本用法。Tushare Pro 是 Tushare 的升级版，其官网为 https://tushare.pro/。该版本采用积分制，不过高校和机构用户可以免费领取足够多的积分，方法为登录官网后选择"平台介绍"栏目，在页面上找到 Tushare 高校和机构用户群的联系方式，进群后找管理员领取积分。

Tushare Pro 的具体使用方法如下：

❶登录官网后注册账号，在个人主页中获取 token 值，如下图所示。token 值可以理解为每个账号的 ID 信息，在之后编写代码时会用到。

❷获取到 token 值后，通过如下代码获取股票行情历史数据：

```
1  import tushare as ts
2  pro = ts.pro_api('上面复制的token值')
3  df = pro.daily(ts_code='600519.SH', start_date='20180101',
   end_date='20201111')
```

上述代码与旧版 Tushare 的主要区别有：要通过第 2 行代码输入 token 值；第 3 行代码是用 daily() 函数获取股票日线数据，传入的股票代码参数格式为"股票代码数字.交易所简称"，例如这里的"SH"是上海证券交易所的简称，更重要的是日期的格式，不能写成类似"2020-11-11"的格式，否则会导致获取的数据不全。在 Jupyter Notebook 中打印输出（直接在代码区块的最后一行输入变量名）的结果如下图所示。

	ts_code	trade_date	open	high	low	close	pre_close	change	pct_chg	vol	amount
0	600519.SH	20201111	1745.00	1777.50	1731.00	1731.35	1745.00	-13.65	-0.7822	34850.73	6122365.404
1	600519.SH	20201110	1752.92	1764.48	1736.00	1745.00	1742.57	2.43	0.1394	30189.44	5287968.173
2	600519.SH	20201109	1701.38	1750.68	1700.62	1742.57	1700.62	41.95	2.4667	41469.70	7198679.683
3	600519.SH	20201106	1730.55	1731.59	1690.00	1700.62	1721.90	-21.28	-1.2358	23051.53	3932702.367
4	600519.SH	20201105	1717.00	1732.48	1712.10	1721.90	1699.58	22.32	1.3133	23524.14	4053043.271

此外，通过 Tushare Pro 还可以获取财务数据，具体内容将在 6.2 节的"补充知识点"讲解。如果想了解更多信息，可以访问 Tushare Pro 官网的"数据接口"栏目，网址为 https://tushare.pro/document/2。

4.3　东方财富网数据爬取

东方财富网（https://www.eastmoney.com/）是一家专业的互联网财经媒体，提供 7×24 小时财经资讯及全球金融市场报价，汇聚全方位的综合财经资讯和金融市场资讯。本节主要讲解如何从东方财富网爬取上市公司的股吧帖子、新闻、研报 PDF 文件。

4.3.1　上市公司股吧帖子爬取

在浏览器中打开东方财富网的股吧（https://guba.eastmoney.com/），搜索"贵州茅台"并打开该股票的股吧页面（https://guba.eastmoney.com/list,600519.html），如下图所示。里面汇集了一些财经资讯和投资者评论的帖子，下面来爬取帖子的标题。

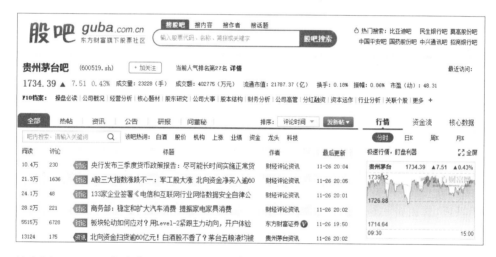

首先用 Selenium 库请求网页并获取网页源代码，代码如下：

```
1  from selenium import webdriver
2  browser = webdriver.Chrome()  # 熟练后可启用无界面浏览器模式（见4.1节）
3  browser.get('https://guba.eastmoney.com/list,600519.html')
4  data = browser.page_source
```

打印输出网页源代码 data，通过观察，发现包含帖子标题的网页源代码有如下规律：

<a href="帖子网址" title="帖子标题全称">帖子标题简称</a>

这里只需要提取标题全称，编写出用正则表达式提取标题的代码如下：

```
1  import re
2  p_title = '<a href=".*?" title="(.*?)"'
3  title = re.findall(p_title, data)
4  for i in range(len(title)):
5      print(str(i + 1) + '.' + title[i])
```

运行结果如下（部分内容从略）：

```
1  1.央行发布三季度货币政策报告：尽可能长时间实施正常货币政策
2  2.A股三大指数涨跌不一：军工股大涨  北向资金净买入逾60亿元
3  3.133家企业签署《电信和互联网行业网络数据安全自律公约》
4  4.商务部：稳定和扩大汽车消费  提振家电家具消费
5  5.板块轮动如何应对？用Level-2紧跟主力动向，开户体验
6  ............
```

爬取到帖子标题后，还可以通过自然语言处理对数据进行聚类分群或情感评分，感兴趣的读者可以自行研究。

4.3.2 上市公司新闻爬取

本节讲解如何爬取东方财富网的上市公司新闻。在东方财富网搜索"格力电器"，再选择"资讯"频道，页面如下图所示。其网址为 https://so.eastmoney.com/news/s?keyword=格力电器。

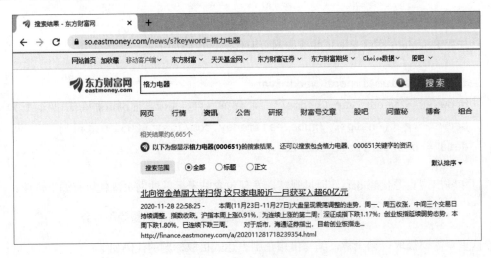

1. 获取网页源代码

用 Selenium 库获取网页源代码，代码如下：

```
1    from selenium import webdriver
2    browser = webdriver.Chrome()
3    browser.get('https://so.eastmoney.com/news/s?keyword=格力电器')
4    data = browser.page_source
5    print(data)
```

运行代码之后，在打印输出的网页源代码里进行搜索，确认其包含需要提取的新闻标题、网址、日期等数据。

2. 用正则表达式提取数据

在浏览器中用开发者工具定位或者在 Python 打印输出的网页源代码中用快捷键【Ctrl+F】搜索，可以较容易地找到包含新闻标题和来源的网页源代码的规律，如下所示：

<div class="news-item"><h3><a href="网址">标题</a>

由此编写出提取新闻标题和来源的正则表达式代码如下：

```
1    p_title = '<div class="news-item"><h3><a href=".*?">(.*?)</a>'
2    p_href = '<div class="news-item"><h3><a href="(.*?)">.*?</a>'
```

日期的提取稍微有点难度。先用开发者工具进行分析，如下图所示。

```
▼<p class="news-desc"> == $0
    "2020-11-28 22:58:25 -      本周(11月23日-11月27日)大盘呈现
    延续弱势态势，本周下跌1.80%，已连续下跌三周。      对于后市，
  </p>
```

再在 Python 打印输出的网页源代码中观察，如下图所示。

```
↑    <p class="news-desc">2020-11-28 22:58:25 -      本周(11月23日-11月27日)大盘呈现震荡调整的走势
↓    ，中间三个交易日持续调整，指数收跌。沪指本周上涨0.91%，为连续上涨的第二周；深证成指下跌1.17%；创
⇶    势，本周下跌1.80%，已连续下跌三周。      对于后市，海通证券指出，目前创业板指走...</p><div
```

发现日期位于 <p class="news-desc"> 和 </p> 之间，日期后面有一个空格，然后跟着一些新闻摘要信息。因此，可以先提取 <p class="news-desc"> 和 </p> 之间的内容，等下一步数据

清洗时再用 split() 函数进行处理，提取出日期。

提取日期的正则表达式代码如下：

```
1    p_date = '<p class="news-desc">(.*?)</p>'
```

提取新闻标题、网址、日期的完整代码如下：

```
1    p_title = '<div class="news-item"><h3><a href=".*?">(.*?)</a>'
2    p_href = '<div class="news-item"><h3><a href="(.*?)">.*?</a>'
3    p_date = '<p class="news-desc">(.*?)</p>'
4    title = re.findall(p_title, data)
5    href = re.findall(p_href, data)
6    date = re.findall(p_date, data, re.S)
```

需要注意的是，其中提取日期的"(.*?)"可能包括换行，所以在对应的 findall() 函数中要添加 re.S 修饰符来自动考虑换行的影响，否则提取的日期数量会不正确。

可以利用 print() 函数检查提取到的内容，或者利用 len() 函数检查各个列表的元素数量是否一致。

3. 数据清洗及打印输出

数据清洗相对容易。标题里有一些类似 <em> 的字符串，可以用 sub() 函数清除；日期需要利用 split() 函数拆分出来。代码如下：

```
1    for i in range(len(title)):
2        title[i] = re.sub('<.*?>', '', title[i])
3        date[i] = date[i].split(' ')[0]
4        print(str(i + 1) + '.' + title[i] + ' - '+ date[i])
5        print(href[i])
```

4. 利用自定义函数实现批量爬取多家公司的新闻

函数的定义和调用主要是在网址上做文章，把网址"https://so.eastmoney.com/news/s?keyword=格力电器"中的"格力电器"换成其他上市公司名称即可。具体来说，只需对原来的代码做如下调整：

```
1   url = 'https://so.eastmoney.com/news/s?keyword=' + company
2   browser.get(url)
```

再补上异常处理模块，完整代码如下：

```
1   from selenium import webdriver
2   import re
3
4   def dongfang(company):
5       browser = webdriver.Chrome()
6       url = 'https://so.eastmoney.com/news/s?keyword=' + company
7       browser.get(url)
8       data = browser.page_source
9       browser.quit()  # 退出模拟浏览器
10      # 此处省略了数据提取、清洗、打印输出的相关代码
11
12  companies = ['格力电器', '阿里巴巴', '腾讯', '京东']
13  for i in companies:
14      try:
15          dongfang(i)
16          print(i + ': 该公司东方财富网爬取成功')
17      except:
18          print(i + ': 该公司东方财富网爬取失败')
```

此外，也可以将定义模拟浏览器的代码 browser = webdriver.Chrome() 写在函数外部，这样就可以用一个模拟浏览器访问多个页面，无须在每次访问新网页时都新建和关闭一个模拟浏览器，从而提高爬取效率。核心代码如下：

```
1   browser = webdriver.Chrome()  # 也可以换成无界面浏览器模式相关代码
2   def dongfang(company):
3       url = 'https://so.eastmoney.com/news/s?keyword=' + company
4       browser.get(url)
5       data = browser.page_source
```

此时一定要注意不能在函数中用 browser.quit() 退出模拟浏览器，因为一旦退出，再次执

行函数时 browser 就变成未激活状态，从而无法访问新的网页。

4.3.3 上市公司研报 PDF 文件下载

本节讲解如何下载东方财富网的上市公司研报 PDF 文件。如下图所示，在东方财富网首页的搜索框中输入"格力电器"，在搜索结果中选择"研报"频道，即可看到格力电器相关的研报，搜索结果页面的网址为 https://so.eastmoney.com/Yanbao/s?keyword=格力电器。

单击第 1 个研报的链接，打开其详情页面，可以看到页面中并没有直接显示研报内容，而是需要单击"【点击查看 PDF 原文】"链接来查看 PDF 文件，如下图所示。

然后跳转到如下图所示的页面，地址栏中扩展名为".pdf"的网址就是 PDF 文件的网址，可按 3.7 节讲解的方法下载。如果想实现批量下载，就要获取各个研报的 PDF 文件网址。

1. 下载单个页面上的 PDF 文件

先从搜索结果中单个页面上的所有研报 PDF 文件下载入手，主要分为两步：

❶爬取搜索结果中单个页面上的研报详情页面网址；

❷爬取各个研报详情页面中的 PDF 文件网址并批量进行下载。

（1）获取单个页面上的研报详情页面网址

首先导入相关库，代码如下：

```
1    from selenium import webdriver
2    import re
3    import requests
```

然后通过如下代码访问"格力电器"研报的搜索结果页面：

```
1    browser = webdriver.Chrome()
2    url = 'https://so.eastmoney.com/Yanbao/s?keyword=格力电器'
3    browser.get(url)
4    data = browser.page_source
```

用开发者工具观察会发现每个研报的信息都在 class 属性为"list-item"的 <div> 标签里，如下图所示，在编写正则表达式时可以用它来进行定位。

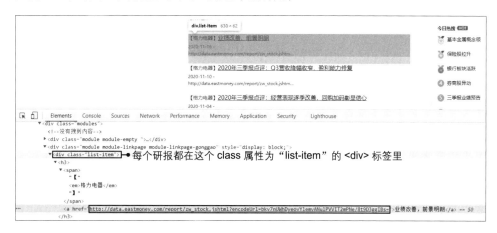

打印输出获取的网页源代码 data，观察其规律，如下图所示。可以看到网页源代码之间没有换行，这一点与用开发者工具看到的不同，因此，以 Python 获取的网页源代码为准来编写正则表达式。

TUGmvlfmuPvTw3npSfIK1jaaqUGS+1fPqpy/uYw=</a></div><div class="list-item"><h3><span>【<em>格力电器</em>】</span><a href="http://data.eastmon
ey.com/report/zw_stock.jshtml?encodeUrl=Nir8TUGmvlfmuPvTw3npScQOuOStcTdxe4RactLly24=">产业链高壁垒，看好渠道变革</a></h3><p><label>2020-11-
04</label> - <span></span></p><a href="http://data.eastmoney.com/report/zw_stock.jshtml?encodeUrl=Nir8TUGmvlfmuPvTw3npScQOuOStcTdxe4RactLly
24=">http://data.eastmoney.com/report/zw_stock.jshtml?encodeUrl=Nir8TUGmvlfmuPvTw3npScQOuOStcTdxe4RactLly24=</a></div><div class="list-ite

包含研报详情页面网址的网页源代码有如下规律：

<div class="list-item">公司名称和一些网页标签<a href="网址"

因此，可以通过如下代码提取研报详情页面的网址：

```
1  p_href = '<div class="list-item">.*?<a href="(.*?)"'
2  href = re.findall(p_href, data)
```

打印输出列表 href，结果如下图所示。

['http://data.eastmoney.com/report/zw_stock.jshtml?encodeUrl=bky7nUWhDyeovYlemvANu1PVVIT2mPNe/8t9D3ggIBs=',
'http://data.eastmoney.com/report/zw_stock.jshtml?encodeUrl=G1/iTL/WsbN5HDGFHSrK27p1cucW4o97+nnFKt+rmZg=',
'http://data.eastmoney.com/report/zw_stock.jshtml?encodeUrl=Nir8TUGmvlfmuPvTw3npSfIK1jaaqUGS+1fPqpy/uYw=',
'http://data.eastmoney.com/report/zw_stock.jshtml?encodeUrl=Nir8TUGmvlfmuPvTw3npScQOuOStcTdxe4RactLly24=',
'http://data.eastmoney.com/report/zw_stock.jshtml?encodeUrl=+EB0tiRf/fUmMySPIOvCrUX9bt41jTcnBxxHBOtpgbw=',
'http://data.eastmoney.com/report/zw_stock.jshtml?encodeUrl=+EB0tiRf/fUmMySPIOvCrYbRi3dUuMyX8ywz6NhOVP8=',
'http://data.eastmoney.com/report/zw_stock.jshtml?encodeUrl=+EB0tiRf/fUmMySPIOvCrZriAJ8+9ySEEEFr0zWMl/g=',
'http://data.eastmoney.com/report/zw_stock.jshtml?encodeUrl=+EB0tiRf/fUmMySPIOvCrVNvxzQcqTY3+wkv5z/+V+w=',
'http://data.eastmoney.com/report/zw_stock.jshtml?encodeUrl=+EB0tiRf/fUmMySPIOvCrdowxOMAO1tXa/LAcipQxxM=',
'http://data.eastmoney.com/report/zw_stock.jshtml?encodeUrl=+EB0tiRf/fUmMySPIOvCrReQ5+iFixptjRNYOxMdOLs=']

正则表达式的编写其实比较灵活。本案例也可以用如下所示的正则表达式提取研报详情
页面的网址：

```
1  p_href = '<span>【<em>格力电器</em>】</span><a href="(.*?)">'
```

（2）获取各个研报详情页面中的 PDF 文件网址并进行下载

用开发者工具可以发现，研报详情页面中"【点击查看 PDF 原文】"链接对应的网页源代
码里就含有 PDF 文件的网址，如下图所示。因此，获取到各个研报详情页面的网址后，就可
以通过 Selenium 库访问详情页面，从中提取 PDF 文件的网址，再用 Requests 库批量下载。

首先在研报详情页面的网页源代码中寻找研报标题（如上图中的"业绩改善，前景明朗"）和 PDF 文件网址的正则表达式规律，如下所示：

<h1>研报标题</h1>
<a class="rightlab" href="PDF文件网址">【点击查看PDF原文】</a>

由此可以编写出提取研报标题和 PDF 文件网址的正则表达式代码如下：

```
1   p_name = '<h1>(.*?)</h1>'
2   p_href_pdf = '<a class="rightlab" href="(.*?)">【点击查看PDF原文】</a>'
```

提取到 PDF 文件网址后，就可以进行批量下载了，核心代码如下：

```
1   for i in range(len(href)):
2       # 1. 访问研报详情页面并获取网页源代码
3       browser = webdriver.Chrome()
4       browser.get(href[i])
5       data = browser.page_source
6       browser.quit()
7
8       # 2. 提取详情页面中的研报标题和PDF文件网址
9       p_name = '<h1>(.*?)</h1>'
10      p_href_pdf = '<a class="rightlab" href="(.*?)">【点击查看PDF原
        文】</a>'
11      name = re.findall(p_name, data)
12      href_pdf = re.findall(p_href_pdf, data)
13
14      # 3. 利用3.7节讲解的知识下载PDF文件
15      res = requests.get(href_pdf[0])   # 研报的PDF文件比较大，下载需要
        等待一些时间
16      path = '格力研报\\' + name[0] + '.pdf'
17      file = open(path, 'wb')
18      file.write(res.content)
19      file.close()
```

第 1 行代码用于遍历前面获取的各个研报详情页面的网址列表 href。

第 2～6 行代码用 Selenium 库访问详情页面并获取网页源代码，其中 href[i] 就是各个详情页面的网址。

第 8～12 行代码用正则表达式提取详情页面中的研报标题和 PDF 文件网址。需要注意的是，存储 PDF 文件网址的列表（href_pdf）不能和存储详情页面网址的列表（href）重名，否则在用 for 循环语句时会产生冲突。

第 14～19 行代码用 Requests 库下载 PDF 文件。第 15 行代码中的 href_pdf[0] 就是提取的 PDF 文件网址，因为 href_pdf 是一个列表，所以需要通过 [0] 提取第一个也是唯一的元素；同理，第 16 行代码中用 name[0] 提取研报标题。此外，这里使用的是相对路径，需要在代码文件所在的文件夹下提前创建好文件夹"格力研报"，用来存放下载的文件。

运行代码后，在代码文件所在文件夹下的"格力研报"文件夹中可看到下载的 PDF 文件，如下图所示。

DATA2 (E:) › 书籍 › Python零基础爬虫入门到精通 › 4.Selenium进阶 › 东方财富网-股吧数据爬取 › 格力研报				
名称	修改日期	类型	需提前创建好该文件夹	
2020年三季报点评: Q3营收降幅收窄, ...	2020/11/30 15:40	PDF 文件	435 KB	
2020年三季报点评: 经营表现逐季改善...	2020/11/30 15:41	PDF 文件	502 KB	
2020三季报点评:底部已过, 如期回暖...	2020/11/30 15:44	PDF 文件	711 KB	
Q3进一步回暖, 静待渠道改革成果.pdf	2020/11/30 15:43	PDF 文件	544 KB	
Q3业绩降幅收窄, 盈利能力环比提升.pdf	2020/11/30 15:43	PDF 文件	1,059 KB	
产业链高壁垒, 看好渠道变革.pdf	2020/11/30 15:41	PDF 文件	1,858 KB	
格力电器2020年三季报点评: 渠道改革...	2020/11/30 15:44	PDF 文件	1,238 KB	

此外，也可以将定义模拟浏览器的代码 browser = webdriver.Chrome() 写在 for 循环语句外部，这样就可以通过一个模拟浏览器访问多个页面，无须在每次访问新网页时都新建和关闭一个模拟浏览器，从而提高爬取效率。核心代码如下：

```
1    browser = webdriver.Chrome()
2    for i in range(len(href)):
3        # 1. 访问研报详情页面并获取网页源代码
4        browser.get(href[i])
5        data = browser.page_source
```

此时一定要注意不能在 for 循环语句中用 browser.quit() 退出模拟浏览器，因为一旦退出，在下一轮循环时 browser 就变成未激活状态，从而无法访问新的网页。

2．下载多个页面上的 PDF 文件

前面实现了下载搜索结果中单个页面上的 PDF 文件，如果要下载搜索结果中多个页面上的 PDF 文件，则需要先获取这些页面的网页源代码。常规思路是模拟单击页面上的"下一页"按钮访问不同的页面，获取网页源代码后用字符串拼接的方式进行汇总（参见 4.4.2 节）。不过本案例有一个讨巧的解决办法，通过翻页并观察网址的变化，可以总结出不同页面的网址规律如下：

https://so.eastmoney.com/Yanbao/s?keyword=格力电器&pageindex=页码

因此，我们可以通过构造 pageindex 参数来访问不同的页面，然后用字符串拼接的方式汇总网页源代码，核心代码如下：

```
browser = webdriver.Chrome()  # 打开一个模拟浏览器

data_all = ''
for i in range(10):  # 这里演示爬取10页
    url = 'http://so.eastmoney.com/Yanbao/s?keyword=格力电器&pageindex=' + str(i + 1)
    browser.get(url)
    data = browser.page_source
    data_all = data_all + data  # 拼接每一页的网页源代码
```

第 3 行代码创建了一个空字符串 data_all，用来汇总网页源代码；第 5 行代码构造了不同页面的网址，因为 i 是从 0 开始的序号，所以要加上 1 才是页码；第 6 行和第 7 行代码请求网址并获取该页面的网页源代码；第 8 行代码用字符串拼接的方式汇总各个页面的网页源代码。

有了所有页面的源代码后，即可用同样的正则表达式提取研报详情页面的网址，代码如下：

```
p_href = '<div class="list-item">.*?<a href="(.*?)"'
href = re.findall(p_href, data_all)
```

此时的列表 href 中存储的就是 10 个页面中各个研报的详情页面网址，随后可以直接使用前面的代码获取各个研报详情页面中的 PDF 文件网址并进行下载，无须修改。所有代码编写和调试完毕后，可以根据需求启用无界面浏览器模式。完整代码可以参考本书的配套代码文件。

4.4　上海证券交易所问询函信息爬取及 PDF 文件下载

3.7 节简单演示了如何从上海证券交易所官网下载单个 PDF 文件，本节则要以交易所问询函为例，讲解公告信息及相关 PDF 文件的批量爬取和下载。问询函通常是上海证券交易所作为上市公司的监管单位，发现了上市公司经营风险或财务舞弊而发出的监管问询，倘若上市公司不能做出合理的解释，不仅会面临监管处罚，而且二级市场上的股价也会受到较大影响，更严重的是可能会面临退市风险。上海证券交易所监管问询函的查询页面如下图所示，网址为 http://www.sse.com.cn/disclosure/credibility/supervision/inquiries/。

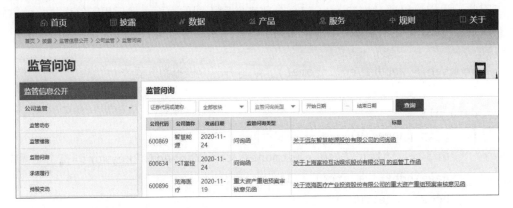

单击上图中某个问询函的标题，弹出如下图所示的页面，地址栏中扩展名为".pdf"的网址就是该问询函的 PDF 文件的网址，可以用 Requests 库下载。而实现批量下载的关键就是获取各个问询函的 PDF 文件的网址。

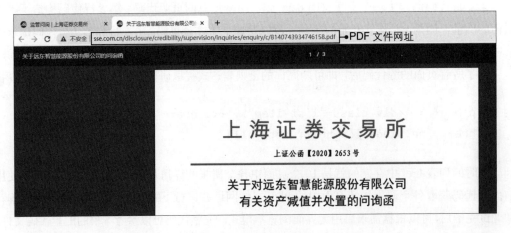

4.4.1　批量下载单个页面上的 PDF 文件

先从批量下载单个页面上的 PDF 文件入手。导入相关库，代码如下：

```
1  from selenium import webdriver
2  import time
3  import re
```

然后通过如下代码访问问询函查询页面的网址并获取网页源代码：

```
1  browser = webdriver.Chrome()
2  url = 'http://www.sse.com.cn/disclosure/credibility/supervision/
   inquiries/'
3  browser.get(url)
4  time.sleep(3)   # 这里必须加3秒的延迟，因为需要等待网页加载完毕
5  data = browser.page_source
6  print(data)
```

因为在请求查询页面时有一个加载的过程，所以必须在第 4 行代码让程序等待一定时间（这里为 3 秒）再继续运行，否则用 browser.page_source 获取的网页源代码会不包含所需内容。

用开发者工具寻找 PDF 文件网址在网页源代码中的位置，为之后编写正则表达式提取数据做准备，如下图所示。

在 Python 打印输出的网页源代码中，发现包含 PDF 文件网址和问询函标题的网页源代码有如下规律：

<td><a href="PDF文件网址" target="_blank">问询函标题</a></td>

需要注意的是，在爬取到的网页源代码中，<td> 标签（用于定义表格的单元格，名称来自"table data"的缩写）和 <a> 标签之间没有换行，这与用开发者工具看到的情况不同。编写正则表达式时应以实际爬取到的网页源代码为准。

由此编写出用正则表达式提取问询函标题和 PDF 文件网址的代码如下：

```
1  p_title = '<td><a href=".*?" target="_blank">(.*?)</a></td>'
2  p_href = '<td><a href="(.*?)" target="_blank">.*?</a></td>'
3  title = re.findall(p_title, data)
4  href = re.findall(p_href, data)
```

获取了各个问询函的 PDF 文件网址后，就可以用 Requests 库批量下载文件了，代码如下：

```
1  for i in range(len(href)):
2      res = requests.get(href[i])  # 如果遇到反爬措施，可加上headers参数
3      path = '上交所问询函\\' + title[i] + '.pdf'  # 需提前创建好文件夹
4      file = open(path, 'wb')
5      file.write(res.content)
6      file.close()
```

需要注意的有两点：第一，如果用 Requests 库访问网址时遇到了反爬措施，可以通过 headers 参数添加 User-Agent 信息（目前不加也没问题）；第二，第 3 行代码使用了相对路径，需要在代码文件所在文件夹下提前创建好文件夹"上交所问询函"。

运行代码后，可在指定文件夹下看到下载的问询函 PDF 文件，文件名为问询函标题，如下图所示。

补充知识点：用 pandas 库快速爬取表格数据

因为所有的问询函信息都位于一个表格中，所以可以利用 pandas 库（将在第 6 章详细介绍）快速爬取表格中的数据，代码如下：

```
1    import pandas as pd  # 导入pandas库并简写为pd
```

```
2    table = pd.read_html(data)[0]
```

第 2 行代码使用 pandas 库中的 read_html() 函数提取网页中所有的表格数据，返回结果是一个列表，因此通过 [0] 提取所需的第 1 张表格（有时也可能是 [1] 或 [2]，可以自行尝试，或者用遍历法确定第几张表格是所需内容）。

在 Jupyter Notebook 中打印输出 table（直接在代码区块的最后一行输入变量名，无须使用 print() 函数），结果如下图所示。

	公司代码	公司简称	发通日期	监管问询类型	标题
0	600869	智慧能源	2020-11-24	问询函	关于远东智慧能源股份有限公司的问询函
1	600634	*ST富控	2020-11-24	问询函	关于上海富控互动娱乐股份有限公司的监管工作函
2	600896	览海医疗	2020-11-19	重大资产重组预案审核意见函	关于览海医疗产业投资股份有限公司的重大资产重组案审核意见函
3	600500	中化国际	2020-11-18	重大资产重组预案审核意见函	关于中化国际（控股）股份有限公司的重大资产重组预案审核意见函
4	600634	*ST富控	2020-11-15	问询函	关于上海富控互动娱乐股份有限公司的问询函
5	600634	*ST富控	2020-11-13	问询函	关于上海富控互动娱乐股份有限公司的监管工作函

4.4.2　批量下载多个页面上的 PDF 文件

上一节获取了单个页面上的 PDF 文件网址并进行了批量下载，如果想批量下载多个页面上的 PDF 文件，则需要先获取这些页面的网页源代码，然后提取其中的 PDF 文件网址。

常规思路是模拟单击页面上的"下一页"按钮来翻页，获取各个页面的网页源代码后通过字符串拼接的方式进行汇总。不过本案例有一个难点："上一页"按钮和"下一页"按钮的 XPath 表达式都是"//*[@id="idStr"]"，因此无法通过模拟单击翻页按钮来获取多页的网页源代码。解决办法是：找到页码输入框的 XPath 表达式，模拟输入页码；再找到"GO"按钮的 XPath 表达式，模拟单击该按钮进行翻页，如下图所示。

首先获取各个页面的网页源代码，核心代码如下：

```
1    data_all = ''
2    for i in range(10):   # 这里演示爬取10页
3        browser.find_element_by_xpath('//*[@id="ht_codeinput"]').send_
         keys(i + 1)
```

```
4    browser.find_element_by_xpath('//*[@id="pagebutton"]').click()
5    time.sleep(3)  # 这里必须加3秒的延迟，因为需要等待网页加载完毕
6    data = browser.page_source
7    data_all = data_all + data  # 也可以简写为data_all += data
```

第 1 行代码创建了一个空字符串 data_all，用于之后汇总各个页面的网页源代码。

第 2～7 行代码通过 for 循环语句遍历 10 页并汇总这些页面的网页源代码。其中第 3 行代码用 XPath 表达式（可在开发者工具中复制）定位页码输入框，然后用 send_keys() 函数模拟输入页码，因为 i 是从 0 开始的序号，所以要加上 1 才是页码；第 4 行代码用 XPath 表达式（可在开发者工具中复制）定位"GO"按钮，然后用 click() 函数模拟单击按钮；第 5 行和第 6 行代码休息 3 秒后获取当前页面的网页源代码；第 7 行代码用字符串拼接的方式汇总所有页面的网页源代码。

有了所有页面的网页源代码后，就可以用 4.4.1 节的正则表达式提取 PDF 文件网址（注意需要把 findall() 函数中的 data 换成这里的 data_all），然后实现批量下载了。

补充知识点：通过单击按钮下载文件

有的网站的 PDF 文件难以找到其网址，例如，证监会旗下的上市公司信息披露网站巨潮资讯网（http://www.cninfo.com.cn/）上的公告 PDF 文件就很难在网页源代码中找到其网址，只能手动单击下载按钮进行下载，如下图所示。

只能手动单击这个
按钮来下载文件

对于这样的情况，下载的方法也很简单，就是找到这个下载按钮的 XPath 表达式，然后用 Selenium 库模拟单击按钮，代码如下：

```
1    from selenium import webdriver
2    browser = webdriver.Chrome()
3    browser.get('http://www.cninfo.com.cn/new/disclosure/detail?
     orgId=gssh0600519&stockCode=600519&announcementId=1208776647
     &announcementTime=2020-11-23%2008:21')
```

```
4    browser.find_element_by_xpath('//*[@id="noticeDetail"]/div/
     div[1]/div[3]/div[1]/button').click()
```

运行结果如下图所示，模拟浏览器自动下载了单个文件，文件被保存到浏览器默认的下载文件夹中。

贵州茅台：关于....PDF

实现了单个文件的下载后，用 for 循环语句就能实现多个文件的批量下载。代码如下：

```
1    for i in range(len(href)):   # href是获取的PDF文件网址列表
2        browser = webdriver.Chrome()   # 也可以把这行代码写在函数外
         部，实现共用一个模拟浏览器访问多个网页，以提高爬取效率
3        browser.get(href[i])
4        browser.find_element_by_xpath('下载按钮的XPath表达式').click()
5        time.sleep(3)
6        browser.quit()   # 如果之前将模拟浏览器定义在函数外部，则需删除
         或注释这行代码
```

PDF 文件的下载需要一定的时间，所以用第 5 行代码等待 3 秒（如果文件较大，则需增加等待时间），再用第 6 行代码退出模拟浏览器，进入下一轮循环。如果需要，还可以加上 try/except 语句，防止报错导致下载停止。

关于巨潮资讯网的信息爬取、PDF 文件下载、PDF 文本解析的知识可参考《Python 金融大数据挖掘与分析全流程详解》的第 9 章和第 10 章，这里不再展开。

模拟浏览器的默认下载文件夹位于 C 盘，如果想将文件下载到指定的文件夹，可以设置 chrome_options。只需把原来的代码 browser = webdriver.Chrome() 换成如下代码，其中 'd:\\ 公告 ' 可以换成自定义的文件夹路径。

```
1    chrome_options = webdriver.ChromeOptions()
2    prefs = {'profile.default_content_settings.popups': 0, 'download.
     default_directory': 'd:\\公告'}
3    chrome_options.add_experimental_option('prefs', prefs)
4    browser = webdriver.Chrome(options=chrome_options)
```

> 可以看到其设置方式与无界面浏览器模式的设置方式非常相似。不过它不太方便和
> 无界面浏览器模式同时设置。如果更偏向于使用无界面浏览器模式，可以在设置为无界
> 面浏览器模式后，把下载在 C 盘的文件手动复制到其他位置。

4.4.3　汇总问询函信息并导出为 Excel 工作簿

本节要把问询函查询页面中所有的表格数据连同 PDF 文件网址汇总成一个表格，并导出
为 Excel 工作簿，其中涉及将在第 6 章讲解的 pandas 库知识。核心代码如下：

```
1   table_all = pd.DataFrame()  # 在这之前用import pandas as pd导入pandas库
2
3   for i in range(10):
4       browser.find_element_by_xpath('//*[@id="ht_codeinput"]').send_
        keys(i + 1)
5       browser.find_element_by_xpath('//*[@id="pagebutton"]').click()
6       time.sleep(3)  # 这里必须加3秒的延迟，因为需要等待网页加载完毕
7       data = browser.page_source
8
9       p_href = '<td><a href="(.*?)" target="_blank">.*?</a></td>'
10      href = re.findall(p_href, data)
11
12      table = pd.read_html(data)[0]  # 获取表格数据
13      table['网址'] = href  # 拼接“网址”列
14      table_all = table_all.append(table)  # 拼接表格
15
16  table_all.to_excel('上交所问询函.xlsx', index=False)  # 导出数据
```

第 1 行代码创建一个空的 DataFrame，用于存储之后每页的表格信息。

第 4～7 行代码通过模拟输入页码并单击"GO"按钮来翻页，获取每个页面的网页源代码。

第 9 行和第 10 行代码解析每页的 PDF 文件网址。

第 12 行代码使用 pandas 库的 read_html() 函数提取网页中的表格数据，并通过 [0] 选取
第 1 个表格。

第 13 行代码在表格中新增一个"网址"列，其内容为解析出来的 PDF 文件网址。

第 14 行代码使用 pandas 库的 append() 函数拼接表格。

第 16 行代码使用 pandas 库的 to_excel() 函数将表格导出为 Excel 工作簿，其中设置 index=False，表示忽略行索引信息。

在 Jupyter Notebook 中打印输出 table_all，结果如下图所示。

	公司代码	公司简称	发函日期	监管问询类型	标题	网址
0	600869	智慧能源	2020-11-24	问询函	关于远东智慧能源股份有限公司的问询函	http://www.sse.com.cn/disclosure/credibility/s...
1	600634	*ST富控	2020-11-24	问询函	关于上海富控互动娱乐股份有限公司 的监管工作函	http://www.sse.com.cn/disclosure/credibility/s...
2	600896	览海医疗	2020-11-19	重大资产重组预案审核意见函	关于览海医疗产业投资股份有限公司的重大资产重组预案审核意见函	http://www.sse.com.cn/disclosure/credibility/s...
3	600500	中化国际	2020-11-18	重大资产重组预案审核意见函	关于中化国际（控股）股份有限公司的重大资产重组预案审核意见函	http://www.sse.com.cn/disclosure/credibility/s...
4	600634	*ST富控	2020-11-15	问询函	关于上海富控互动娱乐股份有限公司的问询函	http://www.sse.com.cn/disclosure/credibility/s...

4.5　银行间拆借利率爬取

银行间的资金流转数额通常非常大，某个银行在遇到资金流转问题时通常会向同业进行拆借，以弥补资金缺口，通常短时间内就会还清。还钱时除了还本金还需要还利息（利息＝本金 × 利率），而用于计算利息的利率，国内最常用的是上海银行间同业拆放利率（Shanghai Interbank Offered Rate，简称 Shibor），它是由信用等级较高的银行组成报价团自主报出的人民币同业拆出利率计算确定的算术平均利率。简单来说，它披露的是银行间互相借钱的利率。这个利率还能帮助一些资管类金融机构制定定价标准，如制定某种理财产品的收益率等。

本节目标就是爬取下图所示的网页（http://www.shibor.org）中不同期限的利率，其中 O/N 表示隔夜拆借利率（即当天借第二天还），1W 表示 1 周利率，1M 表示 1 月利率，1Y 表示 1 年利率，其余依此类推。

期限	Shibor(%)	涨跌(BP)		期限	LPR(%)
O/N	0.8360	▼ 46.20		1Y	3.85
1W	2.3360	▲ 4.20		5Y	4.65
2W	2.8150	▲ 0.30			
1M	2.7340	▲ 1.60			
3M	3.1360	▲ 2.30			
6M	3.1810	▲ 1.70			
9M	3.2500	▲ 1.50			
1Y	3.2890	▲ 1.10			

1．爬取方法 1：用 switch_to.frame() 函数切换到子网页

（1）获取网页源代码

首先尝试通过如下代码获取网页源代码：

```
1   from selenium import webdriver
2   browser = webdriver.Chrome()
3   url = 'http://www.shibor.org'
4   browser.get(url)
5   data = browser.page_source
```

打印输出网页源代码，在其中搜索在模拟浏览器中看到的某个利率值，会发现搜索不到。这是因为利率信息实际上位于用 <iframe> 标签定义的子网页中，即在 http://www.shibor.org 这个父网页中用 <iframe> 标签嵌套了一个子网页。而 Selenium 库打开网址 http://www.shibor.org 后，默认是在父网页里操作，无法直接获取子网页中的信息。而要获取子网页中的信息，需要用 switch_to.frame() 函数来切换到子网页。

用开发者工具查看利率信息的表格，可以看到其的确位于一个 <iframe> 标签中，而且 <iframe> 标签下是一个新的 HTML 文件的完整代码，即在该父网页中嵌套了一个子网页，如下图所示。这个 <iframe> 标签的 name 属性值在之后会用到。

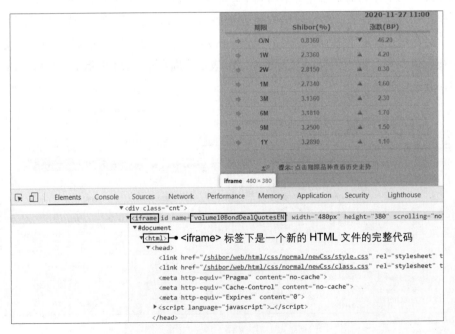

有了 \<iframe\> 标签的 name 属性（volume10BondDealQuotesEN）后，就可以用 switch_to.frame() 函数切换到该子网页了，代码如下：

```
1   browser.switch_to.frame('volume10BondDealQuotesEN')
2   data = browser.page_source
```

打印输出此时获取的网页源代码 data，会发现里面已经含有要爬取的利率值了。

（2）提取表格中的数据

获取网页源代码后，利用 pandas 库（第 6 章会详细讲解）快速提取网页中的表格数据，代码如下：

```
1   import pandas as pd
2   table = pd.read_html(data)  # table是一个列表，包含该网页中的所有表格
3   df = table[3]
```

第 1 行代码导入 pandas 库并简写为 pd。

第 2 行代码用 pandas 库中的 read_html() 函数提取网页中的所有表格，返回的是一个列表，列表中的每个元素对应一个表格。

通过尝试，发现要爬取的利率值位于第 4 张表格（即序号为 3 的元素），因此在第 3 行代码用 table[3] 来提取。

在 Jupyter Notebook 中打印输出 df，结果如下图所示。可以看到表格一共有 5 列（最左侧的序号是行索引，不属于表格列），其中第 2、3、5 列是所需内容。此外，这里的表头（即列名）也需要调整。

	0	1	2	3	4
0	NaN	O/N	0.8360	NaN	46.20
1	NaN	1W	2.3360	NaN	4.20
2	NaN	2W	2.8150	NaN	0.30
3	NaN	1M	2.7340	NaN	1.60
4	NaN	3M	3.1360	NaN	2.30
5	NaN	6M	3.1810	NaN	1.70
6	NaN	9M	3.2500	NaN	1.50
7	NaN	1Y	3.2890	NaN	1.10
8	提示：点击期限品种查看历史走势	提示：点击期限品种查看历史走势	提示：点击期限品种查看历史走势	提示：点击期限品种查看历史走势	提示：点击期限品种查看历史走势

通过如下代码可以提取所需列并修改列名：

```
1   df = df[[1, 2, 4]]  # 列序号是从0开始的，故第2、3、5列的序号为1、2、4
2   df.columns = ['期限', 'Shibor(%)', '涨跌(BP)']  # 修改列名
```

在 Jupyter Notebook 中打印输出处理后的 df，结果如下图所示。

	期限	Shibor(%)	涨跌(BP)
0	O/N	0.8360	46.20
1	1W	2.3360	4.20
2	2W	2.8150	0.30
3	1M	2.7340	1.60
4	3M	3.1360	2.30
5	6M	3.1810	1.70
6	9M	3.2500	1.50
7	1Y	3.2890	1.10
8	提示: 点击期限品种查看历史走势	提示: 点击期限品种查看历史走势	提示: 点击期限品种查看历史走势

假设现在需要知道 3 月（3M）利率减去 1 月（1M）利率的差，代码如下：

```
1  M_1 = df[df['期限'] == '1M']['Shibor(%)']
2  M_3 = df[df['期限'] == '3M']['Shibor(%)']
3
4  # 计算3M利率减去1M利率
5  diff = float(M_3) - float(M_1)
6  diff = round(diff, 3)  # 保留3位小数
```

第 1 行和第 2 行代码利用 pandas 库的功能筛选列和行，提取 3 月和 1 月的利率。例如，df[df['期限'] == '1M'] 表示筛选出"期限"列中值为"1M"的行，然后通过 ['Shibor(%)'] 在筛选出来的行中提取"Shibor(%)"列的数据，即 1 月的利率。

第 5 行代码先用 float() 函数将表格中存储的字符串格式的数字转换为浮点数，再将数字相减，得到所需结果。

第 6 行代码用 round() 函数将计算结果保留 3 位小数，最终结果如下：

```
1  0.402
```

补充知识点：浏览器同级页面切换——switch_to.window() 函数

在爬虫实战中，除了需要在父网页中切换到子网页，有时还需要在浏览器的同级页面间切换。例如，用 Selenium 库在百度新闻中模拟搜索新闻后，模拟单击一个新闻链接，

会弹出一个新窗口显示该新闻的详情页面，如下图所示。此时用 browser.page_source 获取的仍然是原窗口中页面（搜索结果页面）的网页源代码，而不是新窗口中页面（新闻详情页面）的网页源代码。要获取新窗口中页面的内容，需在窗口之间进行切换。

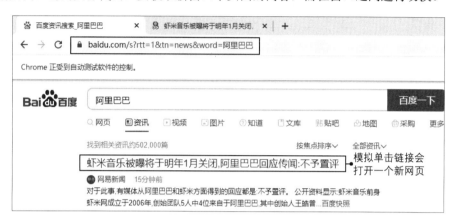

窗口切换的具体方法为：先用 window_handles 属性获取浏览器所有窗口的句柄（可以将句柄理解为各个浏览器窗口的身份标识）集合，再用 switch_to.window() 函数根据句柄切换到对应的窗口。演示代码如下：

```
handles = browser.window_handles  # 获取浏览器所有窗口的句柄
browser.switch_to.window(handles[0])  # 切换到最开始打开的窗口
browser.switch_to.window(handles[-1])   # 切换到最新打开的窗口
（即倒数第一个窗口），用得较多
```

回到前面百度新闻的例子，要获取模拟单击链接打开的新闻详情页面的网页源代码，可以使用如下代码：

```
from selenium import webdriver
browser = webdriver.Chrome()
url = 'https://www.baidu.com/s?rtt=1&tn=news&word=阿里巴巴'
browser.get(url)

# 模拟单击第1条新闻的链接，会打开一个新的浏览器窗口展示该新闻的详情
browser.find_element_by_xpath('//*[@id="1"]/div/h3/a').click()

```

```
9    handles = browser.window_handles  # 核心1：获取当前浏览器所有窗口
     的句柄
10   browser.switch_to.window(handles[-1])   # 核心2：切换到最新打开的
     窗口
11
12   data = browser.page_source   # 此时获取的网页源代码就是最新打开的
     窗口的内容
```

2. 爬取方法 2：直接找到子网页的实际网址

除了用 switch_to.frame() 函数切换到子网页，本案例还有其他解决方法：直接找到子网页的实际网址，再获取网页源代码。

用开发者工具观察父网页的源代码，可以发现在 <iframe> 标签最后有一个 src 属性，其值是一个不完整的网址 "/shibor/web/html/shibor.html"，如下图所示。

```
▼<iframe id name="volume10BondDealQuotesEN" width="480px" height="380" scrolling="no" frameborder="0" marginheight="0" marginwidth="0" src="/shibor/web/html/shibor.html">
```

右击该网址，在弹出的快捷菜单中执行 "Open in new tab" 命令，会跳转到如下图所示的网页，内容就是要爬取的利率表格，而地址栏中的网址已被补全（http://www.shibor.org/shibor/web/html/shibor.html），可用于爬取数据。

期限	Shibor(%)		涨跌(BP)
		2020-11-27 11:00	
O/N	0.8360	▼	46.20
1W	2.3360	▲	4.20
2W	2.8150	▲	0.30
1M	2.7340	▲	1.60

找到子网页的实际网址后，就可以通过如下代码快速获取子网页的源代码：

```
1   browser = webdriver.Chrome()
2   url = 'http://www.shibor.org'
3   browser.get(url)
```

```
4   url_2 = 'http://www.shibor.org/shibor/web/html/shibor.html'
5   browser.get(url_2)
6   data = browser.page_source
```

需要注意的是，必须通过 Selenium 库先访问父网页 http://www.shibor.org，再访问子网页 http://www.shibor.org/shibor/web/html/shibor.html，才能获取到所需的网页源代码，可能的原因是真正的网址在 <iframe> 标签里。之后提取表格数据的代码和方法 1 一致。

▶ 4.6　雪球股票评论信息爬取

雪球（https://xueqiu.com/）是一个股票投资交流平台，如下图所示。其评论信息可以反映投资者的一些想法，本节的目标就是爬取这些评论信息。

下面以爬取"贵州茅台"（https://xueqiu.com/S/SH600519）的相关评论信息为例进行讲解。先用 Selenium 库获取网页源代码。因为雪球的评论信息需要登录账号后才能查看，所以用 Selenium 库请求网址后，需要先用 time.sleep() 等待一定时间，让用户在这段时间内手动登录（推荐用微信扫码登录），再通过 page_source 属性获取网页源代码。代码如下：

```
1   from selenium import webdriver
2   import time
3   browser = webdriver.Chrome()
4   browser.get('https://xueqiu.com/S/SH600519')
5   time.sleep(30)   # 为手动登录设置足够的等待时间
6   data = browser.page_source
```

结合观察开发者工具中的网页源代码和 Python 获取的网页源代码，可以发现评价信息都在 <div class="content content--description"> 这个标签中，如下图所示。

由此编写出用正则表达式提取评论信息的代码如下：

```
import re
p_content = '<div class="content content--description">(.*?)</div>'
content = re.findall(p_content, data, re.S)
```

此时获取的 content 如下图所示。

获取的内容中有类似"<×××>"的字符串，通过如下代码进行数据清洗并打印输出：

```
for i in range(len(content)):
    content[i] = re.sub('<.*?>', '', content[i])
    print(str(i + 1) + '.' + content[i])
```

最终获取结果如下图所示。

4.7 京东商品评价信息爬取

本节讲解如何爬取京东的商品评价信息。以苹果手机的商品详情页面为例，网址为 https://item.jd.com/100000177770.html，现在要爬取页面中的评价信息，如下图所示。

下面分别使用 Selenium 库和 Requests 库完成爬取。前者的爬取思路比较好理解，并且代码比较容易编写；后者的爬取思路相对复杂，但是爬取速度更快。

4.7.1 用 Selenium 库爬取

1. 爬取单页评价

首先导入相关库，代码如下：

```
1    import time
2    import re
3    from selenium import webdriver
```

然后通过 Selenium 库模拟访问指定网址，代码如下：

```
1    browser = webdriver.Chrome()
2    url = 'https://item.jd.com/100000177770.html'
3    browser.get(url)
4    time.sleep(30)   # 需要登录后才能查看评价，故需为手动登录留出等待时间
```

因为京东需要登录才能查看具体评价信息，所以用第 4 行代码休息 30 秒，让用户有足够

的时间完成手动登录（推荐用手机 App 扫码登录），这样才能持续不断地爬取。

登录成功后，用 XPath 表达式模拟单击"商品评价"按钮，再获取网页源代码，代码如下：

```
browser.find_element_by_xpath('//*[@id="detail"]/div[1]/ul/
li[5]').click()  # 单击"商品评价"按钮，XPath表达式可用开发者工具获取
data = browser.page_source  # 获取此时的网页源代码
```

结合观察开发者工具中的网页源代码和 Python 获取的网页源代码，发现包含评价内容的
网页源代码有如下规律：

<p class="comment-con">评价内容</p>

由此编写出用正则表达式提取评价的代码如下：

```
p_comment = '<p class="comment-con">(.*?)</p>'
comment = re.findall(p_comment, data)
```

打印输出 comment，结果如下图所示，可以看到成功地爬取到商品的评价信息。

['手机收到货用了一阵，朋友帮忙推荐的这个，.现在几乎所有的东西都是在京东，买的第一次苹果还是挺好用的反应，很快设计也很好，完美，便于使用手感挺好，拍照，效果很好，但是还没回去，研究特机，时间长外形也漂亮选择的是白色的，很有质感的呀，总之很满意。但应该也完全没有问题，感觉是所有里面的最好的物流，也比较快这款面容识别开锁装置。像素高比较清晰，双卡双带。跟8p差价¥300还是选择这款好，外观是不错的。拍照也特别清晰日常的需求基本没什么问题。物流速度也特别的快。其次双扬声器外放效果不错。拍照方面可以说单摄最最，太棒了，平时绝对够用。运行速度快，使用流畅，iOS系统是绝对的强。中重度使用待机时间一天也没问题。双卡也是买它的重要因素。发货速度非常快，京东物流服务态度很好，快递小哥也很不错，很满意的一次购物。好',
'特意用了段时间，现在几乎所有的东西都是在京东，买的第一次苹果还是挺好用的反应，很快设计也很好，便于使用手感挺好，拍照，效果很好，但是还没回去，研究特机，时间长外形也漂亮选择的是黑色的，很有质感的呀，总之很满意。但应该也完全没有问题，感觉是所有里面的最好的物流，也比较快这款面容识别开锁装置。像素高比较清晰，双卡双带。跟8p差价¥300还是选择这款好，外观是不错的。拍照也特别清晰日常的需求基本没什么问题。物流速度也特别的快。其次双扬声器外放效果不错。拍照方面可以说单摄最，平时绝对够用。运行速度快，使用流畅，iOS系统是绝对的强。中重度使用待机时间一天也没问题。双卡也是买它的重要因素。发货速度非常快，京东物流服务态度很好，快递小哥也很不错，很满意的一次购物。',

部分评价信息包含换行符"\n"，所以接着进行数据清洗再打印输出，代码如下：

```
for i in range(len(comment)):
    comment[i] = comment[i].replace(r'\n', '')
    print(str(i + 1) + '.' + comment[i])
```

因为"\n"有特殊含义，所以第 2 行代码用 replace() 函数而非 sub() 函数来清除，并在前面加上"r"来取消其特殊含义。第 3 行代码为评价信息添加序号后打印输出，也可以用 3.3.2 节讲解的知识将评价信息导出为文本文件。

2. 爬取多页评价

完成了爬取单页评价的任务后，接着来爬取多页评价。在评价区的下方单击"下一页"

按钮可以翻页，那么多页爬取的基本思路就是用开发者工具找到"下一页"按钮的 XPath 表达式，然后用 Selenium 库进行模拟单击。不过这里有一个难点：第 1 页的"下一页"按钮和之后页面的"下一页"按钮的 XPath 表达式不一样。如下图所示分别为第 1 页和第 2 页的翻页按钮，这两组按钮中"下一页"按钮的 XPath 表达式是不一样的。

用开发者工具获取第 1 页和之后页面的"下一页"按钮的 XPath 表达式，分别为"//*[@id="comment-0"]/div[13]/div/div/a[7]" 和 "//*[@id="comment-0"]/div[13]/div/div/a[8]"。因此，对于第 1 页，可以通过如下代码进行翻页：

```
1  browser.find_element_by_xpath('//*[@id="comment-0"]/div[13]/div/
   div/a[7]').click()
```

对于之后的页面，可以通过如下代码进行翻页：

```
1  browser.find_element_by_xpath('//*[@id="comment-0"]/div[13]/div/
   div/a[8]').click()
```

将上述代码整合到获取网页源代码的代码中，核心代码如下。其原理就是通过翻页获取各页的网页源代码，然后以字符串拼接的方式进行汇总。

```
1  data_all = data   # 获取第1页的网页源代码
2  browser.find_element_by_xpath('//*[@id="comment-0"]/div[13]/div/
   div/a[7]').click()
3  time.sleep(3)
4  data = browser.page_source   # 获取第2页的网页源代码
5  data_all = data_all + data   # 也可以简写成data_all += data
6
7  for i in range(8):
8      browser.find_element_by_xpath('//*[@id="comment-0"]/div[13]/
       div/div/a[8]').click()
9      time.sleep(3)
```

```
10    data = browser.page_source
11    data_all = data_all + data
```

第 1 行代码定义变量 data_all，用于汇总各个页面的网页源代码，这里的 data_all = data 是在存储第 1 页的网页源代码。

第 2～5 行代码通过模拟单击第 1 页的"下一页"按钮跳转到第 2 页，休息 3 秒等待页面加载完毕，然后获取第 2 页的网页源代码，通过字符串拼接的方式（data_all = data_all + data）进行汇总。

第 7～11 行代码翻页 8 次，获取之后页面的网页源代码，并拼接到变量 data_all 中。

最终 data_all 中存储的就是 10 页的网页源代码，再用之前编写的正则表达式就可以提取这 10 页网页源代码中的评价信息。

3．爬取负面评价

有时我们只关心负面评价，那么只需要在获取源代码之前，模拟单击"差评"按钮即可，如下图所示。

实现的思路和前面相同，用开发者工具获取"差评"按钮的 XPath 表达式，再用 Selenium 库模拟单击按钮，代码如下：

```
1    browser.find_element_by_xpath('//*[@id="comment"]/div[2]/div[2]/
     div[1]/ul/li[7]/a/em').click()  # 模拟单击"差评"按钮
```

只需要模拟单击一次，就会一直显示差评，之后的获取网页源代码并提取评价信息的思路和前面相同，不再赘述。如果只想爬取"好评"，也是类似的思路。

4.7.2　用 Requests 库爬取

上一节用 Selenium 库实现了商品评价信息的爬取，思路比较简洁。本节则要通过分析评价信息的实际请求网址，用 Requests 库进行爬取。本节会涉及 Ajax 请求的知识，不熟悉这方面知识的读者可以先阅读《零基础学 Python 网络爬虫案例实战全流程详解（高级进阶篇）》的第 3 章，再来学习本节。

1. 分析并获取评价数据接口的网址

先要找到评价数据接口的网址。按【F12】键打开开发者工具，❶在上方的页面中单击"商品评价"按钮，❷选择默认的"全部评价"，❸在开发者工具中切换到"Network"选项卡，❹单击搜索按钮打开搜索框，❺复制评价的部分文本，粘贴到搜索框中进行搜索，❻单击搜索结果，❼在弹出的界面中切换到"Preview"选项卡，❽展开结果，❾即可看到评价内容。完成这些步骤后，离获取评价数据接口的网址就只剩一步了。

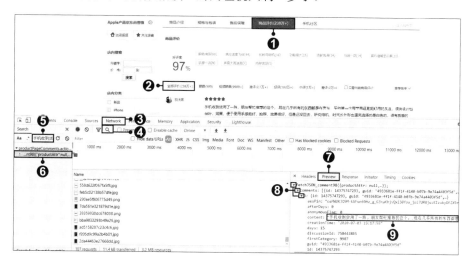

由上图中的"Preview"选项卡切换到"Headers"选项卡，此时"General"下的"Request URL"就是评价数据接口的网址，通过这个网址就可以查看评价信息。

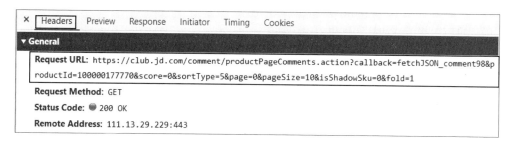

获取到的京东评价数据接口的网址如下：

```
https://club.jd.com/comment/productPageComments.action?callback=
fetchJSON_comment98&productId=100000177770&score=0&sortType=5&
page=0&pageSize=10&isShadowSku=0&fold=1
```

通过这个网址，无须登录就可以访问评价信息。将这个网址复制、粘贴到浏览器的地址栏中并打开，可以看到如下图所示的内容。

用 Requests 库获取上述网址的网页源代码，代码如下：

```
url = 'https://club.jd.com/comment/productPageComments.action?
callback=fetchJSON_comment98&productId=100000177770&score=0&
sortType=5&page=0&pageSize=10&isShadowSku=0&fold=1'
res = requests.get(url, headers=headers).text
```

通过观察获取的网页源代码，可以发现包含评价内容的网页源代码有如下规律：

"content":"评价内容"

由此编写出用正则表达式提取评价内容的代码如下：

```
p_comment = '"content":"(.*?)"'
comment = re.findall(p_comment, res)
```

随后进行数据清洗和打印输出，代码如下：

```
for i in range(len(comment)):
    comment[i] = comment[i].replace(r'\n', '')
    print(str(i + 1) + '.' + comment[i])
```

获取结果如下图所示。

1.手机收到货用了一阵，朋友帮忙推荐的这个，.现在几乎所有的东西都是在京东，买的第一次用苹果还是挺好用的反应，很快设计也很好，完美，便于使用手感挺好，拍照，效果很好，但是还没回去，研究待机，时间长外形也漂亮选择的是白色的，很有质感的呀，总之很满意。但应该也完全没有问题，感觉是所有里面的最好的物流，也比较快这器面容识别开锁装置。像素高比较清晰，卡卡双摄。跟8p差价¥300还是选择这款好，外观是不错的。拍照也特别清晰日常的需求基本没什么问题。物流速度也特别的快。其次双扬声器外放效果不错。拍照方面可以说单摄最强，太棒了，平时绝对够用。运行速度快，使用流畅，iOS系统是绝对的强。中重度使用待机时间一天也没问题。双卡也是买它的重要因素。发货速度非常快，京东物流服务态度很好，快递小哥也很不错，很满意的一次购物。
2.特意用了段时间，现在几乎所有的东西都是在京东，买的第一次用苹果还是挺好用的反应，很快设计也很好，便于使用手感挺好，拍照，效果很好，但是还没回去，研究待机，时间长外形也漂亮选择的是黑色的，很有质感的呀，总之很满意。但应该也完全没有问题，感觉是所有里面的最好的物流，也比较快这款面容识别开锁装置。像素高比较清晰，卡卡双带。跟8p差价?300还是选择这款好，外观是不错的。拍照也特别清晰日常的需求基本没什么问题。拍照方面可以说单摄最强，平时绝对够用。运行速度快，使用流畅，iOS系统是绝对的强。中重度使用待机时间一天也没问题。双卡也是买它的重要因素。发货速度非常快，京东物流服务态度很好，快递小哥也很不错，很满意的一次购物。

2．爬取多页评价

前面爬取的实际上是第 1 页评价，接着来实现爬取多页评价。用和前面相同的方法，手动翻页后，用开发者工具进行分析，获取第 2 页评价的数据接口网址如下：

```
https://club.jd.com/comment/productPageComments.action?callback=
fetchJSON_comment98&productId=100000177770&score=0&sortType=5&
page=1&pageSize=10&isShadowSku=0&fold=1
```

和第 1 页的评价数据接口网址对比，发现唯一的区别就是参数 page 由 0 变为 1，可以推算第 n 页对应的参数 page 是 n－1。因此，用 for 循环语句就可以批量爬取多页评价了，核心代码如下：

```
res_all = ''
for i in range(10):
    url = 'https://club.jd.com/comment/productPageComments.action?
    callback=fetchJSON_comment98&productId=100000177770&score=0&
    sortType=5&pageSize=10&isShadowSku=0&fold=1&page=' + str(i)
    res = requests.get(url, headers=headers).text
    res_all = res_all + res   # 也可以简写成res_all += res
```

第 1 行代码构造了一个空字符串 res_all，用来汇总 10 页的网页源代码。

第 2 行代码用 for 循环语句遍历 0～9 这 10 个数字。

第 3 行代码以字符串拼接的方式构造不同页面的网址（这里将参数 page 调整到了最后，不会影响网址请求），因为 i 是从 0 开始的，所以这里可以直接写 str(i)。

第 4 行代码用 Requests 库获取网页源代码。

第 5 行代码以字符串拼接的方式将网页源代码汇总到 res_all 中。

之后用正则表达式即可提取所有页面的评价，完整代码如下：

```
1   import requests
2   import re
3   headers = {'User-Agent': 'Mozilla/5.0 (Windows NT 10.0; Win64;
    x64) AppleWebKit/537.36 (KHTML, like Gecko) Chrome/86.0.4240.198
    Safari/537.36'}
4
5   res_all = ''
6   for i in range(10):
7       url = 'https://club.jd.com/comment/productPageComments.action?
        callback=fetchJSON_comment98&productId=100000177770&score=0&
        sortType=5&pageSize=10&isShadowSku=0&fold=1&page=' + str(i)
8       res = requests.get(url, headers=headers).text
9       res_all = res_all + res   # 也可以简写成res_all += res
10
11  p_comment = '"content":"(.*?)"'
12  comment = re.findall(p_comment, res_all)
13
14  for i in range(len(comment)):
15      comment[i] = comment[i].replace(r'\n', '')
16      print(str(i + 1) + '.' + comment[i])
```

3. 爬取负面评价

如果只想爬取负面评价，可以用和前面相同的方法，单击页面上的"差评"按钮后，用开发者工具进行分析，获取差评的数据接口网址如下：

```
1   https://club.jd.com/comment/productPageComments.action?callback=
    fetchJSON_comment98&productId=100000177770&score=1&sortType=5&
    page=0&pageSize=10&isShadowSku=0&fold=1
```

和第 1 页评价的数据接口网址对比，发现唯一的区别就是参数 score 的值由 0 变为 1，因此，只需把前面代码中网址的参数 score 由 0 改成 1，即可爬取差评。

如果要爬取好评，可以用相同的方法进行分析和观察，建议读者自行进行练习（分析结果是将参数 score 改成 3 即可）。

笔者编写的《Python 大数据分析与机器学习商业案例实战》一书第 16 章还有商品评价的情感分析的相关研究，感兴趣的读者可以自行阅读。

4.8　淘宝天猫商品销量数据爬取

本节讲解如何爬取淘宝天猫网站上的商品销量数据，这些数据对于竞品分析和消费类上市公司研究都有一定的参考价值。这里以某化妆品店铺的商品为例，如下图所示，网址为 https://runbaiyan.tmall.com/search.htm?spm=a1z10.1-b-s.w5001-21884551106.3.3f0d7f68FOYkqz &search=y&scene=taobao_shop，感兴趣的读者也可以换成其他类似网页进行尝试（需要登录才能查看数据）。

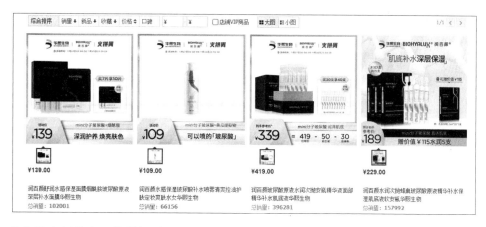

首先导入相关库，代码如下：

```
1   import time
2   import re
3   from selenium import webdriver
```

然后用 Selenium 库模拟访问该网址，代码如下：

```
1   browser = webdriver.Chrome()
2   url = 'https://runbaiyan.tmall.com/search.htm?spm=a1z10.1-b-s.
    w5001-21884551106.3.3f0d7f68FOYkqz&search=y&scene=taobao_shop'
3   browser.get(url)
4   # 打开网页后暂停30秒用于手动登录网站
```

```
5    time.sleep(30)
6    data = browser.page_source
```

因为淘宝天猫需要登录才能查看具体信息，所以用第5行代码设置休息30秒。运行代码后，在模拟浏览器中显示的网页上单击登录按钮，会弹出一个登录界面，如下图所示。在 30 秒内完成手动登录即可，推荐用手机 App 扫码登录，会快一些。

有的读者可能会想：能不能用 Selenium 库模拟填写账号和密码并单击"登录"按钮来登录呢？答案是可以，但比较麻烦。因为目前天猫的账号密码登录有时需要验证码，而验证码针对 Selenium 库做了反爬处理，所以手动登录反而是最轻松和方便的。在《零基础学 Python 网络爬虫案例实战全流程详解（高级进阶篇）》的第 1 章会简单讲解如何通过 Cookie 模拟登录。

登录成功后，就可以用正则表达式提取所需数据了。用开发者工具观察网页源代码，发现包含商品销量、价格和名称的网页源代码有如下规律：

<span class="sale-num">销量</span>

<span class="c-price">价格</span>

<a class="item-name J_TGoldData"不关心的内容>名称</a>

由此编写出用正则表达式提取销量、价格、名称的代码如下。这里因为包含销量、价格、名称的网页源代码中有时存在换行，所以添加 re.S 修饰符来自动考虑换行的影响。

```
1    p_sales = '<span class="sale-num">(.*?)</span>'
2    sales = re.findall(p_sales, data, re.S)
3    p_price = '<span class="c-price">(.*?)</span>'
4    price = re.findall(p_price, data, re.S)
```

```
5   p_name = '<a class="item-name J_TGoldData".*?>(.*?)</a>'
6   name = re.findall(p_name, data, re.S)
```

提取的名称和价格的字符串首尾有时会有一些空格，可以使用 strip() 函数清除，然后使用 print() 函数打印输出结果，代码如下：

```
1   for i in range(len(name)):
2       name[i] = name[i].strip()
3       price[i] = price[i].strip()
4       print('商品名称为：' + name[i])
5       print('商品价格为：' + price[i])
6       print('商品销量为：' + sales[i])
```

运行结果如下（部分内容从略）：

```
1   商品名称为：润百颜舒润水感保湿面膜烟酰胺玻尿酸原液深层补水面膜华熙生物
2   商品价格为：159.00
3   商品销量为：106074
4   商品名称为：润百颜水感保湿玻尿酸补水喷雾清爽控油护肤定妆爽肤水女华熙生物
5   商品价格为：119.00
6   商品销量为：67859
7   ············
```

用正则表达式提取的内容为字符串，而价格和销量通常作为数字来处理，因此，可以通过如下代码把价格和销量转换为数字格式。

```
1   for i in range(len(price)):
2       price[i] = float(price[i])    # float()函数用于将小数格式的字符串
        转换为数字
3       sales[i] = int(sales[i])    # int()函数用于将整数格式的字符串转换
        为数字
```

如果想将提取的数据导出成 Excel 工作簿，可以利用将在第 6 章介绍的 pandas 库，代码如下。其中文件名 file_name 中的 time.strftime('%Y-%m-%d') 表示当天的日期。

```
1  import pandas as pd
2  file_name = time.strftime('%Y-%m-%d') + '润百颜销量情况' + '.xlsx'
3  df = pd.DataFrame({'名称': name, '销量': sales, '价格': price})
4  df.to_excel(file_name, index=False)
```

▎4.9　Selenium 库趣味案例：网页自动投票

本章最后来演示一个网页自动投票的案例，带领大家体验 Selenium 库在爬虫领域之外的应用。这里笔者构建了一个本地的 HTML 网页（见本书配套代码文件中的 vote.html），在浏览器中打开的效果如下图所示。

其投票逻辑非常简单，选中想要投票的部门，单击"确认投票"按钮，如下图所示。

随后会弹出一个提示框，单击"确定"按钮即可关闭提示框，如下图所示。

实现自动投票的思路也很简单：用 Selenium 库访问网页，再依次模拟单击相应的按钮。先用 Selenium 库访问网页，代码如下：

```
1   from selenium import webdriver
2   import time
3   browser = webdriver.Chrome()
4   browser.get(r'E:\书籍\Python零基础爬虫入门到精通\4.Selenium进阶\自动
    投票\vote.html')
```

需要注意的是，第 4 行代码中的网址必须是 HTML 文件的绝对路径，虽然 Python 可以识别相对路径，但是浏览器只能识别绝对路径下的 HTML 文件。

访问网页后，用开发者工具获取选项按钮和"确认投票"按钮的 XPath 表达式，然后在代码中用 Selenium 库的 find_element_by_xpath() 函数定位相关元素，再用 click() 函数模拟单击。而投票后弹出的提示框则需要用 switch_to.alert.accept() 来处理。这里以第一个选项"信托业务总部"为例来演示投票，代码如下：

```
1   for i in range(10):  # 循环10次，表示投10票
2       browser.find_element_by_xpath('//*[@id="main"]/tbody/tr[1]/td/
        input').click()  # 模拟单击某选项
3       browser.find_element_by_xpath('//*[@id="main"]/tbody/tr[19]/
        td/input').click()  # 模拟单击"确认投票"按钮
4       browser.switch_to.alert.accept()  # 切换到提示框，并模拟单击"确
        定"按钮
5       time.sleep(1)
```

最终自动投票结果如下图所示，成功地给"信托业务总部"投了 10 票。

实战中的网页投票当然不会如此简单，而是会采取一些防止作弊的措施，如投票前需要进行手机号验证或微信认证，或者限制相同 IP 地址投票的次数（可以参考第 8 章的内容来应对）。不过，本案例演示的方法还是可以应用于自动填写自动化办公网页中的一些无须验证的表单。

—————————————— 课后习题 ——————————————

1. 爬取巨潮资讯网中与"贵州茅台"（http://www.cninfo.com.cn/new/disclosure/stock?stock Code=600519&orgId=gssh0600519#latestAnnouncement）相关的公告的标题和网址。

2. 批量爬取巨潮资讯网中"贵州茅台"相关公告的 PDF 文件。

3. 爬取界面网（https://www.jiemian.com/）中"贵州茅台"相关新闻的标题、网址和日期。

4. 爬取深圳证券交易所官网（http://www.szse.cn/）中"万科"相关公告的标题和网址。

5. 批量下载深圳证券交易所官网中"万科"相关公告的 PDF 文件。

6. 批量下载深圳证券交易所官网中上市公司问询函的 PDF 文件，网址为 http://www.szse.cn/ disclosure/supervision/inquire/。

7. 爬取新浪财经的研报标题和正文内容，网址为 https://stock.finance.sina.com.cn/stock/ go.php/vReport_List/kind/company/index.phtml。

第 5 章

数据处理与可视化

本章主要对爬虫项目中常用的数据清洗与优化技巧进行整理和总结，并以绘制词云图为例讲解爬虫数据的可视化。

5.1 数据清洗与优化技巧

数据清洗与优化主要涉及常规的数据清洗、文本内容过滤、数据乱码问题处理等。

5.1.1 常用的数据清洗手段及日期格式的统一

首先回顾一下常用的数据清洗手段，代码如下：

```
1    # 1. 用strip()函数删除字符串首尾的空格、换行等空白字符
2    res = '    华能信托2019年实现利润42.11亿元，行业排名第三          '
3    res = res.strip()   # 删除上面字符串首尾的空格和换行
4
5    # 2. 用split函数()拆分字符串，以截取需要的内容
6    date = '2020-11-11 10:10:10'
7    date = date.split(' ')[0]  # 提取年月日信息
8
9    # 3. 用re库中的sub()函数进行内容替换
10   import re
11   title = '阿里<em>巴巴<em>人工智能再发力'
12   title = re.sub('<.*?>', '', title)  # 清除形式为 "<××××>" 的内容
```

使用上述手段已能完成对标题、网址等信息的清洗和优化，下面再介绍一下如何对日期格式进行统一。

之前从百度新闻爬取的日期没有一个统一的格式。假设以 "2020-11-14" 作为标准格式，那么对于格式类似 "2020-11-14 18:28" 的日期，可以用 split() 函数来处理。但是百度新闻里

还有很多其他的日期格式，如"2020 年 11 月 14 日""4 小时前""58 分钟前"。其处理办法也不复杂：对于类似"2020 年 11 月 14 日"的情况，可以将"年"和"月"替换为"-"，将"日"替换为空字符串；对于类似"4 小时前"和"58 分钟前"的情况，可以将包含"小时"或"分钟"的日期都替换为当天的日期。具体代码如下：

```python
import time
for i in range(len(title)):
    date[i] = date[i].split(' ')[0]  # 处理带时分秒的日期
    date[i] = re.sub('年', '-', date[i])  # 将"年"替换为"-"
    date[i] = re.sub('月', '-', date[i])  # 将"月"替换为"-"
    date[i] = re.sub('日', '', date[i])  # 将"日"替换为空字符串
    if ('小时' in date[i]) or ('分钟' in date[i]):
        date[i] = time.strftime('%Y-%m-%d')  # 替换为当天的日期
```

第 7 行代码用运算符 in 判断当前日期是否包含"小时"或"分钟"。第 8 行代码用 time.strftime('%Y-%m-%d') 获得标准格式的今天的日期，用于替换当前日期。如果想更加简洁，可以把这几行代码写到最初的 for i in range(len(title)) 循环语句里。

5.1.2　文本内容过滤——剔除噪声数据

来自网络的数据经常会包含一些噪声数据。例如，搜索"红豆集团"，搜索结果却包含"王菲经典歌曲红豆再登怀旧音乐榜榜首"，这显然不是我们想要的数据。那么如何将这些噪声数据过滤掉呢？这里介绍两种方式：一种是根据新闻标题进行简单过滤，另一种则是根据新闻正文内容进行深度过滤。此外，本节还将介绍如何对新闻正文进行深度优化。

1．根据新闻标题简单过滤

这种方式的思路是观察所爬取的公司名称是否在新闻标题里，如果没有，那就删除该标题以及相关的网址、日期、来源。核心代码如下：

```python
for i in range(len(title)):
    if company not in title[i]:
        title[i] = ''
        href[i] = ''
```

```
5            date[i] = ''
6            source[i] = ''
7    while '' in title:
8        title.remove('')
9    while '' in href:
10       href.remove('')
11   while '' in date:
12       date.remove('')
13   while '' in source:
14       source.remove('')
```

这里首先遍历标题列表，如果公司名称不在标题里，则把相应的标题、网址、日期、来源都赋为空字符串，然后通过如下代码批量删除空字符串：

```
1    while '' in title:   # 遍历列表里所有的空字符串
2        title.remove('')   # 用"列表.remove(元素)"删除元素
```

有的读者可能会问：为什么不直接在 for 循环语句中用 del title[i] 的方式删除元素呢？这是因为 for 循环语句根据 len(title) 确定了循环次数后，循环次数就不会改变了，然而在 for 循环语句里删除列表元素后，比如原来有 10 个元素，删除后还有 8 个元素，那么此时的 title[8]、title[9] 就不存在，从而导致列表序号越界的错误（list index out of range）。因此，需要先赋为空字符串，再用 while 循环语句来批量处理。

除了用上面的方法进行处理，还可以构建新列表来存储符合要求的内容，代码如下：

```
1    title_new = []
2    href_new = []
3    date_new = []
4    source_new = []
5    for i in range(len(title)):
6        if company in title[i]:
7            title_new.append(title[i])
8            href_new.append(href[i])
9            date_new.append(date[i])
```

```
10        source_new.append(source[i])
```

首先构造 4 个空列表，然后遍历每一个标题，如果公司名称在标题里，则把符合条件的相关信息用 append() 函数添加到新列表里。

2. 根据新闻正文进行深度过滤

根据新闻标题来进行筛选，有时过于粗放。某些情况下，虽然标题里没有公司名称，但是新闻正文里有公司名称，这种新闻也是我们需要的。下面就来讲解如何根据新闻正文进行深度过滤。

之前已经获取到每一条新闻的网址，那么通过下面这行代码就能爬取正文。其原理是通过 Requests 库访问每一条新闻的网址，并获取网页源代码。

```
1    article = requests.get(href[i]).text  # 获取新闻正文信息
```

还可以加上 headers 参数来模拟浏览器的访问请求，加上 timeout 参数来防止访问超时，并且加上 try/except 语句来处理异常情况，这样就算新闻爬取失败，也只会给 article 赋值为 "单个新闻爬取失败"，而不会影响整个程序的运行。代码如下：

```
1    try:
2        article = requests.get(href[i], headers=headers, timeout=10).
         text
3    except:
4        article = '单个新闻爬取失败'
```

再配合之前讲解的数据清洗方法，完整代码如下：

```
1    for i in range(len(title)):
2        try:
3            article = requests.get(href[i], headers=headers, timeout=
             10).text
4        except:
5            article = '单个新闻爬取失败'
6        if company not in article:  # 检查公司名称是否在正文中出现
7            title[i] = ''
```

```
8          href[i] = ''
9          date[i] = ''
10         source[i] = ''
11  while '' in title:
12      title.remove('')
13  while '' in href:
14      href.remove('')
15  while '' in date:
16      date.remove('')
17  while '' in source:
18      source.remove('')
```

不过此时还有需要改进的地方。例如，下面是两条新闻的正文内容，如果将公司名称设置为"华能信托"，那么第 2 条新闻就会因不符合判断标准而被误删，而如果将公司名称设置为"华能贵诚信托"（华能信托的全称），则会导致第 1 条新闻被误删。

```
1  article1 = '华能信托2019年实现利润42.11亿元，行业排名第三'
2  article2 = '华能贵诚信托2019年实现利润42.11亿元，行业排名第三'
```

为了解决上述问题，可以把原来的判断条件代码：

```
1  if company not in article:
```

换成如下代码：

```
1  company_re = company[0] + '.{0,5}' + company[-1]
2  if len(re.findall(company_re, article)) < 1:
```

第 1 行代码其实是构造了一个正则表达式赋给变量 company_re，其中 company[0] 是公司名称的第一个字，company[-1] 是公司名称的最后一个字。".{0,5}"是一个新知识点，"."表示任意一个字符，".{0,5}"则表示 0～5 个任意字符（千万注意这里的逗号后不能有空格），所以 company_re 就是用来匹配"公司名称第一个字＋0～5 个任意字符＋公司名称最后一个字"这样的字符串。如果公司名称较长，可以根据自己的需要，将数字 5 改成稍大些的数字。

第 2 行代码通过 re.findall(company_re, article) 寻找满足匹配规则 company_re 的字符串。如果能找到相关内容，返回的列表长度大于等于 1；如果不能找到相关内容，返回的列表长度小于 1，此时就可以将该新闻赋值为空并清除。

通过上述判断条件就能较精准地过滤和筛选正文。例如，将公司名称设置为"华能信托"，就能筛选出正文含有"华能信托"或"华能贵诚信托"的新闻。

3. 新闻正文深度优化

上面的正文捕捉还可以再优化。通过 article = requests.get(href[i]).text 获得的是新闻详情页面的全部源代码，其中真正的新闻正文往往只占一小部分。例如，下图中的新闻（https://www.jiemian.com/article/2796459.html），正文其实很短，但是旁边的滚动新闻却不少。

如果这些滚动新闻中含有与目标公司无关的负面词，就会导致这条新闻被误判为负面新闻（其本身可能是正面新闻）。那么如何解决这个问题呢？ 2.3 节讲过，段落内容通常被 <p> 和 </p> 包围，而大部分网页的正文内容也被 <p> 和 </p> 包围，如下图所示。

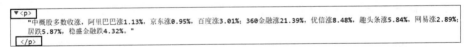

再看滚动新闻在网页源代码中的结构，发现它不是被 <p> 和 </p> 包围，而是被 <li> 和 </li> 包围，如下图所示。

发现了这个规律后，便可以通过编写正则表达式提取所有被 <p> 和 </p> 包围的内容，再

把获得的列表用 '连接符'.join(列表名) 的方式转换成字符串，得到新的 article，核心代码如下：

```
1   p_article = '<p>(.*?)</p>'
2   article_main = re.findall(p_article, article)  # 提取<p>和</p>之间
    的正文内容
3   article = ' '.join(article_main)  # 将列表转换成字符串，用空格连接
```

有时 <p> 标签里可能还有 class 属性，如 <p class='main_content'>，此时可以对上面的代码进行优化，用 ".*?" 代替可能会变化的内容，代码如下：

```
1   p_article = '<p.*?>(.*?)</p>'
```

5.1.3　数据乱码问题处理

在 1.4.4 节曾试着爬取百度首页，结果出现乱码，而且获取的内容比较少（原因是没有添加 headers 参数）。在 3.2.4 节爬取新浪新闻时也遇到了网页源代码乱码的问题，那时已经简单分析了数据乱码的原因，并讲解了如何快速处理数据乱码。本节便来总结相关知识点，并讲解其背后的原理及通用的解决方法。

1．网页源代码乱码的原因

网页源代码乱码的原因主要是 Python 获取的网页源代码的编码格式和网页实际的编码格式不一致。网页中常用的编码格式有 UTF-8、GBK、ISO-8859-1。

用开发者工具查看网页源代码，然后展开 <head> 标签，查看 <meta> 标签里的 charset 属性，如下图所示，该属性的值就是网页的编码格式，这里为 UTF-8。

用 Requests 库的 encoding 属性可以查看 Python 获取的网页源代码的编码格式，代码如下：

```
1    code = requests.get(url, headers=headers).encoding
```

将 code 打印输出，结果为 ISO-8859-1，与网页实际的编码格式 UTF-8 不一致，这就是导致 Python 获取的内容出现乱码的原因。

2．网页源代码乱码的解决方法

在 3.2.4 节已经讲解了解决数据乱码的两种方法，这里总结一下，为之后讲解通用的解决方法做铺垫。

方法 1：对获取的网页源代码文本进行处理

第 1 种方法是对获取的网页源代码文本进行重新编码及解码，代码如下：

```
1    res = requests.get(url).text
2    res = res.encode('ISO-8859-1').decode('utf-8')
```

方法 2：对获取的网页响应进行编码处理，再提取文本

第 2 种方法是先对获取的网页响应进行编码处理，再通过 text 属性提取网页源代码的文本，代码如下：

```
1    res = requests.get(url, headers=headers)
2    res.encoding = 'utf-8'
3    res = res.text
```

之后要讲解的通用解决方法主要是基于方法 1 的原理，即对获取的网页源代码文本进行重新编码及解码。

> **补充知识点：encode() 函数和 decode() 函数**
>
> 这里简单讲解一下 encode() 函数和 decode() 函数的功能。
> encode() 函数的功能是把字符串转换成原始的二进制字符，演示代码如下：
>
> ```
> 1    res = '华小智'  # 中文字符串
> 2    res = res.encode('utf-8')  # 将中文字符串转换为二进制字符
> 3    print(res)
> ```

输出结果如下，可以看到通过 encode() 函数将一个中文字符串转换成了由英文字母和数字构成的二进制字符。

```
1    b'\xe5\x8d\x8e\xe5\xb0\x8f\xe6\x99\xba'
```

decode() 函数的功能是把二进制字符转换成字符串，演示代码如下：

```
1    res = b'\xe5\x8d\x8e\xe5\xb0\x8f\xe6\x99\xba'   # 二进制字符
2    res = res.decode('utf-8')   # 将二进制字符转换为字符串
3    print(res)
```

输出结果如下，可以看到通过 decode() 函数将一个由英文字母和数字构成的二进制字符转换成了一个中文字符串。

```
1    华小智
```

3．网页源代码乱码的通用解决方法

如果对于编码及解码的知识还是不太理解，或者不愿意花精力去查看 Python 获取内容的编码格式及网页实际的编码格式，可以采用下面 3 种经验方法。通过逐个尝试这 3 种方法，或者直接将这 3 种方法整合，可以解决绝大部分的乱码问题。

方法 1：对于大部分网页，可以先尝试如下所示的常规代码（为了演示编码知识，先不加 headers 和 timeout 参数）。

```
1    res = requests.get(url).text
```

方法 2：如果方法 1 爬取到的内容有乱码，则尝试使用如下代码。

```
1    res = requests.get(url).text
2    res = res.encode('ISO-8859-1').decode('gbk')
```

方法 3：如果方法 2 爬取到的内容还是乱码或者报错，继续尝试使用如下代码。

```
1    res = requests.get(url).text
2    res = res.encode('ISO-8859-1').decode('utf-8')
```

根据众多项目实战经验，导致乱码的大部分原因都是由于 Python 获取的内容是 ISO-8859-1 编码格式，而网页实际的编码格式是 GBK 或 UTF-8。因此，通过逐个尝试上述 3 种方法，就可以解决绝大多数的乱码问题。

如果不想逐个尝试，可以通过 try/except 语句把 3 种方法整合到一起，代码如下：

```
res = requests.get(url).text
try:
    res = res.encode('ISO-8859-1').decode('utf-8')  # 方法3
except:
    try:
        res = res.encode('ISO-8859-1').decode('gbk')  # 方法2
    except:
        res = res  # 方法1
```

上述代码的思路其实是让程序来帮我们尝试：先在第 1 个 try 里尝试方法 3；如果失败，就尝试第 1 个 except 里第 2 个 try 的方法 2；如果也失败了，就尝试第 2 个 except 里的方法 1。这样就自动把 3 种方法都尝试了一遍。注意不要把方法 1 放到第 1 个 try 里，因为即使是乱码也不会报错，导致不会执行下面的代码，而方法 2 和方法 3 如果不成功就会报错，从而可以执行下面的 except 中的代码。这种方法有一定的通用性，不过代码不够简洁，比较适合在批量爬取任务中难以逐个分析网页时使用。

此外，数据乱码通常出现在用 Requests 库获取的网页源代码中，用 Selenium 库获取的网页源代码不会出现乱码。不过因为 Requests 库有 Selenium 库无法取代的优势——爬取速度快，所以了解乱码的解决方法还是有意义的。

5.1.4　数据爬后处理之舆情评分

下面通过简单的案例来演示舆情评分的核心知识点，代码如下：

```
keywords = ['违约', '诉讼', '兑付', '大跌', '弄虚作假']
title = 'A公司大跌 且弄虚作假'
score = 100
for k in keywords:
    if k in title:
        score = score - 5  # 也可以简写成score -= 5
```

第 1 行代码定义负面词清单；第 2 行代码定义示例标题 title；第 3 行代码为评分 score 赋初始值 100；第 4～6 行为核心代码，通过 for 循环语句遍历负面词清单中的每一个负面词，如果该词出现在标题中，则扣 5 分。

将舆情评分整合到 3.3 节的爬虫代码中，只需要在 baidu() 函数中添加如下内容：

```
1   score = []  # 创建一个空列表，用来存储每条新闻的舆情评分
2   keywords = ['违约', '诉讼', '兑付', '大跌', '弄虚作假']
3   for i in range(len(title)):  # 遍历每条新闻，进行舆情评分
4       num = 100
5       try:  # 获取新闻详情页面的网页源代码
6           article = requests.get(href[i], headers=headers, timeout=
            10).text
7       except:
8           article = '爬取失败'
9
10      # 筛选出真正的正文内容，忽略旁边的滚动新闻等内容
11      p_article = '<p.*?>(.*?)</p>'
12      article_main = re.findall(p_article, article)  # 提取正文内容
13      article = ''.join(article_main)  # 将列表转换成字符串
14
15      for k in keywords:
16          if (k in article) or (k in title[i]):  # 根据正文和标题打分
17              num -= 5
18      score.append(num)
```

上述代码融合了 5.1.2 节讲解的文本内容过滤的相关代码，第 16 行代码根据新闻正文和标题进行打分。如果要更严谨一些，还可以在第 8 行代码后添加 5.1.3 节介绍的处理乱码问题的通用代码。

这里的负面词清单是一个列表。学习了第 6 章的 pandas 库之后，还可以将负面词清单保存在一个 Excel 工作簿中，在需要时通过如下代码读取出来使用。

```
1   import pandas as pd
2   keywords = pd.read_excel('负面词清单.xlsx')['负面词']
```

5.2　数据可视化分析——词云图绘制

本节通过一个案例讲解数据可视化分析的技巧。这个案例要从新浪微博爬取内容，再从中提取高频词汇，绘制成词云图进行展示。

5.2.1　用 jieba 库实现中文分词

要从中文文本中提取高频词汇，需要使用中文分词（Chinese Word Segmentation）技术。分词是指将一个文本序列切分成一个个单独的词。我们知道，在英文的行文中，单词之间以空格作为分界符，而中文的词语之间没有一个形式上的分界符，因此，中文分词比英文分词要复杂一些。在 Python 中，可以利用 jieba 库来快速完成中文分词。

1．jieba 库的安装与基本用法

jieba 库可以使用命令 "pip install jieba" 来安装，如果安装失败，可尝试从镜像服务器安装，具体方法见 1.4.4 节，这里不再赘述。

安装完 jieba 库之后就可以利用它进行分词操作了。先用一段简单的代码来演示 jicba 库的基本用法：

```
1    import jieba
2    word = jieba.cut('我爱北京天安门')
3    for i in word:
4        print(i)
```

第 1 行代码导入 jieba 库；第 2 行代码用 jieba 库中的 cut() 函数对指定的中文文本内容进行分词，并将分词结果赋给变量 word；第 3 行和第 4 行代码通过 for 循环语句遍历和打印输出分词结果。运行结果如下：

```
1    我
2    爱
3    北京
4    天安门
```

可以看到成功地将指定的文本内容拆分为一个个独立的词。可以说中文分词的核心就是利用 jieba 库的 cut() 函数来进行分词。

注意：用 cut() 函数分词得到的 word 不是一个列表，而是一个迭代器。所谓迭代器其实和列表很相似，可以把它理解成一个"隐身的列表"。但是迭代器里的元素要通过 for 循环语句来访问，所以第 3 行和第 4 行代码不能改写成 print(word)。

上面演示的例子较为简单，下面用更复杂的文本内容来深入讲解 jieba 的用法。

2. 读取文本内容并进行分词

下图所示为保存在文本文件中的信托行业年度报告，约 20 万字。业务分析人员关心的是报告中哪些内容更重要，一个简单的实现手段就是看各个词出现的次数，出现次数越高的词所对应内容的重要程度可能就越高。要达到这一目的，需要进行中文分词和词频统计。

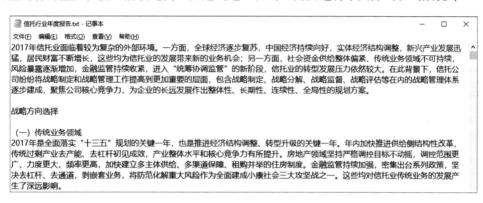

下面先来讲解如何从文本文件中读取内容并进行分词，代码如下：

```
1    import jieba
2    report = open('信托行业年度报告.txt', 'r').read()
3    words = jieba.cut(report)
4    for word in words:
5        print(word)
```

第 1 行代码导入 jieba 库；第 2 行代码先用 open() 函数打开文本文件（参数 'r' 表示以读取方式打开），再用 read() 函数读取文件中的文本内容；第 3 行代码用 cut() 函数对读取的文本内容进行分词操作；第 4 行和第 5 行代码打印输出分词结果。运行结果如右图所示。

```
2017
年
信托业
面临
着
较为
复杂
的
外部环境
。
一方面
```

```
，
全球
经济
逐步
复苏
```

3. 按指定长度提取分词后的词

前面已经完成了中文分词这一关键步骤，接下来可以进行词频统计。但有时我们并不关心所有长度的词，例如，有的两字词虽然出现的频率高，但并没有什么特别的含义。因此，在进行词频统计之前，可以先对分词结果按一定的条件进行筛选和提取。

这里以提取长度大于等于 4 个字的词为例进行讲解，代码如下：

```
1   words = jieba.cut(report)
2   report_words = []
3   for word in words:  # 将长度大于等于4个字的词放入列表
4       if len(word) >= 4:  # 感兴趣的读者可将4改成3或2，看看短词的内容
5           report_words.append(word)
6   print(report_words)
```

第 1 行代码进行分词，并将分词结果赋给变量 words；第 2 行代码创建一个空列表 report_words，用于存储提取结果；第 3～5 行代码通过 for 循环语句遍历分词结果中的每一个词，如果该词的长度大于等于 4 个字，就把它添加到列表 report_words 中；第 6 行代码打印输出提取结果，如下图所示。

['2017', '外部环境', '结构调整', '新兴产业', '另一方面', '金融监管', '信托公司', '管理工作', '管理体系', '2017', '全面落实', '结构调整', '初见成效', '金融监管', '小康社会', '深远影响', '2017', '多管齐下', '长效机制', '长效机制', '建立健全', '变化趋势', '合作伙伴', '积极探索', '积极探索', '另一方面', '更新改造', 'REITs', '市场前景', 'REITs', '信托公司', '充分发挥', 'REITs', 'REITs', 'REITs', '2017', '信托公司', '信托公司', '科技园区', 'CMBS', '住宅建设', 'REITs', '投资信托', '基础设施', '新形势下', '基础产业', '基础产业', '交易方式', '2017', '信托公司', '基础设施', '基础产业', '配套工程', '有限公司', '国际展览中心', '管理机制', '市场需求', '金融机构', '快速增长', '2016', '金融机构', '金融机构', '信托公司', '与此同时', '信托公司', '保险市场', '金融工具', '信托公司', '传统模式', '信托公司', '事务管理', '主导作用', '信托公司', '2017', '常务会议', '2025', '2025', '与此同时', '高度重视', '金融服务', '明确指出', '金融体制', '金融服务', '贯彻落实', '2017', '大力开展',

从上图可以看出，有的词重复出现了很多次，如"信托公司"。因此，对列表 report_words 还可以再做深度挖掘，下面就来统计这个列表里的高频词汇。

4. 统计高频词汇

统计词频相对而言并不复杂，用 collections 库中的 Counter() 函数就可以完成，代码如下：

```
1   from collections import Counter
2   result = Counter(report_words)
3   print(result)
```

这样便可以打印输出每个词的出现次数。如果只想看出现次数排名前 50 位的词，可以用

most_common() 函数来完成，将上述第 2 行代码改写成如下代码：

```
1  result = Counter(report_words).most_common(50)   # 取最多的50组
```

将 result 打印输出，结果如下图所示。可以看到，里面的一些高频词还是能体现整个信托行业的某些情况的。例如，最近几年的信托行业年度报告里便频繁提到"信息技术"与"人工智能"这类词，那么它们可能也的确体现了行业的未来发展趋势。

```
[('信托公司', 1391), ('2017', 577), ('2016', 184), ('金融机构', 148), ('投资信托', 108), ('基础产业', 91), ('2018', 87),
('风险管理', 82), ('工商企业', 77), ('QDII', 70), ('金融服务', 69), ('信息系统', 63), ('2015', 59), ('基础设施', 56),
('金融公司', 47), ('另一方面', 45), ('信托投资公司', 45), ('中国人民银行', 44), ('REITs', 39), ('金融业务', 38), ('监管
部门', 35), ('客户服务', 33), ('2013', 32), ('新兴产业', 31), ('资金来源', 31), ('商业银行', 30), ('信息技术', 29), ('
金融市场', 29), ('2014', 28), ('有限公司', 28), ('债券市场', 24), ('管理体系', 23), ('发展趋势', 22), ('法律法规', 22),
('金融监管', 21), ('宏观经济', 20), ('产品设计', 19), ('对外开放', 19), ('管理系统', 18), ('人工智能', 18), ('事务管理
', 17), ('金融风险', 17), ('上市公司', 16), ('积极探索', 15), ('充分发挥', 15), ('与此同时', 15), ('战略规划', 15), ('
从业人员', 15), ('消费信贷', 15), ('组成部分', 14)]
```

将上述代码汇总并整理如下：

```
1   import jieba  # 分词库，需要单独安装
2   from collections import Counter  # 自带的库，无须安装
3
4   # 1. 读取文本内容，并用jieba库中的cut()函数进行分词
5   report = open('信托行业报告.txt', 'r').read()   # 读者可自行打印输出
    report，其内容就是从文本文件中读取的文本
6   words = jieba.cut(report)   # 对全文进行分词，得到的是一个迭代器，需要
    通过for循环语句才能获取迭代器中的内容
7
8   # 2. 通过for循环语句提取长度大于等于4个字的词
9   report_words = []
10  for word in words:
11      if len(word) >= 4:  # 将长度大于等于4个字的词放入列表
12          report_words.append(word)
13  print(report_words)
14
15  # 3. 获取词频最高的50个词
16  result = Counter(report_words).most_common(50)  # 取最多的50组
17  print(result)
```

5.2.2 用 wordcloud 库绘制词云图

在 Python 中，可利用 wordcloud 库绘制词云图。该库可使用命令"pip install wordcloud"来安装，如果安装失败，可尝试从镜像服务器安装，具体方法见 1.4.4 节，这里不再赘述。

1．wordcloud 库的基本用法

以前面做了长度筛选的分词结果 report_words 为例讲解 wordcloud 库的基本用法，代码如下：

```
1  from wordcloud import WordCloud  # 导入相关库
2  content = ' '.join(report_words)  # 把列表转换成字符串
3  wc = WordCloud(font_path='simhei.ttf',  # 字体文件路径（这里为黑体）
4                 background_color='white',  # 背景颜色（这里为白色）
5                 width=1000,  # 宽度
6                 height=600  # 高度
7                 ).generate(content)  # 绘制词云图
8  wc.to_file('词云图.png')  # 导出成PNG格式图片（使用相对路径）
```

第 2 行代码用 join() 函数将列表转换为字符串，以空格作为连接符，以满足词云图生成函数对数据格式的要求。

第 3～7 行代码先用 WordCloud() 函数设置词云图参数（这里为了方便阅读，每行写一个参数，也可以写成一行），然后用 generate() 函数将指定的字符串绘制成词云图。

第 8 行代码用 to_file() 函数导出图片，结果如下图所示。

2.　绘制特定形状的词云图

我们还可以将词云图绘制成特定的形状。首先导入相关库，代码如下：

```
1  from PIL import Image
2  import numpy as np
3  from wordcloud import WordCloud
```

第 1 行代码导入用于处理图片的 PIL 库（可用命令"pip install pillow"来安装）。第 2 行代码导入用于处理数据的 NumPy 库（Anaconda 自带），在笔者编写的《Python 金融大数据挖掘与分析全流程详解》的第 6 章有该库的详细讲解，感兴趣的读者可自行阅读。

导入相关库后，就可以绘制指定形状的词云图了，代码如下：

```
1  background_pic = '微博.jpg'  # 形状蒙版图片的路径
2  images = Image.open(background_pic)  # 打开形状蒙版图片
3  maskImages = np.array(images)  # 将形状蒙版图片转换为数值数组
4  content = ' '.join(report_words)
5  wc = WordCloud(font_path='simhei.ttf',  # 字体文件路径
6                 background_color='white',  # 背景颜色
7                 width=1000,  # 宽度
8                 height=600,  # 高度
9                 mask=maskImages  # 应用形状蒙版
10                ).generate(content)  # 绘制词云图
11 wc.to_file('词云图+自定义形状.png')  # 导出图片
```

第 1 行代码指定形状蒙版图片的路径，这里以相对路径指定图片"微博.jpg"，其内容为新浪微博的徽标。

第 2 行代码用 PIL 库的 Image 模块打开形状蒙版图片。

第 3 行代码用 NumPy 库的 array() 函数将形状蒙版图片转换为数值数组格式，其实就是将图片每一个像素点的 RGB 值生成一个多维数组，其打印输出结果如下，其中"255 255 255"就是白色的 RGB 值。

```
1  [[[255 255 255]
2    [255 255 255]
3    [255 255 255]……
```

第 1～3 行代码的实质是将图片转换为数值数组格式，简单了解即可，实际应用过程中可以直接套用。

第 10 行代码用参数 mask 应用形状蒙版，传入的就是第 3 行代码转换成数值数组格式的 maskImages。其余代码的含义与前面类似，这里不再赘述。

最终生成的词云图如下图所示，可以看到是按照新浪微博徽标的形状轮廓绘制的，不过词的颜色还是默认的颜色（具体的颜色效果请读者自行运行代码后查看）。

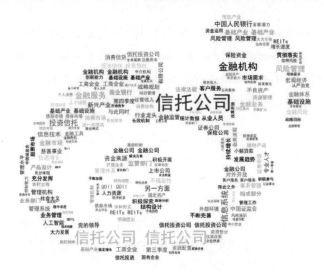

3．绘制特定颜色的词云图

接下来讲解如何在特定形状的基础上，按特定颜色绘制词云图。首先导入相关库，代码如下：

```
1  from wordcloud import WordCloud, ImageColorGenerator
2  from imageio import imread
```

第 1 行代码除了从 wordcloud 库中导入 WordCloud 模块，还导入了 ImageColorGenerator 模块，用于获取颜色；第 2 行代码导入 imageio 库的 imread 模块，用于读取图像，如果没有该库，可用命令"pip install imageio"来安装。

然后在绘制特定形状词云图的代码后面加上如下代码：

```
1  back_color = imread(background_pic)  # 读取图片
2  image_colors = ImageColorGenerator(back_color)  # 获取图片的颜色
```

```
3    wc.recolor(color_func=image_colors)  # 为词云图上色
4    wc.to_file('词云图+自定义形状+颜色.png')
```

第 1 行代码用 imread() 函数读取图片，其中 background_pic 就是前面定义的"微博.jpg"；第 2 行代码用 ImageColorGenerator() 函数获取图片的颜色；第 3 行代码用 recolor() 函数给词云图加上指定颜色。

最终生成的词云图如下图所示。可以看到除了形状是新浪微博徽标的轮廓，词的颜色也是新浪微博徽标的特定颜色（具体的颜色效果请读者自行运行代码后查看）。

完整代码如下：

```
1    import jieba
2    from collections import Counter
3    from wordcloud import WordCloud, ImageColorGenerator
4    from PIL import Image
5    import numpy as np
6    from imageio import imread
7
8    # 1. 读取文本内容，并用jieba库中的cut()函数进行分词
9    report = open('信托行业报告.txt', 'r').read()
10   words = jieba.cut(report)
11
```

```
12    # 2. 通过for循环语句提取列表words中长度大于等于4个字的词
13    report_words = []
14    for word in words:
15        if len(word) >= 4:
16            report_words.append(word)
17    print(report_words)
18
19    # 3. 按特定形状和特定颜色绘制词云图
20    # （1）获取词云图的形状蒙版
21    background_pic = '微博.jpg'
22    images = Image.open(background_pic)
23    maskImages = np.array(images)
24
25    # （2）按照形状蒙版绘制词云图
26    content = ' '.join(report_words)
27    wc = WordCloud(font_path='simhei.ttf',
28                   background_color='white',
29                   width=1000,
30                   height=600,
31                   mask=maskImages
32                   ).generate(content)
33
34    # （3）修改词云图的颜色
35    back_color = imread(background_pic)
36    image_colors = ImageColorGenerator(back_color)
37    wc.recolor(color_func=image_colors)
38
39    wc.to_file('词云图+自定义形状+颜色.png')
```

5.2.3　案例实战：新浪微博词云图绘制

下面基于 3.6 节从新浪微博爬取的内容，结合本节学习的知识绘制词云图。首先导入相关库，代码如下：

```
1   import jieba
2   from collections import Counter
3   from wordcloud import WordCloud, ImageColorGenerator
4   from PIL import Image
5   import numpy as np
6   from imageio import imread
7   import requests
8   import re
```

然后爬取并汇总每条微博的内容：

```
1   headers = {'User-Agent': 'Mozilla/5.0 (Windows NT 10.0; Win64;
    x64) AppleWebKit/537.36 (KHTML, like Gecko) Chrome/69.0.3497.100
    Safari/537.36'}
2
3   # 1. 获取网页源代码
4   url = 'https://s.weibo.com/weibo?q=阿里巴巴'
5   res = requests.get(url, headers=headers, timeout=10).text
6
7   # 2. 解析网页源代码并提取数据
8   p_source = '<p class="txt" node-type="feed_list_content" nick-name
    ="(.*?)">'
9   source = re.findall(p_source, res)
10  p_title = '<p class="txt" node-type="feed_list_content" nick-name
    =".*?">(.*?)</p>'
11  title = re.findall(p_title, res, re.S)
12
13  # 3. 数据清洗、打印输出、汇总
14  title_all = ''   # 创建一个空字符串，用来汇总数据
15  for i in range(len(title)):
16      title[i] = title[i].strip()
17      title[i] = re.sub('<.*?>', '', title[i])
18      title_all = title_all + title[i]   # 通过字符串拼接汇总数据
19      print(str(i + 1) + '.' + title[i] + '-' + source[i])
```

这里较 3.6 节的代码增加了汇总数据的过程，即第 14 行和第 18 行代码，通过字符串拼接将爬取到的所有微博内容汇总成一个大字符串。

接着进行分词，代码如下：

```
# 4. 用jieba库中的cut()函数进行分词
words = jieba.cut(title_all)  # 传入的就是上面汇总的title_all

# 5. 通过for循环语句提取长度大于等于两个字的词
report_words = []
for word in words:
    if len(word) >= 2:
        report_words.append(word)
print(report_words)

# 6. 获取词频最高的50个词
result = Counter(report_words).most_common(50)
print(result)
```

最后用 5.2.2 节的相关代码绘制词云图：

```
# 7. 按特定形状和特定颜色绘制词云图
# （1）获取词云图的形状蒙版
background_pic = '微博.jpg'
images = Image.open(background_pic)
maskImages = np.array(images)

# （2）按照形状蒙版绘制词云图
content = ' '.join(report_words)
wc = WordCloud(font_path='simhei.ttf',
               background_color='white',
               width=1000,
               height=600,
               mask=maskImages
               ).generate(content)
```

```
15
16    # （3）修改词云图的颜色
17    back_color = imread(background_pic)
18    image_colors = ImageColorGenerator(back_color)
19    wc.recolor(color_func=image_colors)
20
21    wc.to_file('微博内容词云图.png')
```

最终生成的图片如下图所示（具体的颜色效果请读者自行运行代码后查看）。

课后习题

1. 爬取百度首页（https://www.baidu.com/）的信息，添加 headers 参数并处理数据乱码。

2. 爬取中国经营报网站（http://www.cb.com.cn/）上与"贵州茅台"相关的新闻，并处理数据乱码。

3. 绘制新浪财经上与"贵州茅台"相关的新闻的词云图。

第6章
数据结构化与数据存储

许多网页中的数据是以表格形式存在的，如果用常规方法爬取会比较烦琐。本章将讲解如何快速爬取网页中的表格数据，以及如何对数据进行结构化（即转换为规范的表格数据），然后存储到 MySQL 数据库中。

> **注意：** 本章涉及用 pandas 库生成的 DataFrame 格式的数据。相对 PyCharm 而言，Jupyter Notebook 能以更加方便和美观的方式输出这种数据，因此，推荐在学习本章时用 Jupyter Notebook 编写和运行代码。

6.1 数据结构化神器——pandas 库

本节要介绍一个数据结构化的神器——pandas 库（Anaconda 自带，无须单独安装），通过 pandas 库可以方便地爬取网页中的表格数据，对数据进行结构化处理，并导出为 Excel 工作簿等文件。

6.1.1 用 read_html() 函数快速爬取网页表格数据

使用 pandas 库中的 read_html() 函数可以快速爬取网页中的表格数据。用搜索引擎搜索并打开"新浪财经数据中心"，然后选择"投资参考"中的"大宗交易"（可以简单理解为大额交易），如下图所示。下面就以爬取该页面（http://vip.stock.finance.sina.com.cn/q/go.php/vInvestConsult/kind/dzjy/index.phtml）中的表格为例，讲解 read_html() 函数的用法。

如果用传统方法解析每一个表格数据，会非常烦琐，而用 read_html() 函数来完成则会非常方便快捷，代码如下：

```
1   import pandas as pd
2   url = 'http://vip.stock.finance.sina.com.cn/q/go.php/vInvestConsult/
    kind/dzjy/index.phtml'
3   table = pd.read_html(url)[0]  # 核心代码
4   table  # 这是Jupyter Notebook中打印输出变量的方法
```

第 1 行代码导入 pandas 库并简写为 pd。

第 2 行代码为目标网址。

第 3 行代码用 read_html() 函数通过访问网址来爬取网页，它会提取网页上的所有表格，并以列表的形式返回，网页中有几个表格，列表中就有几个元素。这里虽然只有 1 个表格，但是仍需通过 [0] 的方式提取列表的第 1 个元素。

第 4 行代码打印输出获得的 table，这是 Jupyter Notebook 中的打印输出方法：直接在代码区块的最后输入变量名，即可打印输出变量值。如果在 PyCharm 中运行，则需要用 print() 函数打印输出。

最终爬取结果如下图所示，可以看到成功爬取到表格。

	交易日期	证券代码	证券简称	成交价格(元)	成交量(万股)	成交金额(万元)	买方营业部	卖方营业部	证券类型
0	2020-11-23	2221	东华能源	11.59	26.00	301.34	华泰证券股份有限公司昆山黑龙江北路证券营业部	华泰证券股份有限公司张家港金港镇长江中路证券营业部	A股
1	2020-11-23	300014	亿纬锂能	62.57	4.25	265.92	机构专用	中信证券股份有限公司北京金融大街证券营业部	A股
2	2020-11-23	2829	星网宇达	35.43	18.00	637.74	光大证券股份有限公司东莞石龙证券营业部	中国银河证券股份有限公司福清万达广场证券营业部	A股
3	2020-11-23	300229	拓尔思	8.90	365.30	3251.17	申万宏源证券有限公司上海宝山区同泰路证券营业部	中信建投证券股份有限公司北京安立路证券营业部	A股

上面这个例子中的网页没有反爬措施，相对容易爬取。实战中还有很多网页是动态渲染的，通过 read_html() 函数访问网址的方式无法爬取，需要先用 Selenium 库获取网页源代码，再用 read_html() 函数从源代码中提取表格数据。将 read_html() 函数的这两种用法总结于下表，6.2 节会讲解具体案例。

场景	代码
普通网页，可以直接用 Requests 库获取网页源代码	read_html(网址)
复杂网页，需要用 Selenium 库才能获取网页源代码	read_html(网页源代码)

6.1.2 pandas 库在爬虫领域的核心代码知识

read_html() 函数只是 pandas 库强大功能的冰山一角，本节将讲解 pandas 库在爬虫领域的更多核心代码知识。

1．创建 DataFrame

DataFrame 是 pandas 库用于组织和管理数据的一种二维表格数据结构，可以将其看成一个 Excel 工作表。创建 DataFrame 常用的方法有两种：通过列表创建和通过字典创建。

（1）通过列表创建 DataFrame

通过列表创建 DataFrame 有两种方法。第 1 种方法的代码如下：

```
1  import pandas as pd
2  a = pd.DataFrame([[1, 2], [3, 4], [5, 6]])
```

在 Jupyter Notebook 中打印输出 a，结果如下，该二维表格会自动创建数字序号形式（从 0 开始）的行索引和列索引。

	0	1
0	1	2
1	3	4
2	5	6

我们还可以在创建 DataFrame 时自定义列索引和行索引，代码如下：

```
1  a = pd.DataFrame([[1, 2], [3, 4], [5, 6]], columns=['date', 'score'],
   index=['A', 'B', 'C'])
```

其中 columns 代表列索引，index 代表行索引，此时 a 的打印输出结果如下：

	date	score
A	1	2
B	3	4
C	5	6

通过 DataFrame 的 columns 属性可以查看和修改列索引，代码如下：

```
1    print(a.columns)  # 查看列索引
2    a.columns = ['日期', '分数']  # 修改列索引，在6.2节会用到
```

第 2 种方法较为灵活，无须知道数据的具体数量，直接将列表拼接成列即可。该方法在实战中很常用（在 6.3 节会用到），演示代码如下：

```
1    a = pd.DataFrame()  # 创建一个空DataFrame，用于存储之后要拼接的列数据
2    date = [1, 3, 5]
3    score = [2, 4, 6]
4    a['date'] = date
5    a['score'] = score
```

注意要保证列表 date 和 score 的长度一致，否则会报错。此时 a 的打印输出结果如下：

	date	score
0	1	2
1	3	4
2	5	6

（2）通过字典创建 DataFrame

通过字典创建 DataFrame 的代码如下：

```
1    b = pd.DataFrame({'date': [1, 3, 5], 'score': [2, 4, 6]})
```

b 的打印输出结果如下，可以看到以字典的键名作为列索引。

	date	score
0	1	2
1	3	4
2	5	6

2．数据文件的读取和写入

pandas 库可以从多种类型的数据文件中读取数据，并且可以将数据写入这些文件中。本节以 Excel 工作簿和 CSV 文件为例进行讲解。

（1）文件读取

用 read_excel() 函数可以读取 Excel 工作簿中的数据，代码如下：

```
1   import pandas as pd
2   data = pd.read_excel('data.xlsx')  # data为DataFrame结构
```

这里读取的 Excel 工作簿扩展名为 ".xlsx"，如果是 2003 版或更早版本的 Excel 工作簿，其扩展名为 ".xls"。这里使用的文件路径是相对路径，也可以使用绝对路径，相关知识见 3.3.2 节的 "补充知识点 1"。通过打印输出 data 便可查看读取的表格内容。如果只想查看表格的前 5 行数据，可以使用如下代码：

```
1   data.head()  # 写成head(10)则可查看前10行数据，依此类推
```

打印输出结果如下：

	date	score	price
0	2018-09-03	70	23.55
1	2018-09-04	75	24.43
2	2018-09-05	65	23.41
3	2018-09-06	60	22.81
4	2018-09-07	70	23.21

read_excel() 函数还可以设定参数，演示代码如下：

```
1   data = pd.read_excel('data.xlsx', sheet_name=0)
```

这里的参数 sheet_name 用于指定要读取的工作表，其值可以是工作表名称，也可以是数字（默认为 0，即第 1 个工作表）。此外，还可用参数 index_col 来指定以某一列作为行索引。

CSV 文件也是一种常见的数据文件格式，它在本质上是一个文本文件，可以用 Excel 或文本编辑器（如 "记事本"）打开。CSV 文件中存储的是用逗号分隔的数据，但不包含格式、公式、宏等，因而占用的存储空间通常较小。用 read_csv() 函数可以读取 CSV 文件中的数据，代码如下：

```
1   data = pd.read_csv('data.csv')
```

read_csv() 函数也可以指定参数，代码如下：

```
1   data = pd.read_csv('data.csv', delimiter=',', encoding='utf-8')
```

其中参数 delimiter 用于指定数据的分隔符，默认为逗号；参数 encoding 用于设置编码格式，如果出现中文乱码，则需要设置为 'utf-8' 或 'gbk'。此外，还可以通过参数 index_col 设置索引列。

（2）文件写入

用 to_excel() 函数可以将 DataFrame 中的数据写入 Excel 工作簿，代码如下：

```
1   data = pd.DataFrame([[1, 2], [3, 4], [5, 6]], columns=['A列', 'B列'])
2   data.to_excel('data_new.xlsx')   # 这里使用相对路径，也可使用绝对路径
```

运行之后，将在代码文件所在的文件夹下生成一个 Excel 工作簿 "data_new.xlsx"，其内容如下图所示。

从上图可以看出，工作表的第 1 列还保留了行索引信息，如果想在写入数据时不保留行索引信息，可以将 to_excel() 函数的参数 index 设置为 False（设置为 True 则表示保留行索引信息），代码如下：

```
1   data.to_excel('data_new.xlsx', index=False)
```

to_excel() 函数还有一些常用的参数：sheet_name 用于指定工作表名称；columns 用于指定要写入的列。

用 to_csv() 函数可以将 DataFrame 中的数据写入 CSV 文件，代码如下：

```
1   data.to_csv('data_new.csv')
```

与 to_excel() 函数类似，to_csv() 函数也可以设置 index、columns、encoding 等参数。如果导出的 CSV 文件出现了中文乱码现象，可尝试将 encoding 设置成 'utf-8'，如果还是无效，

则需要设置成 'utf_8_sig'，代码如下：

```
1    data.to_csv('演示.csv', index=False, encoding='utf_8_sig')
```

3．DataFrame 中数据的常用操作

创建了 DataFrame 之后，就可以根据需要操作其中的数据。首先创建一个 3 行 3 列的 DataFrame 用于演示，行索引设定为 r1、r2、r3，列索引设定为 c1、c2、c3，代码如下：

```
1    import pandas as pd
2    data = pd.DataFrame([[1, 2, 3], [4, 5, 6], [7, 8, 9]], index=
     ['r1', 'r2', 'r3'], columns=['c1', 'c2', 'c3'])
```

此时的 data 如下所示：

```
1        c1  c2  c3
2    r1   1   2   3
3    r2   4   5   6
4    r3   7   8   9
```

下面讲解数据的选取、筛选、整体情况查看等常用操作。

（1）按列选取数据

先从简单的选取单列数据入手，代码如下：

```
1    a = data['c1']
```

a 的打印输出结果如下：

```
1    r1    1
2    r2    4
3    r3    7
4    Name: c1, dtype: int64
```

可以看到返回的结果不包含列索引信息，这是因为通过 data['c1'] 选取单列时返回的是一个一维的 Series 格式的数据。如果要返回二维的 DataFrame 格式的数据，可以使用如下代码：

```
1    b = data[['c1']]
```

b 的打印输出结果如下：

```
1        c1
2    r1   1
3    r2   4
4    r3   7
```

如果要选取多列，则需要在中括号 [] 中以列表的形式给出列索引值。例如，选取 c1 和 c3 列的代码如下：

```
1    c = data[['c1', 'c3']]   # 不能写成data['c1', 'c3']
```

c 的打印输出结果如下：

```
1        c1  c3
2    r1   1   3
3    r2   4   6
4    r3   7   9
```

（2）按行选取数据

可以根据行序号选取数据，代码如下：

```
1    # 选取第2行和第3行的数据，注意序号从0开始，左闭右开
2    a = data[1:3]
```

a 的打印输出结果如下：

```
1        c1  c2  c3
2    r2   4   5   6
3    r3   7   8   9
```

而 pandas 库的官方文档推荐使用 iloc 方法来根据行序号选取数据，这样更直观，而且不像 data[1:3] 可能会引起混淆报错。代码如下：

```
1    b = data.iloc[1:3]
```

而且如果要选取单行，就必须使用 iloc 方法。例如，选取倒数第 1 行，代码如下：

```
1    c = data.iloc[-1]
```

此时如果使用 data[-1]，那么 pandas 库可能会认为 -1 是列索引，导致混淆报错。

除了根据行序号选取数据外，还可以使用 loc 方法根据行索引选取数据，代码如下：

```
1    d = data.loc[['r2', 'r3']]
```

如果行数很多，可以用 head() 函数选取前 5 行数据，代码如下：

```
1    e = data.head()
```

这里因为 data 中只有 3 行数据，所以 data.head() 会选取所有数据。如果只想选取前两行数据，可以写成 data.head(2)。

（3）按区块选取数据

按区块选取是指选取某几行的某几列数据。例如，选取 c1 和 c3 列的前两行数据，代码如下：

```
1    a = data[['c1', 'c3']][0:2]    # 也可写成data[0:2][['c1', 'c3']]
```

其实就是把按行和列选取数据的方法进行了整合，a 的打印输出结果如下：

```
1        c1  c3
2    r1   1   3
3    r2   4   6
```

在实战中选取区块数据时，通常先用 iloc 方法选取行，再选取列，代码如下：

```
1    b = data.iloc[0:2][['c1', 'c3']]
```

两种方法的选取效果是一样的，但第二种方法逻辑更清晰，不容易出现混淆报错，它也是 pandas 库的官方文档推荐的方法。

如果要选取单个值，该方法就更有优势。例如，选取 c3 列第 1 行的数据，就不能写成

data['c3'][0] 或 data[0]['c3'], 而要先用 iloc[0] 选取第 1 行, 再选取 c3 列, 代码如下:

```
1    c = data.iloc[0]['c3']
```

也可以使用 iloc 和 loc 方法同时选取行和列, 代码如下:

```
1    d = data.loc[['r1', 'r2'], ['c1', 'c3']]
2    e = data.iloc[0:2, [0, 2]]
```

技巧: loc 方法使用字符串作为索引, iloc 方法使用数字作为索引。这里介绍一个简单的记忆方法: loc 是 location (定位、位置) 的缩写, 所以是用字符串作为索引; iloc 中多了一个字母 i, 而 i 又经常代表数字, 所以是用数字作为索引。

d 和 e 的打印输出结果如下:

```
1         c1   c3
2    r1    1    3
3    r2    4    6
```

(4) 数据筛选

通过在中括号里设置条件可以对行数据进行筛选。例如, 选取 c1 列中数字大于 1 的行, 代码如下:

```
1    a = data[data['c1'] > 1]
```

a 的打印输出结果如下:

```
1         c1   c2   c3
2    r2    4    5    6
3    r3    7    8    9
```

如果有多个筛选条件, 可用 "&" (表示 "且") 或 "|" (表示 "或") 连接。例如, 筛选 c1 列中数字大于 1 且 c2 列中数字等于 5 的行, 代码如下 (在筛选条件两侧要加上小括号):

```
1    b = data[(data['c1'] > 1) & (data['c2'] == 5)]    # 用 "==" 而不是
     "=" 来判断是否相等
```

b 的打印输出结果如下：

```
1       c1  c2  c3
2   r2   4   5   6
```

（5）数据整体情况查看

通过 DataFrame 的 shape 属性可以获取表格的行数和列数，从而快速了解表格的数据量大小，代码如下：

```
1   data.shape
```

运行结果如下，其中第 1 个数字为行数，第 2 个数字为列数。因此，通过 data.shape[0] 和 data.shape[1] 可分别获取行数和列数。此外，通过 len(data) 也可获取行数。

```
1   (3, 3)
```

（6）数据运算

通过数据运算可利用已有的列创建新的一列，代码如下：

```
1   data['c4'] = data['c3'] - data['c1']
2   data.head()
```

运行结果如下，因为表格只有 3 行，所以 data.head() 会输出所有行。

```
1       c1  c2  c3  c4
2   r1   1   2   3   2
3   r2   4   5   6   2
4   r3   7   8   9   2
```

（7）数据排序

用 sort_values() 函数可以将数据按列排序。例如，按 c2 列进行降序排序的代码如下：

```
1   a = data.sort_values(by='c2', ascending=False)
```

参数 by 用于指定按哪一列来排序；参数 ascending 默认为 True，表示升序排序，若设置为 False 则表示降序排序。a 的打印输出结果如下。

```
1        c1  c2  c3  c4
2    r3   7   8   9   2
3    r2   4   5   6   2
4    r1   1   2   3   2
```

（8）数据删除

用 drop() 函数可以删除指定的列或行，其常用语法格式如下：

DataFrame.drop(index=None, columns=None, inplace=False)

这里列出的几个常用参数的含义为：index 用于指定要删除的行；columns 用于指定要删除的列；inplace 默认为 False，表示该删除操作不改变原 DataFrame，而是返回一个执行删除操作后的新 DataFrame，如果设置为 True，则会直接在原 DataFrame 中执行删除操作。

删除单列，如 c1 列，代码如下：

```
1    a = data.drop(columns='c1')
```

删除多列，如 c1 和 c3 列，可以通过列表的方式声明，代码如下：

```
1    b = data.drop(columns=['c1', 'c3'])
```

删除行，如第 1 行和第 3 行，代码如下：

```
1    c = data.drop(index=['r1', 'r3'])
```

> **注意**：删除行时要输入行索引而不是行序号，除非行索引本来就是数字，才可以输入对应的数字。

用 drop_duplicates() 函数可以删除内容重复的行，代码如下：

```
1    d = data.drop_duplicates()   # 默认保留首次出现的行，删除之后重复的行
```

用 dropna() 函数可以删除空行（含有空值的行），代码如下：

```
1    e = data.dropna()
```

这种删除方法是只要含有空值的行都会被删除。如果只想删除全为空值的行，可以写成：

```
1  data.dropna(how='all')
```

还可用参数 thresh 来限定非空值的个数，代码如下：

```
1  data.dropna(thresh=2)   # 表示行内至少要有两个非空值，否则删除该行
```

上面的代码都是删除数据后又赋给新的变量，不会改变 data 的内容。如果想要改变 data 的内容，可以删除数据后重新赋给 data，或者将参数 inplace 设置为 True，代码如下：

```
1  data = data.dropna()
2  data.dropna(inplace=True)
```

4．DataFrame 拼接

pandas 库提供的数据合并与重塑功能极大地方便了两个 DataFrame 的拼接，主要涉及 merge()、concat()、append() 等函数。这里主要介绍 append() 函数，它可以方便地将结构相同的 DataFrame 拼接起来，在爬虫任务中经常会用到。

先创建两个 DataFrame 用于演示，代码如下：

```
1  import pandas as pd
2  df1 = pd.DataFrame({'公司': ['万科', '阿里'], '分数': [90, 95]})
3  df2 = pd.DataFrame({'公司': ['百度', '京东'], '分数': [80, 90]})
```

生成的 df1 和 df2 如下：

df1				df2		
	公司	分数			公司	分数
0	万科	90		0	百度	80
1	阿里	95		1	京东	90

现在需要对 df1 和 df2 进行上下合并，核心代码如下：

```
1  df3 = df1.append(df2)
```

生成的 df3 如下：

	公司	分数
0	万科	90
1	阿里	95
0	百度	80
1	京东	90

可以看到行索引还是原 DataFrame 的行索引，如果想忽略原 DataFrame 的行索引，可以将参数 ignore_index 设置为 True，代码如下：

```
1   df3 = df1.append(df2, ignore_index=True)
```

也可以不设置 ignore_index，在用 to_excel() 函数导出 Excel 工作簿时设置 index=False 来忽略行索引。爬虫实战中，通常是创建一个空的 DataFrame，然后用 append() 函数依次添加每个表格的数据（参见 6.3.2 节的具体应用）。

实际上，排序、删除、拼接等操作都不会改变原 DataFrame 的内容，笔者推荐使用重新赋值的方式来获取修改后的 DataFrame。

6.2 新浪财经——资产负债表获取

在搜索引擎中搜索"贵州茅台 新浪财经"，进入新浪财经中"贵州茅台"的页面（http://finance.sina.com.cn/realstock/company/sh600519/nc.shtml），单击"公司研究"栏目下的"更多"链接，如下图所示。

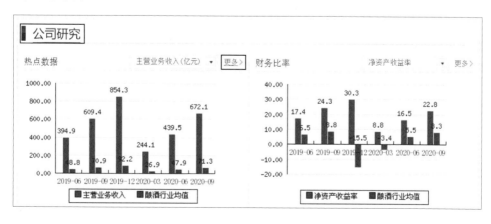

在弹出的页面中可查看资产负债表、利润表、现金流量表等财务报表，下面来爬取资产负债表。单击"资产负债表"链接，显示的内容如下图所示。该页面的网址为 https://money.finance.sina.com.cn/corp/go.php/vFD_BalanceSheet/stockid/600519/ctrl/part/displaytype/4.phtml。

技巧：如果想爬取利润表或现金流量表，可用开发者工具获取相应链接的 XPath 表达式，再用 Selenium 库模拟单击链接来切换页面。

这个页面中的数据以表格形式呈现，但是该页面是动态渲染出来的，不能用 read_html() 函数以访问网址的方式爬取数据。而是需要先用 Selenium 库获取网页源代码，再用 read_html() 函数解析网页源代码，提取表格数据。

先导入 Selenium 库，然后访问网址，获取网页源代码，代码如下：

```
1  from selenium import webdriver
2  browser = webdriver.Chrome()   # 若想启用无界面浏览器模式，可参考4.1节
3  url = 'https://money.finance.sina.com.cn/corp/go.php/vFD_Balance-
   Sheet/stockid/600519/ctrl/part/displaytype/4.phtml'
4  browser.get(url)
5  data = browser.page_source   # 获取网页源代码
```

然后导入 pandas 库，用 read_html() 函数解析网页源代码，提取表格数据，代码如下：

```
1  import pandas as pd
2  table = pd.read_html(data)   # table是一个包含网页中所有表格数据的列表
```

网页中表格众多，需要确定资产负债表在第几个表格。通过 for 循环语句遍历列表 table，

然后依次打印输出各个表格的序号和内容，代码如下：

```
for i in range(len(table)):
    print(i)
    print(table[i])
```

打印输出结果如下图所示，可以看到序号为 14 的表格（即第 15 张表格）是我们需要的资产负债表。

```
14
     贵州茅台(600519) 资产负债表 单位：万元 贵州茅台(600519) 资产负债表 单位：万元.1  \
0                       报表日期                      2020-09-30
1                         NaN                           NaN
2                       流动资产                        流动资产
3                       货币资金                     2707530.96
4                   交易性金融资产                          --
..                        ...                           ...
90                     未分配利润                   12476902.43
91              归属于母公司股东权益合计                14845225.74
92                   少数股东权益                     571940.07
93          所有者权益(或股东权益)合计                 15417165.81
94       负债和所有者权益(或股东权益)总计              18457919.67
```

因此，通过 table[14] 即可提取所需数据，代码如下：

```
df = table[14]
df  # 在Jupyter Notebook中打印输出
```

打印输出结果如下图所示。可以看到列索引（表头）有点问题，这是因为原表格的表头中有合并单元格。

	贵州茅台(600519) 资产负债表 单位：万元	贵州茅台(600519) 资产负债表 单位：万元.1	贵州茅台(600519) 资产负债表 单位：万元.2	贵州茅台(600519) 资产负债表 单位：万元.3	贵州茅台(600519) 资产负债表 单位：万元.4	贵州茅台(600519) 资产负债表 单位：万元.5
0	报表日期	2020-09-30	2020-06-30	2020-03-31	2019-12-31	2019-09-30
1	NaN	NaN	NaN	NaN	NaN	NaN
2	流动资产	流动资产	流动资产	流动资产	流动资产	NaN
3	货币资金	2707530.96	2545239.73	1968297.30	1325181.72	11272886.22
4	交易性金融资产	--	--	--	--	--
...		...	...	...	...	...
90	未分配利润	12476902.43	11354357.54	12898610.76	11589233.74	10543793.54
91	归属于母公司股东权益合计	14845225.74	13722653.39	14910406.38	13601034.99	12525821.66
92	少数股东权益	571940.07	529135.38	663075.92	586603.04	556382.85
93	所有者权益(或股东权益)合计	15417165.81	14251788.77	15573482.31	14187638.02	13082204.51
94	负债和所有者权益(或股东权益)总计	18457919.67	17219787.52	18162473.39	18304237.20	16255040.92

95 rows × 6 columns

这里我们希望把上图中的第 1 行数据设置为列索引，然后从第 2 行开始选取表格数据，并且删除含有空值的行，代码如下：

```
1  df.columns = df.iloc[0]   # 设置列索引为原表格的第1行
2  df = df[1:]   # 从第2行开始选取数据
3  df = df.dropna()   # 删除含有空值的行，若只想删除全为空值的行，可写成
   dropna(how='all')
4  df   # 在Jupyter Notebook中打印输出
```

打印输出结果如下图所示。

	报表日期	2020-09-30	2020-06-30	2020-03-31	2019-12-31	2019-09-30
3	货币资金	2707530.96	2545239.73	1968297.30	1325181.72	11272886.22
4	交易性金融资产	--	--	--	--	--
5	衍生金融资产	--	--	--	--	--
6	应收票据及应收账款	193565.56	117846.80	134459.37	146300.06	85867.95
7	应收票据	193565.56	117846.80	134459.37	146300.06	85867.95
...						
90	未分配利润	12476902.43	11354357.54	12898610.76	11589233.74	10543793.54
91	归属于母公司股东权益合计	14845225.74	13722653.39	14910406.38	13601034.99	12525821.66
92	少数股东权益	571940.07	529135.38	663075.92	586603.04	556382.85
93	所有者权益(或股东权益)合计	15417165.81	14251788.77	15573482.31	14187638.02	13082204.51
94	负债和所有者权益(或股东权益)总计	18457919.67	17219787.52	18162473.39	18304237.20	16255040.92

最后将数据导出为 Excel 工作簿，代码如下：

```
1  df.to_excel('贵州茅台-资产负债表.xlsx', index=False)   # 设置index=
   False以忽略行索引
```

补充知识点：用 Tushare Pro 获取财务报表

用 4.2.3 节的"补充知识点"介绍的 Tushare Pro 也能获取财务报表，演示代码如下：

```
1  import tushare as ts
2  pro = ts.pro_api('账号的token值')
3  df = pro.balancesheet(ts_code='600519.SH', start_date='20190930',
   end_date='20201231', fields='ts_code, end_date, money_cap')
```

　　第 2 行代码中的 token 值需在 Tushare Pro 官网注册账号后在个人主页中获取。第 3 行代码用 balancesheet() 函数获取资产负债表，各参数的含义为：ts_code 表示股票代码，600519 为 "贵州茅台" 的股票代码，SH 表示上海证券交易所（若为深圳证券交易所，用 SZ 表示）；start_date 和 end_date 分别表示起始日期和终止日期；fields 里的内容为要获取的数据字段，ts_code 表示股票代码，end_date 表示公告结束日期，money_cap 表示货币资金。更多信息可以查看 Tushare Pro 官网（https://tushare.pro/）的数据接口栏目。

	ts_code	end_date	money_cap
0	600519.SH	20200930	2.707531e+10
1	600519.SH	20200630	2.545240e+10
2	600519.SH	20200331	1.968297e+10
3	600519.SH	20191231	1.325182e+10
4	600519.SH	20190930	1.127289e+11
5	600519.SH	20190930	1.127289e+11

　　在 Jupyter Notebook 中打印输出 df，结果如右图所示，与新浪财经上的数据是一致的。

6.3　百度新闻——文本数据结构化

　　本节要讲解如何将从百度新闻爬取的文本数据转换为结构化的数据表格，并导出为 Excel 工作簿。

6.3.1　将单家公司的新闻导出为 Excel 工作簿

　　在 3.1.6 节完成了百度新闻中单家公司单页新闻的爬取，并提取了新闻的标题、网址、来源、日期，分别存储在 title、href、source、date 这 4 个列表中。下面通过列表创建 DataFrame，快速将数据结构化，再导出为 Excel 工作簿，代码如下：

```
1  # 此处省略了3.1.6节的爬虫相关代码
2  import pandas as pd
3  df = pd.DataFrame()
4  df['标题'] = title
5  df['网址'] = href
6  df['来源'] = source
7  df['日期'] = date
8  df.to_excel('百度新闻-单家.xlsx', index=False)  # index=False表示忽
   略行索引
```

　　第 3～7 行代码通过列表创建 DataFrame，将新闻的标题、网址、来源、日期存储到一个结构化的数据表格中。第 8 行代码用 to_excel() 函数将表格导出为 Excel 工作簿。

　　最终生成的 Excel 工作簿如右图所示。

	A	B	C	D	E	F
1	标题	网址	来源	日期		
2	阿里巴巴	https://nev	腾讯网	59分钟前		
3	阿里巴巴	https://nev	腾讯网	59分钟前		
4	2020年阿	http://www	中国经济时	3小时前		
5	该来的还是	http://dy.1	网易新闻	3小时前		
6	2020全球	https://bai	潇湘晨报	7小时前		
7	"黑科技"	http://dy.1	网易新闻	7小时前		
8	焦作市长	https://bai	潇湘晨报	12小时前		
9	阿里巴巴张	https://bai	央广网	9小时前		
10	阿里巴巴正	https://bai	界面新闻	10小时前		
11	快讯:阿里	https://bai	新浪财经	2020年11月23日 13:21		

6.3.2　将多家公司的新闻导出为 Excel 工作簿

　　将多家公司的新闻导出为 Excel 工作簿相对复杂，这里将核心代码展示如下：

```
1   # 此处省略了导入库和设置headers等参数的相关代码
2   def baidu(company):
3       url = 'https://www.baidu.com/s?rtt=4&word=' + company
4       res = requests.get(url, headers=headers).text
5       # 此处省略了3.1.6节中用正则表达式提取标题、网址、来源、日期的代码
6
7       company_list = []  # 创建一个空列表，用于给每条新闻添加公司名称
8       for i in range(len(title)):
9           company_list.append(company)  # 添加公司名称
10          title[i] = re.sub('<.*?>', '', title[i])
11
12      df = pd.DataFrame()  # 创建一个空DataFrame存储单家公司的新闻
13      df['公司'] = company_list
14      df['标题'] = title
15      df['网址'] = href
16      df['来源'] = source
17      df['日期'] = date
18      return df  # 返回单家公司的新闻数据表格
19
20  df_all = pd.DataFrame()  # 创建一个空DataFrame，用于汇总数据表格
21  companies = ['华能信托', '阿里巴巴', '万科集团']
22  for i in companies:
```

```
23    result = baidu(i)
24    df_all = df_all.append(result)  # 核心代码，拼接各家公司的新闻
25    print(i + '百度新闻爬取成功')
26
27  df_all.to_excel('百度新闻-多家.xlsx', index=False)
```

因为要汇总多家公司的新闻数据，就需要在存储单家公司的新闻数据时添加公司名称，所以第 7 行代码新建了一个空列表，第 9 行代码用 append() 函数为每条新闻添加公司名称。

第 12～17 行代码通过列表创建 DataFrame，将单家公司的新闻数据转换为结构化的数据表格，存储在变量 df 中。第 18 行代码将变量 df 设置为 baidu() 函数的返回值，即如果用 a = baidu('阿里巴巴') 来调用 baidu() 函数，那么变量 a 就是 baidu() 函数返回的阿里巴巴相关新闻的数据表格。

第 20 行代码创建一个空 DataFrame，用于汇总各家公司的新闻数据表格。

第 23 行代码在遍历每家公司的过程中，将 baidu() 函数返回的单家公司新闻数据表格赋给变量 result。

第 24 行代码为核心代码，用 pandas 库中的 append() 函数汇总各家公司的新闻数据表格。

第 27 行代码用 to_excel() 函数将表格导出为 Excel 工作簿。

最终生成的 Excel 工作簿如下图所示。

	A	B	C	D	E	F
1	公司	标题	网址	来源	日期	
2	华能信托	洽洽食品:	https://bai	金融界	2020年11月19日 16:52	
3	华能信托	洽洽食品(	http://stocl	和讯股票	2020年11月19日 16:14	
4	华能信托	...公司接	http://www	每日经济	2020年11月19日 16:07	
5	华能信托	...华能贵	http://new	腾讯网	2020年11月12日 18:20	
6	华能信托	跨境通股方	http://new	腾讯网	2020年11月9日 19:39	
7	华能信托	鸿路钢构(	http://sc.st	中金在线	2020年11月3日 16:47	
8	华能信托	鸿路钢构(	http://sc.st	中金在线	2020年11月3日 16:47	
9	华能信托	全国首单信	http://www	中证网	2020年9月29日 16:15	
10	华能信托	...将所持	https://ww	界面新闻	2020年9月21日 18:54	
11	华能信托	山沟沟里的	http://www	澎湃新闻	2020年9月10日 11:33	
12	阿里巴巴	阿里也难扩	https://bai	科技风玲	4分钟前	
13	阿里巴巴	「大咖说」	https://bai	中国日报网	50分钟前	

6.4　百度爱企查——股权穿透研究

利用爬虫还能爬取企业的股权结构，并通过层层爬取完成股权穿透研究，进而了解企业

的实际控制人／单位。这里使用百度旗下的爱企查（https://aiqicha.baidu.com/）查询股权结构，目前该网站无须登录即可查看内容，如果以后需要登录，可通过 Selenium 库手动登录。

　　本节以"华能信托"的股权结构为例演示如何进行股权穿透研究。在爱企查中搜索"华能信托"，搜索结果页面如下图所示，其网址为 https://aiqicha.baidu.com/s?q=华能信托。

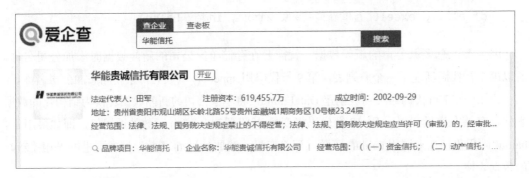

　　单击公司名称，进入详情页面，可以看到如下图所示的股权结构表格，我们的目的就是爬取这份表格，并通过层层挖掘背后的控股股东，获取公司的实际控制人／单位。

序号	发起人/股东		持股比例	认缴出资额	实际出资额
1	华能资本服务有限公司	股权结构 >	67.92%	420,743.6万(元)	202,733.8万(元)
2	贵州乌江能源投资有...	股权结构 >	31.48%	194,993.1万(元)	-
3	人保投资控股有限公司	股权结构 >	0.16%	1,010.0万(元)	488.8万(元)
4	贵州省技术改造投资...	股权结构 >	0.16%	997.6万(元)	482.7万(元)
5	中国有色金属工业贵...	股权结构 >	0.09%	568.5万(元)	275.1万(元)
6	中国华融资产管理股...	股权结构 >	0.08%	525.1万(元)	525.1万(元)
7	首钢水城钢铁(集团)有...	股权结构 >	0.07%	424.8万(元)	424.8万(元)
8	贵州开磷有限责任公司	股权结构 >	0.03%	193.1万(元)	193.1万(元)

股东信息 8　　　　　　　　　　　　　　　　　　　　　　　　　　　爱企查

6.4.1　单层股权结构爬取

　　先从爬取单层的股权结构入手，即爬取上图中股权结构表格的第一大控股股东"华能资本服务有限公司"的股权结构。首先导入相关库，代码如下：

```
1  from selenium import webdriver
2  import re
3  import time
4  import pandas as pd
```

然后用 Selenium 库访问网址 https://aiqicha.baidu.com/s?q=华能信托，获取网页源代码，以从中提取"华能信托"详情页面的网址，代码如下：

```
1  company_name = '华能信托'
2  browser = webdriver.Chrome()   # 若想启用无界面浏览器模式，可参考4.1节
3  url = 'https://aiqicha.baidu.com/s?q=' + company_name
4  browser.get(url)
5  data = browser.page_source
6  print(data)
```

结合开发者工具（见下图）及 Python 打印输出的网页源代码进行观察，寻找规律。

发现包含详情页面网址的网页源代码有如下规律（以 Python 获取的网页源代码为准）：

<h3 data-v-4dc1d36e="" class="title"><a data-v-4dc1d36e=""
target="_blank" href="网址"

由此编写出提取详情页面网址的代码如下：

```
1  p_href = '<h3 data-v-4dc1d36e="" class="title"><a data-v-4dc1d36e=
   "" target="_blank" href="(.*?)"'
2  href = re.findall(p_href, data)
```

提取到的详情页面网址并不完整，还需要为其拼接前缀，得到完整的网址后再次用 Selenium 库访问，并获取网页源代码，代码如下：

```
1  url2 = 'https://aiqicha.baidu.com' + href[0]
2  browser.get(url2)
3  data = browser.page_source
```

这里要注意 href 是一个列表，通常搜索结果页面的第 1 个网址就是最匹配搜索关键词的公司的详情页面网址，所以第 1 行代码用 href[0] 来提取第 1 个元素。

用 pandas 库的 read_html() 函数提取网页源代码中的表格，代码如下：

```
1  table = pd.read_html(data)
2  df = table[1]  # 通过尝试，发现第2个表格是所需的股权结构，故用table[1]
   来提取（注意序号是从0开始的）
```

在 Jupyter Notebook 中打印输出 df，结果如下图所示，可以看到成功获取了股权结构表格。

	序号		发起人/股东	持股比例	认缴出资额	实际出资额
0	1		华能资本服务有限公司 股权结构 >	67.92%	420,743.6万(元)	202,733.8万(元)
1	2	乌江能源	贵州乌江能源投资有限公司 股权结构 >	31.48%	194,993.1万(元)	-
2	3		人保投资控股有限公司 股权结构 >	0.16%	1,010.0万(元)	488.8万(元)
3	4	技术改造	贵州省技术改造投资有限责任公司 股权结构 >	0.16%	997.6万(元)	482.7万(元)
4	5	有色金属	中国有色金属工业贵阳有限责任公司 股权结构 >	0.09%	568.5万(元)	275.1万(元)
5	6		中国华融资产管理股份有限公司 股权结构 >	0.08%	525.1万(元)	525.1万(元)
6	7		首钢水城钢铁(集团)有限责任公司 股权结构 >	0.07%	424.8万(元)	424.8万(元)
7	8	开磷	贵州开磷有限责任公司 股权结构 >	0.03%	193.1万(元)	193.1万(元)

接着从表格中提取第一大控股股东，即"发起人/股东"列的第 1 行，代码如下：

```
1  company = df['发起人/股东'][0]
```

随后还需要对提取出的内容进行处理。从上图可以看出，"发起人/股东"列中的信息有些杂乱，每家公司的全称后都有"股权结构 >"字样，有的公司全称前还有简称，例如，第二大股东前有"乌江能源"字样。因为这些内容都是通过空格分隔的，所以通过如下代码进行处理：

```
1  company_split = company.split(' ')  # 根据空格拆分字符串
```

```
2    for i in company_split:  # 遍历拆分后的内容
3        if len(i) > 6:    # 如果内容的字符数大于6（通常公司全称都会大于6个
         字），则其是所需内容
4            print(i)
```

最终打印输出结果如下，成功获取了第一大控股股东的名称。

```
1    华能资本服务有限公司
```

下一节将顺着第一大控股股东进行多层股权结构的爬取。

6.4.2　多层股权结构爬取

在进行多层股权结构爬取前，先将 6.4.1 节的代码汇总成一个函数，其参数是需要爬取的公司名称，返回值是获取的第一大控股股东的名称，并适当添加等待网页加载和退出模拟浏览器的操作。完整代码如下：

```
1    def baidu(company_name):
2        browser = webdriver.Chrome()
3        url = 'https://aiqicha.baidu.com/s?q=' + company_name
4        browser.get(url)
5        time.sleep(2)  # 休息两秒，防止页面没加载完
6        data = browser.page_source
7
8        p_href = '<h3 data-v-4dc1d36e="" class="title"><a data-v-4dc1d36e
         ="" target="_blank" href="(.*?)"'
9        href = re.findall(p_href, data)
10       url2 = 'https://aiqicha.baidu.com' + href[0]
11       browser.get(url2)
12       time.sleep(2)  # 休息两秒，防止页面没加载完
13       data = browser.page_source
14       table = pd.read_html(data)
15       df = table[1]
16
```

```
17    browser.quit()  # 每爬取完一家公司的股权结构就退出模拟浏览器
18
19    company = df['发起人/股东'][0]
20    company_split = company.split(' ')
21    for i in company_split:
22        if len(i) > 6:
23            return i
```

定义完函数后，用一个例子进行测试，代码如下：

```
1  company = baidu('中国华能集团有限公司')
```

打印输出 company，结果如下，说明成功地获取了第一大控股股东的名称。

```
1  国务院国有资产监督管理委员会
```

现在想要进行多层股权结构爬取就比较容易了。例如，想要做 3 层的股权结构爬取，那么将函数运行 3 遍即可。其本质就是找到 A 公司的第一大控股股东 B，然后找到 B 的第一大控股股东，依此类推，代码如下：

```
1  company_1 = baidu('华能信托')
2  company_2 = baidu(company_1)
3  company_3 = baidu(company_2)
```

打印输出 company_1、company_2、company_3，结果如下：

```
1  华能资本服务有限公司
2  中国华能集团有限公司
3  国务院国有资产监督管理委员会
```

可以看到经过 3 层股权穿透，发现"华能信托"的实际控制人 / 单位是"国务院国有资产监督管理委员会"，即我们常说的"国资委"，所以"华能信托"其实是一家"央企"。

上面是手动进行了 3 层股权穿透，但有时我们并不知道需要穿透几层，可能穿透 3 层就能达到目的，也可能需要穿透 5 层甚至更多层。此时可以用 for 或 while 循环语句进行迭代，然后用 try/except 语句判断循环何时结束。这里以"贵州茅台"为例进行演示，代码如下：

```
1    company = '贵州茅台'
2    while True:  # 也可以换成for i in range(n)，将n设置成一个较大的数
3        try:
4            company = baidu(company)  # 获取company的控股股东并赋给company
5            print(company)  # 打印输出第一大控股股东
6        except:
7            break  # break语句可以跳出for或while循环
```

第 4 行代码用 baidu(company) 获取当前公司的第一大控股股东，重新赋给 company，然后再次循环，形成迭代爬取。当迭代到最后一家控股股东时，因为没有再往上的控股股东，所以 try 语句下的代码会报错，从而执行 except 语句下的 break 语句，跳出循环。读者可以根据自己的需求修改这个判断逻辑。

上述代码最终的打印输出结果如下。最后一次打印输出的 company 就是目标公司的实际控制人 / 单位，可以看到"贵州茅台"在本质上也是一家国有企业。

```
1    中国贵州茅台酒厂有限责任公司
2    贵州省人民政府国有资产监督管理委员会
```

除了获取控股股东的名称，我们还可以获取表格中的控股比例，并自动进行相关运算，得到实际控股股东的持股比例，或者批量爬取多家公司，然后将结果导出为 Excel 工作簿，感兴趣的读者可以自行尝试。

6.5　天天基金网——股票型基金信息爬取

通过天天基金网（http://fund.eastmoney.com）可以了解基金的信息。单击该网站上方的"基金排行"按钮，进入基金排行页面后选择"股票型"，查看股票型基金（股票型基金只投资股票，混合型基金既投资股票，也投资债券）的收益情况，如下图所示，其网址为 http://fund.eastmoney.com/data/fundranking.html#tgp。本节就来爬取该网页中所有股票型基金的信息。

6.5.1　爬取基金信息表格

首先导入相关库，代码如下：

```
1   import pandas as pd
2   from selenium import webdriver
3   import time
4   import re
```

然后用 Selenium 库访问所需网址，代码如下：

```
1   browser = webdriver.Chrome()
2   browser.maximize_window()   # 将窗口最大化，以方便观察
3   url = 'http://fund.eastmoney.com/data/fundranking.html#tgp'
4   browser.get(url)
```

本节的目标是爬取所有股票型基金的信息。常规的思路是用开发者工具获取下图所示的"下一页"按钮的 XPath 表达式，然后用 Selenium 库模拟单击"下一页"按钮来翻页，获取各个页面的源代码后以字符串拼接的方式进行汇总，再进行数据解析。但该网页右下角有一个"不分页"复选框，勾选后会自动不分页展示所有内容，因此，用 Selenium 库模拟单击"不分页"复选框就可以一次性爬取所有股票型基金的信息。

用开发者工具获取"不分页"复选框的 XPath 表达式后，编写出如下代码进行模拟单击：

```
1   browser.find_element_by_xpath('//*[@id="showall"]').click()
2   time.sleep(10)
```

模拟单击后，因为要显示的内容较多，需等待一段时间网页才能加载完毕，所以用第 2 行代码等待 10 秒。

网页加载完毕后，就可以一次性获取包含所有股票型基金信息的网页源代码了，代码如下：

```
1   data = browser.page_source
2   table = pd.read_html(data)   # table是列表，包含网页中的所有表格
3   df = table[3]   # 通过尝试，发现所需内容在第4个表格，即table[3]中
```

在 Jupyter Notebook 中打印输出 df，结果如下图所示。

序号	基金代码	基金简称	日期	单位净值	累计净值	日增长率	近1周	近1月	近3月	近6月	近1年	近2年	近3年	今年来	成立来	自定义
1	4854	广发中证全指	11-23	1.3577	1.3577	2.75%	8.44%	19.21%	47.85%	89.28%	88.57%	96.31%	32.77%	78.50%	35.77%	86.04%
2	4855	广发中证全指	11-23	1.3552	1.3552	2.75%	8.43%	19.19%	47.77%	89.09%	88.22%	95.95%	32.54%	78.20%	35.52%	85.72%

打印输出 df.shape，结果如下，说明数据表格共有 1343 行 20 列，即 1343 只股票型基金：

```
1    (1343, 20)
```

6.5.2　爬取基金的详情页面网址

获取到基金的基本信息后，如果想深度挖掘基金的具体信息，还需要获取各只基金的详情页面网址（在网页上单击"基金代码"或"基金简称"链接可以进入基金详情页面）。结合开发者工具和 Python 获取的网页源代码进行观察，可以看到"基金代码"和"基金简称"这两个 <a> 标签都含有基金详情页面的网址，并且基金简称前面的 title 属性里有基金全称，如下图所示。

这里需要爬取基金全称、基金简称和详情页面网址，它们的规律如下：

<a href="详情页面网址" title="基金全称">基金简称</a>

根据上述规律编写出用正则表达式提取所需信息的代码如下：

```
1    p_title_A = '<a href=".*?" title="(.*?)">.*?</a>'   # 基金全称
2    p_title_B = '<a href=".*?" title=".*?">(.*?)</a>'   # 基金简称
3    p_href = '<a href="(.*?)" title=".*?">.*?</a>'   # 详情页面网址
```

```
4
5    title_A = re.findall(p_title_A, data)
6    title_B = re.findall(p_title_B, data)
7    href = re.findall(p_href, data)
```

　　将列表 href 打印输出，会发现提取的内容里包含杂乱的信息，如下图所示。原因是正则表达式"文本 A(.*?) 文本 B"会先找"文本 A"，再找"文本 B"，中间的内容则是要提取的信息，而提取详情页面网址的正则表达式 p_href 的"文本 A"为"<a href="",匹配规则不够严格，从而匹配了额外的信息。

```
                                                                    第1个网址
['http://fund.eastmoney.com/004854.html">004854</a></td><td><a href=http://fund.eastmoney.com/004854.html
 'https://trade.1234567.com.cn/FundtradePage/default2.aspx?fc=004854" class="buybtn"></a></td></tr><tr class
="even"><td><input id="chk004855" type="checkbox"></td><td>2</td><td><a href="http://fund.eastmoney.com/00485
5.html">004855</a></td><td><a href=http://fund.eastmoney.com/004855.html  第2个网址
 'http://fundf10.eastmoney.com/jjfl_004855.html" style="color:#4c74b1;font-family:Arial;font-size:12px;text-de
coration:underline;margin:0;padding-left:5px;float:none">0.00%</a></td><td><a href="https://trade.1234567.com.
cn/FundtradePage/default2.aspx?fc=004855" class="buybtn"></a></td></tr><tr><td><input id="chk161724" type="che
ckbox"></td><td>3</td><td><a href="http://fund.eastmoney.com/161724.html">161724</a></td><td><a href=http://f
und.eastmoney.com/161724.html
                                                                    第3个网址
```

　　进一步观察可以发现，每个网址都在列表 href 中每个元素的最后，即"<a href="""后面，因此，可以用 split() 函数进行拆分，再通过 [-1] 从拆分所得列表中提取最后一个元素，即可获得所需的网址。代码如下：

```
1    for i in range(len(title_A)):
2        href[i] = href[i].split('<a href="')[-1]
```

　　通过如下代码打印输出结果：

```
1    for i in range(len(title_A)):
2        print(str(i + 1) + '.' + title_A[i] + '-' + title_B[i])
3        print(href[i])
```

　　打印输出结果如右图所示。

```
1.广发中证全指汽车指数A-广发中证全指
http://fund.eastmoney.com/004854.html
2.广发中证全指汽车指数C-广发中证全指
http://fund.eastmoney.com/004855.html
3.招商中证煤炭等权指数分级-招商中证煤炭
http://fund.eastmoney.com/161724.html
4.国泰国证有色金属行业指数分级-国泰国证有色
http://fund.eastmoney.com/160221.html
```

　　获取了基金名称和详情页面网址后，可以通过如下代码将数据拼接到上一节得到的表格中。这种拼接方法和通过列表创建 DataFrame 的代码有点类似，唯一需要注意的就是拼接的列表长度需要和 DataFrame 的行数或者说长度一致。

```
1    df['网址'] = href
2    df['基金全称'] = title_A
```

在 Jupyter Notebook 中打印输出 df.head()，结果如下图所示。

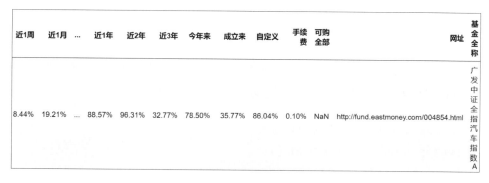

如果需要，可以通过如下代码将爬取的信息导出为 Excel 工作簿：

```
1    df.to_excel('股票型基金.xlsx', index=False)
```

有了各只基金的详情页面网址后，就可以做进一步分析了。例如，通过这些网址爬取各只基金的重仓股票信息、基金经理信息等。而且笔者经过尝试后发现，用 Requests 库就能爬取详情页面中的信息。

> **补充知识点：本案例正则表达式的另一种写法**
>
> 　　如果想把正则表达式 p_href 的"文本 A"写得更严谨些，需要稍微动些脑筋。通过观察发现，"<a href="详情页面网址" title="基金全称">基金简称</a>"前面通常会有"六位数的基金代码 </a></td><td>"，因此，p_href 更严格的写法如下：
>
> ```
> 1    p_href = '\d\d\d\d\d\d</a></td><td><a href="(.*?)" title='
> ```
>
> 　　其中"\d"表示一个数字，同时这里对"文本 A(.*?) 文本 B"中的"文本 B"也做了适当简化。
>
> 　　通过上述正则表达式提取的网址无须做数据清洗，感兴趣的读者可以自行尝试。

6.6　集思录——可转债信息爬取

本节要从债券相关网站集思录上爬取可转债信息。在浏览器中打开网址 https://www.jisilu.cn/data/cbnew/#cb，可看到可转债的各种信息，如下图所示。

首先用 Selenium 库访问网址并获取网页源代码，代码如下：

```
1  from selenium import webdriver
2  browser = webdriver.Chrome()
3  url = 'https://www.jisilu.cn/data/cbnew/#cb'
4  browser.get(url)
5  data = browser.page_source
```

然后用 pandas 库的 read_html() 函数提取网页中的所有表格，代码如下：

```
1  import pandas as pd
2  tables = pd.read_html(data)
3  df = tables[0]    # 经过尝试，发现第1张表格是所需内容
```

在 Jupyter Notebook 中打印输出 df，结果如下图所示。

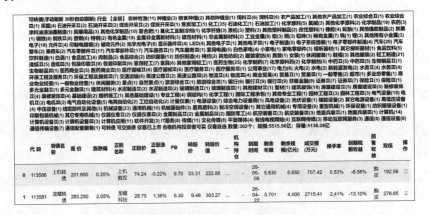

可以看到列索引比较杂乱，原因是网页表格的表头中有合并单元格，形成了多重索引（MultiIndex）格式的列索引。此时可通过 read_html() 函数的 header 参数指定以表格的第几行（从 0 开始计数）作为列索引。这里将 header 参数设置为 1，代码如下：

```
1    tables = pd.read_html(data, header=1)
```

或者从输出结果中复制需要的列名，然后编写出如下代码重命名列索引：

```
1    df.columns = ['代 码', '转债名称', '现 价', '涨跌幅', '正股名称', '正股
     价', '正股涨跌', 'PB', '转股价', '转股价值', '溢价率', '纯债价值', '评
     级', '期权价值', '回售触发价', '强赎触发价', '转债占比', '机构持仓', '到
     期时间', '剩余年限', '剩余规模(亿元)', '成交额(万元)', '换手率', '到期税
     前收益', '回售收益', '双低', '操作']
```

最终获取结果如下图所示，有需要的读者还可以将其导出为 Excel 工作簿。

	代 码	转债名称	现价	涨跌幅	正股名称	正股价	正股涨跌	PB	转股价	转股价值	...	机构持仓	到期时间	剩余年限	剩余规模(亿元)	成交额(万元)	换手率	到期税前收益	回售收益	双低	操作
0	113586	上机转债	201.950	0.25%	上机数控	74.24	-0.22%	9.70	33.31	222.88	...	-	26-06-08	5.830	6.650	707.42	0.53%	-8.58%	购买	192.56	□
1	113581	龙蟠转债	283.250	2.05%	龙蟠科技	28.75	1.38%	6.30	9.48	303.27	...	-	26-04-22	5.701	4.000	2715.41	2.41%	-13.10%	购买	276.65	□
2	132021	19中电EBQ	152.800	5.36%	中国软件R	117.88	1.18%	28.24	74.21	158.85	...	会昊	22-11-28	2.301	21.000	2025.75	0.64%	-14.33%	购买	149.21	□

6.7　东方财富网——券商研报信息爬取

各大证券公司（简称券商）的股票研究员会针对各个行业的各家公司做详细的调研，然后发布相关的研究报告，并给出"买入""增持""减持"等评级，这些信息可以作为投资决策的参考。本节要从东方财富网的研报中心（https://data.eastmoney.com/report/）爬取"个股研报"频道（https://data.eastmoney.com/report/stock.jshtml）中的券商研报信息，如下图所示。

序号	股票代码	股票简称	相关		报告名称	原文评级	评级变动	机构	近一月个股研报数	2020盈利预测		2021盈利预测		行业	日期
										收益	市盈率	收益	市盈率		
1	300892	品渥食品	详细	股吧	立足全球、服务国内，借力新零售打造进口食品行业领先者	买入	首次	天风证券	1	1.470	38.95	1.830	31.17	食品饮料	2020-11-22
2	605136	丽人丽妆	详细	股吧	公司首次覆盖报告：数据赋能行业、电商+美妆尽享行业红利	增持	首次	国元证券	4	0.840	44.00	1.030	36.00	商业百货	2020-11-22
3	688133	泰坦科技	详细	股吧	国产科研服务龙头已现，进口替代可期	买入	首次	华安证券	1	1.230	101.75	1.910	65.48	材料行业	2020-11-22

6.7.1 爬取券商研报信息表格

首先导入相关库，代码如下：

```
1  from selenium import webdriver
2  import re
3  import pandas as pd
```

然后用 Selenium 库访问网址，并获取网页源代码，代码如下：

```
1  browser = webdriver.Chrome()
2  browser.get('http://data.eastmoney.com/report/stock.jshtml')
3  data = browser.page_source
```

接着用 pandas 库的 read_html() 函数提取网页中的表格，代码如下：

```
1  table = pd.read_html(data)[1]   # 经过尝试，发现第2张表格是所需内容
```

在 Jupyter Notebook 中打印输出 table，结果如下图所示。

	序号	股票代码	股票简称	相关	报告名称	原文评级	评级变动	机构	近一月个股研报数	2020盈利预测		2021盈利预测		行业	日期
	序号	股票代码	股票简称	相关	报告名称	原文评级	评级变动	机构	近一月个股研报数	收益	市盈率	收益	市盈率	行业	日期
0	1	300892	品渥食品	详细股吧	立足全球、服务国内，借力新零售打造进口食品行业领先者	买入	首次	天风证券	1	1.470	38.95	1.830	31.17	食品饮料	2020-11-22
1	2	605136	丽人丽妆	详细股吧	公司首次覆盖报告：数据赋能行业，电商+美妆尽享行业红利	增持	首次	国元证券	4	0.840	44.00	1.030	36.00	商业百货	2020-11-22
2	3	688133	泰坦科技	详细股吧	国产科研服务商龙头已现，进口替代可期	买入	首次	华安证券	1	1.230	101.75	1.910	65.48	材料行业	2020-11-22

可以看到这里的列索引也是多重索引（MultiIndex）格式，原因同样是网页表格的表头有合并单元格。我们可以通过如下代码进行验证：

```
1  table.columns
```

通过 columns 属性查看 DataFrame 的列索引，结果如下图所示，可以看到列索引的确为多重索引（MultiIndex）格式。

```
MultiIndex([(        '序号',            '序号'),
            (     '股票代码',         '股票代码'),
            (     '股票简称',         '股票简称'),
            (       '相关',            '相关'),
            (     '报告名称',         '报告名称'),
            (     '原文评级',         '原文评级'),
            (     '评级变动',         '评级变动'),
            (       '机构',            '机构'),
            ('近一月个股研报数', '近一月个股研报数'),
            ('2020盈利预测',        '收益'),
            ('2020盈利预测',       '市盈率'),
            ('2021盈利预测',        '收益'),
            ('2021盈利预测',       '市盈率'),
            (       '行业',            '行业'),
            (       '日期',          '日期')],
            )
```

此时可以通过如下代码重命名列索引，使其变为单重索引格式：

```
1    table.columns = ['序号', '股票代码', ……]
```

也可以不改变多重索引格式，通过如下代码来提取所需的列：

```
1    table['2020盈利预测']['收益']
```

上述代码先提取第一级列索引"2020 盈利预测"，再提取第二级列索引"收益"。

6.7.2　爬取研报的详情页面网址

如果想对研报做进一步分析，还需要爬取各个研报的详情页面网址。先用开发者工具观察相关网页源代码的规律，如下图所示。

可以看到 <a> 标签本身并没有什么特殊之处，难以用正则表达式来准确定位。笔者经过观察和尝试，发现研报详情页面的网址都是以"zw_stock"开头的，具体如下：

<a href="zw_stock×××"

由此编写出用正则表达式提取信息的代码如下：

```
1    import re
2    p_href = '<a href="zw_stock(.*?)"'
3    href = re.findall(p_href, data)
```

提取到的内容并不是完整的网址，还需要拼接相关前缀（可以单击"研报名称"链接跳转后复制相关网址的前缀），代码如下：

```
1    for i in range(len(href)):
2        href[i] = 'http://data.eastmoney.com/report/zw_stock' + href[i]
```

还可以通过如下代码将网址拼接到上一节爬取的表格中：

```
1    table['网址'] = href
```

下面要打印输出爬取结果。"近一月个股研报数"的内容是数字，拼接字符串时要注意用 str() 函数将其转换为字符串，写成 str(row['近一月个股研报数']['近一月个股研报数'])，或者用 astype() 函数将表格的内容全部转换为字符串，代码如下：

```
1    table = table.astype('str')
```

通过如下代码打印输出爬取结果。其中 iterrows() 函数可以遍历每行数据，i 为每行的行序号，row 为每行的内容。

```
1    for i, row in table.iterrows():
2        print(str(i + 1) + '.' + row['股票简称']['股票简称'])
3        print('研报日期：' + row['日期']['日期'])
4        print('研报标题：' + row['报告名称']['报告名称'])
5        print('公司评级：' + row['原文评级']['原文评级'])
6        print('评级变化：' + row['评级变动']['评级变动'])
7        print('近一月个股研报数：' + row['近一月个股研报数']['近一月个股研
         报数'])
8        print('研报链接：' + href[i])
9        print('------------------------')
```

最终打印输出结果如下图所示。

```
1.品渥食品
研报日期: 2020-11-22
研报标题: 立足全球、服务国内, 借力新零售打造进口食品行业领先者
公司评级: 买入
评级变化: 首次
近一月个股研报数: 1
研报链接: http://data.eastmoney.com/report/zw_stock.jshtml?infocode=AP202011221431811160
------------------------
2.丽人丽妆
研报日期: 2020-11-22
研报标题: 公司首次覆盖报告: 数据赋能行业, 电商+美妆尽享行业红利
公司评级: 增持
评级变化: 首次
近一月个股研报数: 4
研报链接: http://data.eastmoney.com/report/zw_stock.jshtml?infocode=AP202011221431811157
```

在笔者编写的《Python 金融大数据挖掘与分析全流程详解》一书的第 12 章也曾爬取过和讯研报网的类似信息, 并通过调用 Tushare 库获取股票行情历史数据, 然后计算分析师推荐的股票 30 天、60 天、180 天的收益率, 从而筛选优秀的分析师。感兴趣的读者可以自行尝试实现或阅读相关章节。

如果想获取多页表格信息, 则需要用 Selenium 库模拟单击"下一页"按钮, 然后通过 data_all = data_all + data 的方式拼接每一页源代码后再进行提取。需要注意的是, 不同页码页面的"下一页"按钮的 XPath 值不同, 感兴趣的读者可以自行尝试。

如果有云服务器（参见《零基础学 Python 网络爬虫案例实战全流程详解（高级进阶篇）》的第 7 章）, 可以通过 24 小时不间断爬取来获取最新信息, 并存储到云服务器的数据库中（参见本书 6.8 节）。

6.8　数据存储——MySQL 快速入门

前面学习了如何将爬取的数据存储到文本文件、CSV 文件或 Excel 工作簿中, 但是当数据量非常大时, 在这类文件中查找和管理数据会很不方便, 因此, 我们需要一个专门用于存取和管理数据的软件——数据库。数据库的存储容量很大, 在商业实战中应用较多, 本节会详细讲解 MySQL 数据库的基础知识, 为学习用 Python 操作数据库做好准备。

6.8.1　MySQL 的安装

MySQL 是最常用的数据库之一。如下图所示, MySQL 用二维表格来组织数据, 其结构和 Excel 工作表非常相似, 也可以把它理解为一个位于云端的大型 Excel。

company	title	href	date	source	score
百度集团	不只是华为/阿里/百度/小米/京东,AIoT已然成为资本与新兴企业追...	http://www.qianjia.com/html/2019-01-24_321953.html	2019-01-24	千家网	-15
百度集团	百度副总裁回应争议:Bing因百度大流量遍冲进宣布"崩溃"马云在...	http://tech.ifeng.com/a/20190124/45297992_0.shtml	2019-01-24	凤凰科技	-20
百度集团	抖音状告百度360索赔500万 称其恶意抢用户留和新浪打官司	http://hk.eastmoney.com/news/1535,20190124103323588...	2019-01-24	东方财富网港股频道	-15
百度集团	百度搜索"偏毅"百家号 为了用户体验还是赚钱?	https://www.ceweekly.cn/2019/0124/247757.shtml	2019-01-24	经济网	-10
百度集团	罗永浩卸任第4家子公司法人:委内瑞拉宣布与美国断交;百度诉搜狗6...	http://news.hexun.com/2019-01-24/195980168.html	2019-01-24	和讯	-5
百度集团	经济学人全球早报:摩拜更多美团单车,百度诉搜狗侵权案,中国最好...	https://t.qianzhan.com/daily/detail/190124-99ba6...	2019-01-24	前瞻网	-20
百度集团	8点1氪:百度副总裁回应争议:洞心无愧;美团App将成摩拜唯一入口;...	http://tech.ifeng.com/a/20190124/45297899_0.shtml	2019-01-24	凤凰科技	-15

首先来讲解 MySQL 的安装。这里介绍一个比较简单和快捷的安装方法——WampServer 安装法。WampServer 是一款整合了 Apache（一种网页服务器）、PHP（一种编程语言）解释器及 MySQL 的软件包。它会自动设置好环境变量，不需要像传统的数据库安装方法那样进行较为复杂的环境变量配置。

> **注意：** WampServer 只支持 Windows。对于 Linux 或 macOS，可以安装 XAMPP，详见本节的"补充知识点 2"。

在浏览器中用搜索引擎搜索"WampServer 官方下载"，进入网址 https://sourceforge.net/projects/wampserver/，单击"Download"按钮，如下图所示，即可下载 WampServer 安装包。

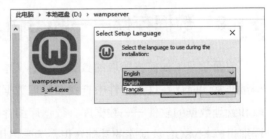

此外，也可打开 WampServer 官网的英文版（https://www.wampserver.com/en/），向下滚动页面，可看到有 64 位和 32 位两个版本的安装包，根据系统类型选择下载对应的安装包。

如果上述方式的下载速度较慢，可以到本书配套的学习资源中获取安装包。

双击下载好的安装文件即可开始安装，安装过程比较简单。首先选择英文模式，如右图所示。然后同意安装协议，一直单击"Next"按钮直到弹出选择安装位置的对话框，建议安装在默认位置，以免之后还要额外进行系统配置。继续单击"Next"按钮执行安装。

在安装过程中会提示选择默认浏览器，默认设置为 IE 浏览器，也可改成谷歌浏览器（chrome.exe）。之后还会弹出一个类似的对话框提示选择默认文本编辑器，默认为"记事本"（notepad.exe），也可以根据需要修改。继续单击"Next"按钮，直到最后单击"Finish"按钮，即安装完毕。

如果操作系统版本较旧，可能会因缺少
某些插件导致 WampServer 安装失败，如右
图所示。此时需要先安装插件，再重新安装
WampServer。

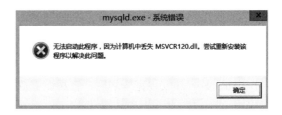

▌**注意**：在安装插件之前，要先卸载安装失败的 WampServer，否则安装完插件可能也不会
生效。

读者可以自行搜索下载和安装相关插件的方法，但最好从微软官网下载。例如，如果缺少
MSVCR120.dll，需从微软官网下载和安装 Visual C++ Redistributable Packages for Visual Studio
2013。在浏览器中打开网址 https://www.microsoft.com/zh-cn/download/details.aspx?id=40784，
然后单击"下载"按钮，如下图所示。

在弹出的下载界面中勾选 vcredist_x64.exe 和 vcredist_x86.exe，然后单击"Next"按钮，
如下图所示，即可开始下载。这两个插件都是用来解决 MSVCR120.dll 的缺失问题的，前者
是 64 位版本，后者是 32 位版本。因为它们针对的不仅是操作系统的版本，而且是安装软件
的版本，所以最好两个都安装。

选择您要下载的程序

☐ 文件名	大小
☐ vcredist_arm.exe	1.4 MB
☑ vcredist_x64.exe	6.9 MB
☑ vcredist_x86.exe	6.2 MB

下载列表：
KBMBGB

1. vcredist_x64.exe
2. vcredist_x86.exe

总大小：13.1 MB

Next

若缺少 MSVCR110.dll，则要安装 Visual C++ Redistributable for Visual Studio 2012，下载地

址为 https://www.microsoft.com/zh-cn/download/details.aspx?id=30679；若缺少 vcruntime140.dll，则要安装 Visual C++ 2015 Redistributable，下载地址为 https://www.microsoft.com/zh-cn/download/details.aspx?id=52685。同样将 32 位版本和 64 位版本都安装一下。

WampServer 安装完毕之后，在桌面上双击其快捷方式启动程序，稍微等待一会儿，在桌面右下角的系统托盘中会显示 WampServer 的图标。如果图标是绿色的，并显示"All services running"的提示信息，如下左图所示，说明 WampServer 安装和配置成功，正在正常运行。如果图标是黄色或红色的，说明 WampServer 没有完全运行成功。

有需要的读者可以将 WampServer 的界面语言设置为中文，方法为：右击系统托盘中的 WampServer 图标，在弹出的快捷菜单中选择"Language"命令，在展开的子菜单中有多种显示语言可以选择，如下右图所示。如果要设置为中文，选择"chinese"即可。

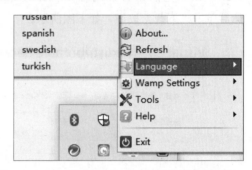

当 WampServer 运行成功后，单击系统托盘中的 WampServer 图标，在展开的菜单中选择"phpMyAdmin"命令，如下左图所示。之后会在浏览器中打开如下右图所示的页面，这个就是部署在本地服务器上的 MySQL 管理平台 phpMyAdmin 的登录页面。phpMyAdmin 的初始用户名为 root，初始密码为空值（如果使用的是 XAMPP，有时初始密码默认为 root），可以在登录之后修改。

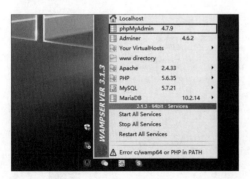

⚙ **补充知识点 1：WampServer 运行失败的常见解决办法**

  WampServer 集成了 Apache、PHP 解释器、MySQL，只要有一个软件运行失败，WampServer 就不算完全运行成功。而导致这 3 个软件运行失败的最常见原因是默认端口被占用。Apache 和 MySQL 相对更容易运行失败，因此主要检查它们的运行状况。

  单击 WampServer 图标，弹出的菜单便包含"Apache""PHP""MySQL"三个选项，如下左图所示。将鼠标指针放在"Apache"选项上，如果展开的列表中"Service"前显示☑图标，则表明 Apache 运行成功，如下右图所示，否则很可能是其运行端口被占用。MySQL 也是用相同方法检查。

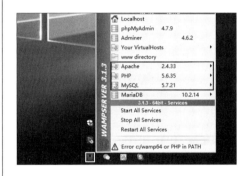 

  那么端口被占用是什么意思呢？打个不严谨的比方，计算机上的 USB 插口可以理解为计算机的实体端口。一个 USB 插口上如果已经插了一个 U 盘，那么就不能再插另一个 U 盘，这就是端口被占用。除了实体端口，计算机内部还有虚拟端口，这些端口一般以数字命名，如 80 端口、3306 端口等。如果这些端口已经被其他程序占用，那么WampServer 再使用它们就会出错。

  WampServer 默认为 Apache 分配 80 端口，为 MySQL 分配 3306 端口。如果这两个端口被其他程序占用，就会导致 Apache 和 MySQL 运行失败，此时就需要更改端口：右击 WampServer 图标，在弹出的快捷菜单中选择"Tools"选项，在展开的列表中分别单击"Use a port other than 80"和"Use a port other than 3306"来更改 Apache 和 MySQL 的端口，如右图所示。通常把 80 改成 8080 或 8088，把 3306 改成 3308。

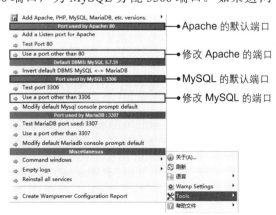

然后用之前讲解的方法检查 Apache 和 MySQL 的运行状态，如果运行成功，此时 WampServer 的图标会显示为绿色。如果图标仍是黄色，则需要重启 WampServer。

如果没有改过 Apache 的默认端口，那么可以在浏览器地址栏中直接输入 "localhost" 来访问 WampServer 管理页面。但如果改过端口，例如，把端口从 80 改成了 8080，则需要输入 "localhost:8080" 来访问 WampServer 管理页面，或者单击 WampServer 图标，然后单击 "Localhost" 选项来打开 WampServer 管理页面。

补充知识点 2：WampServer 的替代软件 XAMPP

XAMPP 同时支持 Windows、Linux 和 macOS，官网地址为 https://www.apachefriends.org/。具体使用方法如右图所示，启动后激活 Apache 和 MySQL，然后单击 MySQL 中的 "Admin" 按钮，即可进入数据库管理界面。

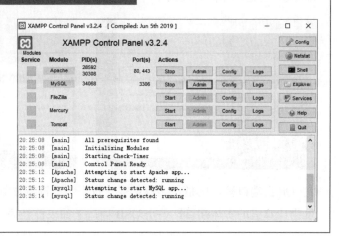

6.8.2 MySQL 的基本操作

安装好 WampServer 后，就可以开始学习 MySQL 了。本节将先介绍 MySQL 管理平台 phpMyAdmin，然后介绍数据库和数据表的创建方法以及数据表的基本操作，最后简单介绍数据表的管理功能。

1. MySQL 管理平台 phpMyAdmin 介绍

phpMyAdmin 是一款在线数据库管理平台，可以在浏览器中直接管理 MySQL。用上一节介绍的方法打开 phpMyAdmin 的登录页面，输入用户名和密码并登录之后，进入如下图所示的界面。

页面顶部显示的是 MySQL 的端口，这里为默认端口 3306。如果之前修改过端口，那么这里显示的是修改之后的端口，例如，之前将端口改成 3308，这里就会显示 3308。

在页面左侧可以看到一些默认的数据库。数据库好比是大型的 Excel 工作簿，数据表则是 Excel 工作簿中的工作表，而 phpMyAdmin 就像一个在线存储各个 Excel 工作簿的文件夹。

2．创建数据库和数据表

创建数据表之前得先创建数据库。❶在 phpMyAdmin 页面左侧上方单击"新建"链接，在右侧会显示新建数据库页面，❷输入数据库名称，如"pachong"，❸然后选择排序规则，所谓排序规则其实就是编码格式，一般选择支持中文的"utf8_general_ci"，❹最后单击"创建"按钮，如下图所示，即可创建数据库。

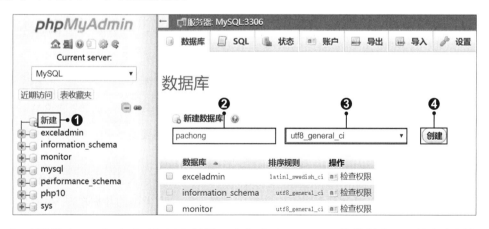

如下图所示，❶此时页面左侧会新增一个名为"pachong"的数据库，❷并在右侧提示需在该数据库里新建一个数据表。❸输入数据表名称，如"test"，❹然后设置字段数，即数据表的列数，这里保留默认值 4 不变，之后可以再根据需求修改，❺最后单击"执行"按钮，即可创建数据表。

随后进入数据表的结构设置页面。❶如果要添加新字段，可在上方的"添加"文本框中输入数量，❷再单击"执行"按钮，❸然后在下方输入各个字段的"名字""类型""长度 / 值"等，❹最后单击"保存"按钮，如下图所示。

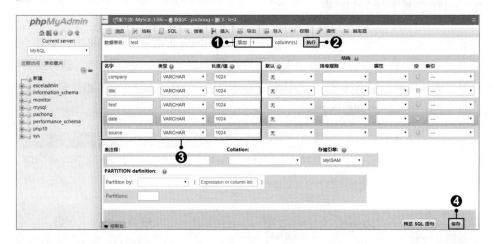

前面创建数据表时保留默认的 4 列没有更改，而实际上需要有 5 列，所以在"添加"文本框中输入"1"，再单击"执行"按钮，添加新的 1 列。

接着来定义各个列（字段）。必填的内容有"名字""类型""长度 / 值"，否则无法创建数据表。"名字"就是列名；"类型"是列中数据的类型，字符串类型的数据选择 VARCHAR 选项（也可选择 TEXT 超长文本类型，区别不大），整数类型的数据选择 INT 选项，这两种数据类型用得较多；"长度 / 值"是列中存储数据的最大长度，它并不会占用数据空间，所以一般都设为 1024，只要字符串不是太长，基本都够用，但最好也别设太大，否则可能会影响数据存储速度。

这里分别输入每一列的"名字"为 company（公司名称）、title（新闻标题）、href（新闻网址）、date（新闻日期）、source（新闻来源），"类型"都选择 VARCHAR（字符串类型），"长度 / 值"都输入 1024，最后单击页面右下角的"保存"按钮。

除了"名字""类型""长度 / 值"这 3 项必填内容，这里再简单介绍一下其他非必填内容："默认"选项是指这一列的默认内容，可以为空值或其他内容；"排序规则"选项就是数据编码格式，之前在创建数据库"pachong"时已经选择了"utf8_general_ci"，所以这里不需要重复设置，如果之前没有设置，那么这里每一列的"排序规则"都得单独设置，否则会默认设置为不支持中文的 latin1 编码格式。

3．数据表的基本操作

创建完数据表并单击"保存"按钮后，会跳转到如下图所示的页面。

其中最常用的 5 个功能是"浏览""结构""SQL""插入""搜索"。

（1）结构

"结构"功能主要用于查看和修改数据表的基本结构。如果要添加新的一列，或者发现设定的字符串长度不够，都可以在这里修改。

（2）插入

单击"插入"按钮，会默认插入两组数据。在最右边的"值"列中输入要插入的数据内容。例如，输入两组数据，一组是阿里巴巴的新闻，一组是百度的新闻，然后单击"执行"按钮，如下图所示。

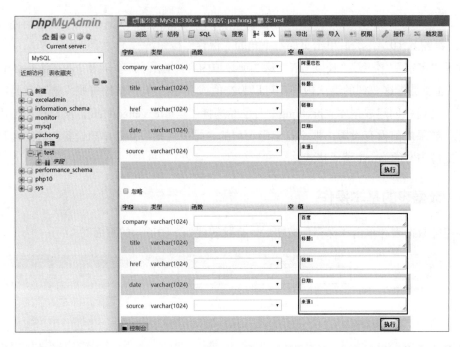

随后会跳转到如下图所示的"SQL"界面，并显示数据插入成功的提示信息。其中显示的 SQL 语句就是把刚才插入数据的操作以代码的方式呈现出来，因此，如果单击右下角的"执行"按钮，就会执行 SQL 语句，把刚才插入的数据再插入一遍。

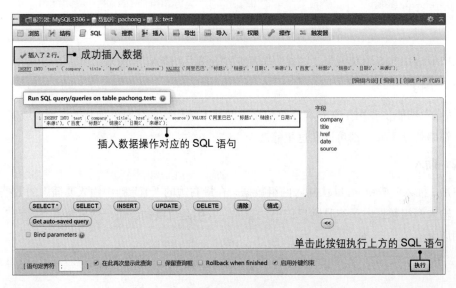

（3）浏览

插入数据后，单击"浏览"按钮，即可浏览数据表的数据内容，如下图所示。此功能能用得比较少，更多的时候是用"搜索"功能来查找需要的数据内容。

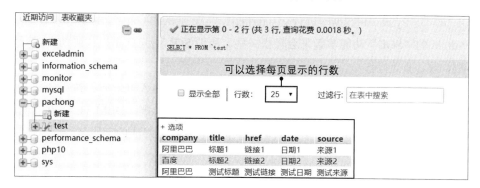

（4）搜索

"搜索"功能是比较常用的，可以通过它来寻找并查看所需内容。例如，可以在下图所示的"搜索"页面中搜索 company（公司名称）为"阿里巴巴"的内容。

单击"执行"按钮便能搜索到公司名称为"阿里巴巴"的数据内容，如下图所示。用类似的手段还可以搜索标题、日期或来源的内容。

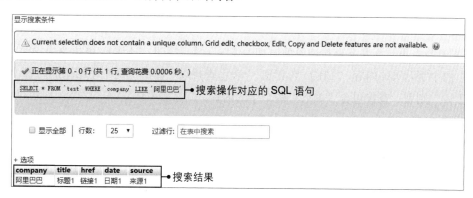

（5）SQL

SQL 语句是 Python 和数据库进行交互的桥梁，与之前的内容相比稍微有点难，但是通过 phpMyAdmin 的 "SQL" 功能学起来会轻松一些。所谓 SQL 语句就是以代码的方式对数据进行增、删、改、查等操作。

单击 "SQL" 按钮，可以看到如下图所示的界面，代码输入框下方的按钮分别对应数据的查（SELECT *、SELECT）、增（INSERT）、改（UPDATE）、删（DELETE）。在右侧的 "字段" 列表框中双击字段，即可在左侧的代码输入框里快速插入对应的字段名。

首先来讲 "查"。前面介绍的 "搜索" 功能就属于 "查"，对应的 SQL 语句为：

```
1    SELECT * FROM `数据表名` WHERE 字段 LIKE '内容'
```

其中 "SELECT * FROM `数据表名`" 是指选择该数据表里的所有字段，"WHERE 字段 LIKE '内容'" 则是指对指定字段按条件进行筛选。例如，前面在数据表 "test" 中搜索 company（公司名称）为 "阿里巴巴" 对应的 SQL 语句就是：

```
1    SELECT * FROM `test` WHERE `company` LIKE '阿里巴巴'
```

上述 SQL 语句实现的是 100% 精准查找，其中的 LIKE 也可以换成 "=" 号。LIKE 还能实现模糊查找，不过需要在查找内容前后加上 "%" 号。例如，"LIKE '阿里 %'" 表示查找以 "阿里" 两个字开头的内容，"LIKE '% 巴巴'" 表示查找以 "巴巴" 两个字结尾的内容，"LIKE '% 里巴 %'" 则表示查找包含 "里巴" 两个字的内容。

如下图所示，❶在 "SQL" 功能区中单击 "SELECT *" 按钮，❷会在代码输入框自动生成 SQL 语句，和上面的语句类似，不过 "WHERE" 后是 "1"（即 True）。如果此时单击 "执行" 按钮，它会不经过筛选直接把数据表里的内容都显示出来。把 "1" 删除，在 "字段" 列表框中双击 "company" 字段，即可在 "WHERE" 后插入 "`company`"，继续输入一个空格，接着输入"LIKE '阿里巴巴'"，就得到了和前面一样的 SQL 语句，最后单击"执行"按钮，就可以查找数据表里所有公司名称为"阿里巴巴"的记录了。

在上述 SQL 语句中，数据表名"test"和字段名"company"前后都加了重音符号"`"，而搜索条件"阿里巴巴"前后用的则是普通的单引号。重音符号和普通的单引号不一样，它在键盘左上角，数字键【1】的旁边。这个符号比较少见，在 phpMyAdmin 中用来包围数据表名和字段名。删除这个符号对 SQL 语句没有影响，下一节在 Python 中书写 SQL 语句时一般就不写这个符号。

"SELECT *"按钮旁边的"SELECT"按钮用得相对较少，它可以指定在查找结果中只显示部分字段。如果在查找公司名称为"阿里巴巴"的新闻时，只想查看新闻的公司名称、标题、网址，不关心新闻的日期和来源，可单击"SELECT"按钮，然后在自动生成的 SQL 语句中删除"SELECT"后不需要显示在查找结果中的字段名，并用和前面相同的方法修改"WHERE"后的查询条件，编写结果如下：

```
1   SELECT `company`, `title`, `href` FROM `test` WHERE `company` LIKE
    '阿里巴巴'
```

执行结果如下图所示。

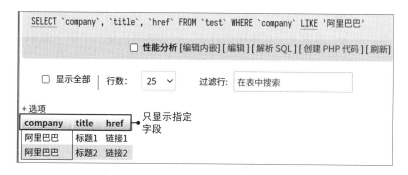

如果有多个查找条件，可以用"AND"来连接，如下所示：

```
1   SELECT * FROM `test` WHERE `title` LIKE '标题1' AND `href` = '链接1'
```

执行结果如右图所示，即同时筛选标题和链接。

其次讲"增"。如果想插入一条含有 5 个值的数据记录，对应的 SQL 语句为：

```
1   INSERT INTO `数据表名` (`字段1`, `字段2`, `字段3`, `字段4`, `字段5`)
    VALUES ('值1', '值2', '值3', '值4', '值5')
```

其中"INSERT"就是插入的意思，通过"VALUES"连接想要添加的值。

例如，在数据表"test"中插入"company"为"阿里巴巴"、"title"为"标题 2"、"href"为"链接 2"、"date"为"日期 2"、"source"为"来源 2"的一条数据记录，对应的 SQL 语句为：

```
1   INSERT INTO `test` (`company`, `title`, `href`, `date`, `source`)
    VALUES ('阿里巴巴', '标题2', '链接2', '日期2', '来源2')
```

如果要插入多条记录，在上述语句后加一个逗号，再加一个括号包围要插入的值，如下所示：

```
1   INSERT INTO `test` (`company`, `title`, `href`, `date`, `source`)
    VALUES ('阿里巴巴', '标题2', '链接2', '日期2', '来源2'), ('华能信
    托', '标题1', '链接1', '日期1', '来源1')
```

最后讲"删"（"改"在爬虫任务中用得较少，这里不做讲解）。"删"的 SQL 语句为：

```
1   DELETE FROM `数据表名` WHERE `字段` = '内容'
```

例如，要删除数据表"test"中所有"company"为"百度"的数据记录，SQL 语句为：

```
1   DELETE FROM `test` WHERE `company` = '百度'
```

"删"和"查"的 SQL 语句比较相似，只是把"SELECT *"换成了"DELETE"。

将常用的 SQL 语句总结如下，下一节讲解 Python 与数据库的交互时会用到。

```
1   # 查
2   SELECT * FROM `数据表名` WHERE `字段` LIKE '内容'
3   # 增
4   INSERT INTO `数据表名` (`字段1`, `字段2`, `字段3`, `字段4`, `字段5`)
    VALUES ('值1', '值2', '值3', '值4', '值5')
5   # 删
6   DELETE FROM `数据表名` WHERE `字段` = '内容'
```

4．数据表的管理功能

数据表的管理功能有"导入""导出""权限""操作"，如下图所示。这些功能不太常用，这里只做简单介绍。

"导入"就是从本地导入数据表，"导出"则是把数据表导出到本地，它们都支持多种格式的文件。"权限"用于设置他人访问数据库的权限。"操作"用于更改数据库中数据表的排序，将其他数据库中的数据表移动或复制到当前数据库，以及重命名数据表、清空数据表等。

6.9　用 Python 操控数据库

学习完 MySQL 数据库的基本操作后，下面来学习如何用 Python 连接数据库，并进行数据的插入、查找、删除等操作。

6.9.1　用 PyMySQL 库操控数据库

上一节在 phpMyAdmin 中创建了数据库"pachong"，并在其中创建了数据表"test"，那么该如何在 Python 中连接到该数据库，并调用其中的数据表呢？

首先安装专门用于操控 MySQL 的 Python 第三方库 PyMySQL，安装命令为"pip install pymysql"。如果安装失败，可尝试从镜像服务器安装，具体方法见 1.4.4 节，这里不再赘述。

1．连接数据库

首先来学习如何连接到之前创建的数据库"pachong"，代码如下：

```
1   import pymysql
2   db = pymysql.connect(host='localhost', port=3306, user='root',
    password='', database='pachong', charset='utf8')
```

第 1 行代码导入 PyMySQL 库。第 2 行代码用 PyMySQL 库的 connect() 函数创建一个数据库连接，并将其赋给变量 db。下面介绍 connect() 函数各个参数的含义。

host 代表 MySQL 的服务器地址，这里设置的 'localhost' 代表本机地址，也可以写成 IP 地址形式——127.0.0.1。

port 代表 MySQL 的端口，这里设置为默认端口 3306，如果之前修改过端口，则要换成修改后的端口。

user 代表 MySQL 的用户名，默认用户名是 root。

password 代表 MySQL 的登录密码，默认密码是空值。

database 代表要连接的数据库名称，这里设置为之前创建的数据库"pachong"。

charset 用于设置编码格式，这里设置为 'utf8'，与之前其他代码中使用的 'utf-8' 不同，少了中间的 "-" 号，但它们都代表 UTF-8。大家不必深究原因，记住这么用就行。

2．插入数据

在 Python 中连接到数据库后，就可以通过执行 SQL 语句对数据进行增、删、改、查等操作了。但在执行 SQL 语句前还需要引入一个会话指针 cursor，代码如下：

```
1   cur = db.cursor()  # 获取会话指针，并命名为cur，用来调用SQL语句，其中
    的db为前面创建的数据库连接
```

接着就可以编写 SQL 语句了，先回顾一下前面学习的插入数据的 SQL 语句：

```
1   INSERT INTO `test` (`company`, `title`, `href`, `date`, `source`)
    VALUES ('阿里巴巴', '标题2', '链接2', '日期2', '来源2')
```

在 Python 中编写 SQL 语句时，为了让代码更简洁，数据表名和字段名前后不再加重音符号 "`"，代码如下：

```
1   sql = 'INSERT INTO test(company, title, href, date, source) VALUES
    (%s, %s, %s, %s, %s)'
```

和之前的 SQL 语句稍有不同,这里的"VALUES"后面没有跟着具体的值,而是一些"%s",有几个字段就写几个"%s",这是为了便于之后批量插入多家公司的信息。"%s"称为占位符,代表一个字符串,之后可以传入相应的具体值。

> **补充知识点：占位符**
>
> 占位符的作用就是先占住一个固定的位置,之后再往里面添加内容。"%s"可以理解为一个预留的座位,并且只有字符串类型的人才能坐。为整数类型和小数类型的值预留的位置则分别使用"%d"和"%f"作为占位符。演示代码如下:
>
> ```
> 1   a = '我的名字是%s' % ('华小智')
> 2   b = '我的名字是%s,我的岁数是%d岁' % ('华小智', 25)
> ```
>
> 在字符串中用"%s"或"%d"占一个位置,然后在字符串后面加一个百分号,再在百分号后面用括号放入需要传到占位符处的值,其效果有点类似字符串拼接。
>
> 将 a 和 b 打印输出,结果如下:
>
> ```
> 1   我的名字是华小智
> 2   我的名字是华小智,我的岁数是25岁
> ```

写完 SQL 语句后,再通过如下代码便可将具体的值传到"%s"的位置并执行 SQL 语句:

```
1   cur.execute(sql, (company, title, href, date, source))  # 执行SQL语句
2   db.commit()  # 固定写法
```

第 1 行代码中的 cur.execute() 函数用于执行 SQL 语句并传入相应的值(execute 是"执行"的意思)。括号里的第 1 个参数就是刚才编写的 SQL 语句;第 2 个参数用来把具体的值传到各个"%s"的位置上,例如,变量 company 的值传到第 1 个"%s"的位置上,变量 title 的值传到第 2 个"%s"的位置上,依此类推。

cur.execute() 函数会默认把传入的值都转换为字符串类型,因此,即使是数字类型的值(如舆情评分),在 SQL 语句中也要用"%s"作为占位符。不过如果数据表中设置的字段数据类

型是 INT，传入的值还是会以数字格式存储在数据表中。

第 2 行代码中的 db.commit() 函数是更新数据表的固定写法（commit 是"提交"的意思）。这里插入了一行数据，已经改变了数据表的结构，所以必须用 db.commit() 函数来提交这个修改。对于数据的插入、删除等修改了数据表结构的操作，都需要写这行代码来提交修改。

最后需要关闭之前引入的会话指针 cur 和数据库连接，代码如下：

```
1  cur.close()  # 关闭会话指针
2  db.close()   # 关闭数据库连接
```

完整代码如下：

```
1   # 预定义变量
2   company = '阿里巴巴'
3   title = '测试标题'
4   href = '测试链接'
5   date = '测试日期'
6   source = '测试来源'
7
8   # 连接数据库
9   import pymysql
10  db = pymysql.connect(host='localhost', port=3306, user='root',
    password='', database='pachong', charset='utf8')
11
12  # 插入数据
13  cur = db.cursor()  # 获取会话指针，用来调用SQL语句
14  sql = 'INSERT INTO test(company, title, href, date, source) VALUES
    (%s, %s, %s, %s, %s)'  # 编写SQL语句
15  cur.execute(sql, (company, title, href, date, source))  # 执行SQL
    语句
16  db.commit()  # 当改变数据表结构时，更新数据表
17  cur.close()  # 关闭会话指针
18  db.close()   # 关闭数据库链接
```

运行代码后，打开 phpMyAdmin 查看数据表"test"，可以看到其中新增的一条数据，如下图所示。

在往数据表中插入数据的实战中,往往需要修改的就是上述代码中的 SQL 语句,以及 cur.execute() 函数的参数,其余的代码大多都是固定写法。

此外,如果只是插入一条数据,也可以用如下写法:

```
1  sql = "INSERT INTO test (company, title, href, date, source) VALUES
   ('阿里巴巴', '标题2', '链接2', '日期2', '来源2')"
```

这里将 SQL 语句前后的单引号换成了双引号,这样就不会和公司名称等字符串中的单引号产生冲突(也可以在外层用单引号,里面用双引号)。不过这种写法不适合用于插入或读取多条数据,因此简单了解即可。

3．查找数据

查找数据的思路与插入数据的思路类似,同样是通过执行 SQL 语句来完成。先回顾一下在 phpMyAdmin 中查找数据的 SQL 语句,其中 LIKE 也可以换成"="号:

```
1  SELECT * FROM `test` WHERE `company` LIKE '阿里巴巴'
```

那么要用 Python 查找 company(公司名称)为"阿里巴巴"的数据,可以使用如下代码:

```
1  import pymysql
2  db = pymysql.connect(host='localhost', port=3306, user='root',
   password='', database='pachong', charset='utf8')
3
4  company = '阿里巴巴'
5
6  cur = db.cursor()  # 获取会话指针,用来调用SQL语句
7  sql = 'SELECT * FROM test WHERE company = %s'  # 编写SQL语句
8  cur.execute(sql, company)  # 执行SQL语句
```

```
9    data = cur.fetchall()  # 提取查找到的所有数据，并赋给变量data
10   print(data)  # 打印输出data，查看提取结果
11   db.commit()  # 提交表单，这一行其实可以不写，因为程序没有修改数据表结构
12   cur.close()  # 关闭会话指针
13   db.close()  # 关闭数据库连接
```

上述代码与插入数据的代码在思路上类似，都是先连接数据库，然后利用 cursor 获取会话指针，进而通过 cur.execute() 函数执行 SQL 语句。因为只有一个占位符（company = %s），所以 cur.execute() 函数的第 2 个参数就只有 company。

执行的 SELECT * 语句只是查找数据，并没有把数据提取出来，所以还要用 data = cur.fetchall() 来提取所有数据，并赋给变量 data，这也是提取数据的固定写法。其余代码的含义参见注释。

代码运行结果如下：

```
1    (('阿里巴巴', '标题1', '链接1', '日期1', '来源1'), ('阿里巴巴', '标题2',
     '链接2', '日期2', '来源2'), ('阿里巴巴', '测试标题', '测试链接', '测试日
     期', '测试来源'))
```

可以看到所有公司名称为"阿里巴巴"的数据都被筛选出来了。从包围内容的一层层括号可以看出，提取出的数据是嵌套结构的元组。1.2.3 节讲过，元组和列表非常类似，区别只是包围的符号不同，并且元组中的元素不可修改，所以可以借用列表的知识来进一步处理元组。例如，要提取每条新闻的标题，可以在上面的代码之后写如下代码：

```
1    for i in range(len(data)):
2        print(data[i][1])
```

与提取列表元素的方法一样，通过 data[i] 提取大元组里的小元组，data[0] 就是第 1 个小元组 ('阿里巴巴', '标题 1', '链接 1', '日期 1', '来源 1')。要提取这个小元组里的标题（第 2 个元素），可以用 data[0][1] 实现。结合 for 循环语句就可以提取每条新闻的标题了。

如果筛选条件不止一个，可以用"AND"来连接。例如，要通过 company（公司名称）和 title（标题）两个筛选条件来查找数据，代码如下：

```
1    sql = 'SELECT * FROM test WHERE company = %s AND title = %s'
2    cur.execute(sql, (company, title))
```

第 1 行代码的 SQL 语句中用"AND"连接了两个筛选条件，第 2 行代码用 cur.execute()
函数执行 SQL 语句时就要传入两个参数，这两个参数需要用括号包围起来，写成 (company,
title)。如果还有更多筛选条件，可以模仿上述形式添加。

4.删除数据

相对于插入和查找数据，删除数据的使用频率要低得多。先回顾一下在 phpMyAdmin 中
删除数据的 SQL 语句：

```
1  DELETE FROM `test` WHERE `company` = '百度'
```

在 Python 中执行这个 SQL 语句的方法和之前类似，其核心代码如下：

```
1  company = '阿里巴巴'
2  sql = 'DELETE FROM test WHERE company = %s'  # 编写SQL语句
3  cur.execute(sql, company)  # 执行SQL语句
```

运行代码后，数据表"test"中所有 company（公司名称）为"阿里巴巴"的数据记录就
都被删除了。

6.9.2　案例实战：百度新闻数据爬取与存储

本案例要将从百度新闻爬取的数据写入 MySQL 数据库，并进行数据的去重处理。

1.基本的数据爬取与存储

先来实现基本的数据爬取与存储功能，代码如下：

```
1  import requests
2  import re
3  import pymysql
4
5  headers = {'User-Agent': 'Mozilla/5.0 (Windows NT 10.0; Win64;
   x64) AppleWebKit/537.36 (KHTML, like Gecko) Chrome/69.0.3497.100
   Safari/537.36'}
6
```

```
7    def baidu(company):
8        url = 'https://www.baidu.com/s?rtt=4&word=' + company
9        res = requests.get(url, headers=headers).text
10       # 此处省略了3.1.6节中用正则表达式提取新闻的标题、网址、来源、日期，
         并做数据清洗和打印输出的代码
11
12       for i in range(len(title)):
13           db = pymysql.connect(host='localhost', port=3306, user=
             'root', password='', database='pachong', charset='utf8')
14           cur = db.cursor()
15           sql = 'INSERT INTO test(company, title, href, source, date)
             VALUES (%s, %s, %s, %s, %s)'
16           cur.execute(sql, (company, title[i], href[i], source[i],
             date[i]))
17           db.commit()
18           cur.close()
19           db.close()
20
21   baidu('阿里巴巴')
```

第 12～19 行代码将爬取的数据插入数据表，其中 cur.execute() 函数的参数 company 就是 baidu() 函数的参数 company。这里先调用一次 baidu() 函数爬取"阿里巴巴"一家公司，并且不做异常处理，运行结果如下图所示。

company	title	href	date	source
阿里巴巴	标题1	链接1	日期1	来源1
百度	标题2	链接2	日期2	来源2
阿里巴巴	标题2	链接2	日期2	来源2
华能信托	标题1	链接1	日期1	来源1
阿里巴巴	阿里风雨前行20年,终失马云?	http://it.sohu.com//20190114/n560945267.shtml	29分钟前	搜狐科技
阿里巴巴	阿里巴巴今日头条盘出2019-01-14	http://www.ebrun.com/ebrungo/codaily/316845.shtml	8分钟前	亿邦动力
阿里巴巴	阿里新零售获全球零售业最高奖 福布斯点赞阿里商业操作系统	https://www.guancha.cn/ChanJing/2019_01_14_486823....	37分钟前	观察者网
阿里巴巴	阿里发布商业操作系统 助全球零售业重构运营(受益股)	http://www.lukeji.com.cn/news/kjt/8578.html	50分钟前	鹿科技
阿里巴巴	张勇变法:打造阿里商业智慧的数字化之旅	http://it.sohu.com//20190114/n560941881.shtml	1小时前	搜狐科技
阿里巴巴	"业务在线"布道者:奥ят网络获阿里新零售生态伙伴大奖	https://tech.china.com/article/20190114/kejiyuan12...	1小时前	中华网
阿里巴巴	【泡面小镇早报】阿里发布阿里商业操作系统	人人都是产品经理	http://www.woshipm.com/news/1842574.html	2小时前	人人都是...

要批量爬取多家公司的数据并写入数据库，可用 for 循环语句实现，代码如下：

```
1    companies = ['华能信托', '阿里巴巴', '百度集团', '腾讯', '京东']
2    for company in companies:
```

```
3        try:
4            baidu(company)
5            print('爬取并写入数据库成功')
6        except:
7            print('爬取并写入数据库失败')
```

2．写入数据时进行去重处理

数据库不能自动识别重复信息，所以同样的数据很有可能被重复写入数据库，这样不仅会浪费存储空间，而且会给数据提取造成很多麻烦。因此，在写入数据前最好进行去重处理，其思路为：爬取到一条新闻的数据后，先在数据库中进行查找，如果发现该新闻的标题已经存在，就不把该新闻写入数据库。

首先进行数据的查找，代码如下：

```
1    sql_1 = 'SELECT * FROM test WHERE company = %s'  # 按公司名称选取数据
2    cur.execute(sql_1, company)  # 执行SQL语句，选取公司名称为company的
     数据
3    data_all = cur.fetchall()  # 提取所有数据
4    title_all = []  # 创建一个空列表用来存储新闻标题
5    for j in range(len(data_all)):  # 遍历提取到的数据
6        title_all.append(data_all[j][1])  # 将数据中的新闻标题存入列表
```

上述代码和之前在数据库中查找数据的代码基本一致，唯一的变化在于这里创建了一个空列表 title_all，并用 append() 函数将每条新闻的标题存入该列表。根据前面的讲解，cur. fetchall() 返回的 data_all 是一个嵌套结构的元组，所以用 data_all[j][1] 的方式提取每条新闻的标题。此外，之前在 for i in range(len(title)) 中已经用了 i 作为循环变量，所以这里用 j 作为循环变量。

这里的 for 循环语句还可以写成 for j in data_all，这样每一个 j 就不再是数字，而是 data_all 这个大元组中的一个小元组，而 j[1] 就是小元组中的新闻标题，改写后的代码如下：

```
1    for j in data_all:
2        title_all.append(j[1])
```

获取到数据库中存储的每条新闻的标题后，就可以对新爬取的新闻进行筛选了。只需

判断新爬取到的新闻标题是否在列表 title_all 里，如果不在，说明它确实是一条新的新闻，可以写入数据库。代码如下：

```
1  if title[i] not in title_all:  # 判断列表中是否存在该新闻标题
2      sql_2 = 'INSERT INTO test(company, title, href, source, date)
       VALUES (%s, %s, %s, %s, %s)'
3      cur.execute(sql_2, (company, title[i], href[i], source[i],
       date[i]))
4      db.commit()
```

这里使用的是 not in 逻辑判断，就是"不在"的意思，即如果新爬取到的新闻标题不在列表 title_all 里，那么就执行下面的将数据写入数据库的操作。

把查询数据、筛选数据和插入数据的操作汇总在一起，代码如下：

```
1  for i in range(len(title)):
2      db = pymysql.connect(host='localhost', port=3306, user='root',
       password='', database='pachong', charset='utf8')
3      cur = db.cursor()  # 获取会话指针，用来调用SQL语句
4
5      # 1. 查询数据
6      sql_1 = 'SELECT * FROM test WHERE company = %s'
7      cur.execute(sql_1, company)
8      data_all = cur.fetchall()
9      # print(data_all)
10     title_all = []
11     for j in range(len(data_all)):
12         title_all.append(data_all[j][1])
13
14     # 2. 判断新爬取到的数据是否已在数据库中，不在的话才将其写入
15     if title[i] not in title_all:
16         sql_2 = 'INSERT INTO test(company, title, href, source,
           date) VALUES (%s, %s, %s, %s, %s)'
17         cur.execute(sql_2, (company, title[i], href[i], source[i],
           date[i]))
```

```
18          db.commit()
19      cur.close()
20      db.close()
```

6.9.3　用 pandas 库操控数据库

前面讲解的是用 Python 操控数据库的常规方法，本节则要讲解如何直接使用 pandas 库读写数据库。这种方式需要事先安装作为辅助工具的 SQLAlchemy 库，安装命令为"pip install sqlalchemy"，如果安装失败，可尝试从镜像服务器安装，具体方法见 1.4.4 节，这里不再赘述。

1．连接数据库

使用 SQLAlchemy 库中的 create_engine() 函数来初始化数据库连接，代码如下：

```
1   from sqlalchemy import create_engine
2   engine = create_engine('mysql+pymysql://root:@localhost:3306/pachong')
```

第 1 行代码导入 SQLAlchemy 库中的 create_engine() 函数。第 2 行代码用 create_engine() 函数创建数据库连接并赋给变量 engine，参数字符串中各部分的含义如下：

数据库类型+数据库驱动程序://数据库用户名:密码@数据库服务器IP地址:端口/数据库名

因此，第 2 行代码的参数字符串含义为连接到 MySQL 数据库，使用 PyMySQL 库作为驱动程序，用户名为 root，密码为空，数据库服务器 IP 地址为本机，端口为 3306，要连接的数据库名为"pachong"。

用 SQLAlchemy 库连接数据库后，就可以用 pandas 库的 read_sql_query() 函数从数据库中读取数据，用 to_sql() 函数将数据写入数据库。

2．读取数据

用 pandas 库的 read_sql_query() 函数可以快速读取数据库中的数据，演示代码如下：

```
1   import pandas as pd
2   from sqlalchemy import create_engine
3   engine = create_engine('mysql+pymysql://root:@localhost:3306/pachong')
```

```
4    sql = 'SELECT * FROM test'
5    df = pd.read_sql_query(sql, engine)
```

第 1 行和第 2 行代码导入相关库。

第 3 行代码创建数据库连接。

第 4 行代码编写 SQL 语句，含义是查找数据库"pachong"的数据表"test"里的所有数据。

第 5 行代码为核心代码，用 read_sql_query() 函数读取数据表中的数据，括号中第 1 个参数为用于查找数据的 SQL 语句，第 2 个参数为数据库连接。返回的 df 是一个 DataFrame，在 Jupyter Notebook 中打印输出的结果如下图所示。

	公司	标题	网址	来源	日期
0	华能信托	洽洽食品:华能信托卖出洽洽转债合计399.7万张,占发行总量的29.83%	https://baijiahao.baidu.com/s?id=1683778268202...	金融界	2020年11月19日 16:52
1	华能信托	洽洽食品(002557.SZ):华能信托以集中竞价卖出洽洽转债399.6995万张	http://stock.hexun.com/2020-11-19/202461250.html	和讯股票	2020年11月19日 16:14
2	华能信托	...公司接到债券持有人华能贵诚信托有限公司的通知,华能信托通过...	http://www.nbd.com.cn/articles/2020-11-19/1551...	每日经济新闻	2020年11月19日 16:07

3. 写入数据

用 pandas 库的 to_sql() 函数可以快速将数据写入数据库，演示代码如下：

```
1    import pandas as pd
2    from sqlalchemy import create_engine
3    engine = create_engine('mysql+pymysql://root:@localhost:3306/pachong')
4    df = pd.read_excel('百度新闻-多家.xlsx')
5    df.to_sql('test', engine, index=False, if_exists='append')
```

第 1～3 行代码导入相关库，并创建数据库连接。

第 4 行代码用 read_excel() 函数读取 6.3.2 节生成的 Excel 工作簿（读者也可以自己创建一个 Excel 工作簿，注意表头需与数据表的字段一致）。

第 5 行代码为核心代码，用 to_sql() 函数将读取的数据快速写入数据库"pachong"的数据表"test"中，括号中 4 个参数的含义分别为数据表名称、数据库连接、忽略行索引、如果数据表已存在则继续添加。这 4 个参数很重要，一个都不能少。

运行代码后查看数据表，可以发现成功将 Excel 工作簿中的数据批量写入了数据表，而且如果数据库"pachong"中不存在数据表"test"，会自动创建该数据表。如果将参数 'test' 改成

'测试'，则运行代码后会自动在数据库"pachong"里新建一个名为"测试"的数据表，并将数据写入该数据表。其文本数据的默认格式为 TEXT 长文本格式，与之前使用的 VARCHAR 常规文本格式区别不大。

4．实战技巧

下面讲解笔者总结的一些用 pandas 库操控数据库的小技巧，可以帮助大家解决在实战中遇到的一些问题。

（1）数据格式设置

有时用 pandas 库直接将数据写入数据库，会出现报错提示 "'numpy.float64' object has no attribute 'translate'"。这个报错是数据格式的问题导致的，解决办法是利用 astype() 函数将 DataFrame 中的数据格式转换为字符串格式。演示代码如下：

```
1    df = df.astype('str')
```

（2）在 SQL 语句中传入动态参数

有时 SQL 语句中的参数是动态变化的，例如，要在数据表"test"中提取今天的数据，而今天的日期是动态变化的，此时就要以传入动态参数的方式编写 SQL 语句。演示代码如下：

```
1    today = time.strftime('%Y-%m-%d')
2    sql = 'SELECT * FROM test WHERE 日期 = %(date)s'
3    df_old = pd.read_sql_query(sql, engine, params={'date': today})
```

第 1 行代码中的 today 为今天的日期（字符串格式），注意需提前导入 time 库。

第 2 行代码编写 SQL 语句，用于在数据表"test"中提取今天的数据，其中的 date 就是一个动态参数（可以换成其他变量名，只要与第 3 行代码中的变量名一致即可），%()s 表示以字符串格式传入。

第 3 行代码中，read_sql_query() 函数括号中的参数增加了一个 params，代表要为 SQL 语句传入的动态参数，其值为包含一个键值对的字典，其中的键 'date' 就是第 2 行代码中定义的动态参数，而键对应的值 today 则是第 1 行代码中定义的日期变量。如果需要，可以传入多个动态参数，例如，传入两个动态参数的写法为 params={'date': today, 'score': today_score}。

（3）数据去重的另一种思路

用 pandas 库可以将数据快速去重并写入数据库。假设 df 为刚爬取的新闻数据，df_old 为数据库里存储的新闻数据，df 和 df_old 有重复的内容，现在要把在 df 中而不在 df_old 中的数据（也就是与数据库中已有数据不重复的新的新闻数据）写入数据库，那么可以通过如下代码进行去重（这里认为新闻标题重复就是重复内容）：

```
1   df_new = df[~df['标题'].isin(df_old['标题'])]
```

这里有两个新知识点：一个是 isin() 函数，另一个是"~"符号的应用。首先讲解 isin() 函数：该函数接受一个列表或数组（如上面的 df_old['标题']）作为参数，判断目标列（如上面的 df['标题']）中的元素是否在列表中，如果在则返回 True，否则返回 False。因此，如下代码的含义就是筛选同时出现在 df['标题'] 列和 df_old['标题'] 列中的内容：

```
1   df_new = df[df['标题'].isin(df_old['标题'])]
```

理解了 isin() 函数，再来讲解"~"符号，它的作用是取反，也就是取选中数据之外的数据，因此，df[~df['标题'].isin(df_old['标题'])] 就表示选择 df['标题'] 列中独有的内容（也就是没有出现在 df_old['标题'] 列中的内容），这样便去除了 df 中与 df_old 重复的内容。

下面再举一个简单的例子，代码如下：

```
1   import pandas as pd
2   df = pd.DataFrame({'标题': ['标题1', '标题2'], '日期': ['日期1', '日
    期2']})
3   df_old = pd.DataFrame({'标题': ['标题2', '标题3'], '日期': ['日期2',
    '日期3']})
```

此时 df 和 df_old 的内容如下：

df		
	标题	日期
0	标题1	日期1
1	标题2	日期2

df_old		
	标题	日期
0	标题2	日期2
1	标题3	日期3

执行如下代码后：

```
1   df_new = df[~df['标题'].isin(df_old['标题'])]
```

此时 df_new 的内容如右所示，可以看到成功筛选出了 df 中独有的内容。感兴趣的读者也可以把代码中的 "~" 符号去掉，看看结果如何。

df_new		
	标题	日期
0	标题1	日期1

成功去重后，就可以用 to_sql() 函数将处理好的 df_new 写入数据库了。

（4）取两个表格的非重复值

前面讲解的数据去重是保留 df 中独有的内容，如果想同时保留 df 和 df_old 中的独有内容，也就是它们的非重复值，可以使用如下代码：

```
1  df_new = df.append(df_old)  # 也可以写成pd.concat([df, df_old])
2  df_new = df_new.drop_duplicates(keep=False)  # 数据去重，keep=False
   表示删除所有重复行
```

第 1 行代码用 append() 函数将 df 和 df_old 拼接到一起，如果想忽略行索引，可以设置参数 ignore_index 为 True，不过因为写入数据库时也会设置忽略行索引，所以这里可以不设置。

第 2 行代码用 drop_duplicates() 函数删除所有重复行（本质上是删除 df 和 df_old 中重复的内容）。其中参数 keep 可取的值有：

- 'first'：默认值，表示保留首次出现的重复行，删除后面的重复行；
- 'last'：表示保留最后一次出现的重复行，删除前面的重复行；
- False：表示删除所有重复行。

这里设置 keep=False，即可删除所有重复行，实现所需的去重效果。

运行代码后，df_new 的内容如右所示，可以看到两个表格中重复的标题 2 相关内容被删除。

df_new		
	标题	日期
0	标题1	日期1
1	标题3	日期3

（5）模糊筛选

要用 pandas 库对数据进行模糊筛选，可以使用 contains() 函数，其功能是筛选目标列中含有某一关键词的行。其基本语法格式如下：

df['列名'].str.contains(关键词)

其中先用 str 属性将内容转换为字符串，然后才能使用 contains() 函数进行筛选（因为非字符串格式数据不能和字符串格式数据比较）。

举例来说，假设用如下代码创建了一个 DataFrame：

```
1    df = pd.DataFrame({'标题': ['华能信托好', '上海交大好'], '日期': ['日期1', '日期2']})
```

此时 df 的内容如右所示。

接着在 df 中筛选"标题"列中含有关键词"上海交大"的行，代码如下：

df		
	标题	日期
0	华能信托好	日期1
1	上海交大好	日期2

```
1    df_new = df[df['标题'].str.contains('上海交大')]
```

此时 df_new 的内容如右所示，成功筛选出了指定列含有特定关键词的行内容。

df_new		
	标题	日期
1	上海交大好	日期2

用 pandas 库可以快速在数据库中读写数据，而且代码非常简洁。pandas 库和 PyMySQL 库都是 Python 操控 MySQL 的好工具，读者可以根据自己的喜好来选择。

本章讲解的知识都是商业实战中的常用操作，建议读者多加练习。

课后习题

1. 从新浪财经爬取"阿里巴巴"的相关数据，并导出为 Excel 工作簿"阿里巴巴.xlsx"。

2. 参考 6.2 节，批量爬取"格力电器""中兴通讯""五粮液"的资产负债表和利润表信息。

3. 参考 6.3 节，批量爬取"格力电器""中兴通讯""五粮液"等公司的 5 页百度新闻数据，并导出为 Excel 工作簿"多家多页新闻.xlsx"。

4. 参考 6.4 节，批量爬取"格力电器""中兴通讯""五粮液"第一大控股股东。

5. 参考 6.7 节，批量爬取东方财富网券商研报分析前 50 页的个股研报信息，并写入数据库。

第 7 章

Python 多线程和多进程爬虫

之前讲解的爬取方式都是爬完一个网页接着再爬下一个网页，如果爬取量非常大，则需等待较长时间。那么有没有办法同时爬取多个网页以提高效率呢？答案是肯定的。本章就来讲解如何通过多线程和多进程同时爬取多个网页，以加快爬取速度。

7.1 理解线程与进程

在进行多线程和多进程爬虫编程实战之前，首先来学习线程和进程的概念，以及多线程和多进程提高爬虫效率的原理，建议读者结合 7.2 节和 7.3 节的编程实战来理解。已经掌握这部分内容或对原理不感兴趣的读者可以直接阅读编程实战。

7.1.1 计算机硬件结构基础知识

学习计算机的硬件结构基础知识有助于我们更好地理解线程和进程的相关概念。

1．计算机主要部件的功能

下图所示为一个实体计算机的主机结构中的主要部件。

主板：连接所有其他部件的部件，为 CPU、内存、显卡、硬盘等提供平台，相当于人体的躯干，连接着各个器官。

CPU（**Central Processing Unit**）：中央处理单元，是计算机的运算控制核心。人靠大脑思考，计算机靠 CPU 来运算和控制，协调各个部件顺利工作。

内存：负责硬盘等部件与 CPU 之间的数据交换。此外，还可以缓存系统中的临时数据。内存中的数据会因断电而消失，内存的大小会影响计算机的运行速度。

硬盘：存储资料和软件等数据的部件，有容量大、断电后数据不会丢失的特点。有时也把硬盘称为磁盘，我们常说的 C 盘、D 盘、E 盘是指硬盘上的逻辑分区。

显卡：负责在显示器上显示一切信息。显卡性能越好，计算机的图形处理能力就越强。

2．CPU、内存、硬盘三者之间的关系

下面通过例子来理解 CPU、内存、硬盘三者之间的关系。

先举一个计算机上的例子。在计算机上打开 QQ 时，其实是通过鼠标（输入设备）向 CPU 发送了一条命令。CPU 接收到这条命令后，就将 QQ 程序从硬盘加载到内存中，加载完毕后，CPU 开始执行 QQ 程序。程序启动后，CPU 可以让 QQ 程序显示在显示器上，也就是我们看到的 QQ 软件界面。如果此时用 QQ 截取了一张图片，那么这张图片会首先保存在内存中，在没有退出截屏状态时，可以在这张图片上写字、画线条，当另存这张图片时，这张图片就会被保存到硬盘里。

再举一个生活中的例子。如下图所示，如果把 CPU 比喻成加工车间，把硬盘比喻成一个大仓库，那么内存就是一个临时的小仓库。从"距离"上来说，CPU 离硬盘远，离内存近。

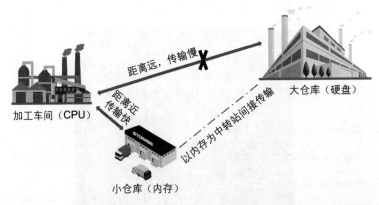

大仓库（**硬盘**）：用来保存原料和生产出来的产品。因为空间很大，存储的东西很多，如果加工车间（CPU）直接从大仓库（硬盘）取出原料或者直接将产品存入大仓库（硬盘），速度太慢，效率低下。

小仓库（内存）：将原料和产品先存放在小仓库（内存），加工车间（CPU）便可以快速存取原料或产品。

加工车间（CPU）：从小仓库（内存）里取出原料用于生产，中间生产的半成品会存放在小仓库（内存）里，最终的产成品也会通过小仓库（内存）存储到大仓库（硬盘）中。

在计算机的实际运行过程中，内存存取数据的速度比硬盘的存取速度快了近 10 倍，CPU 的存取速度则比内存的存取速度还要快很多倍。把程序从硬盘传输到内存后，CPU 就指挥内存运行程序，这样比直接在硬盘上运行程序快得多。内存解决了一部分 CPU 运行过快（而且 CPU 容量很小，不能把所有数据都放在 CPU 里）、硬盘数据存取太慢的问题，提高了计算机的运行速度。但内存是带电存储的，一旦断电数据就会消失，而且容量有限，因此，如果要长时间存储数据，还是需要使用硬盘。

通常 CPU 性能越强，内存越大，计算机运行程序就越流畅。7.3.1 节会讲解如何通过 Python 快速查看计算机有几个 CPU（或者说查看是几核 CPU）。

7.1.2　线程与进程

初步理解了 CPU、内存、硬盘三者之间的关系后，接下来学习什么是线程和进程。简单来说，CPU 是进程的父级单位，一个 CPU 可以控制多个进程；进程是线程的父级单位，一个进程可以控制多个线程。那么到底什么是进程，什么是线程呢？

1. 线程与进程的基本概念

对于操作系统来说，一个任务就是一个进程（process），例如：打开一个浏览器就启动了一个浏览器进程；打开一个 QQ 就启动了一个 QQ 进程；打开一个 Word 就启动了一个 Word 进程，打开两个 Word 就启动了两个 Word 进程。

在一个进程内部往往会同时做几件事，例如，在浏览器中可以同时浏览网页、听音乐、看视频、下载文件等。在一个进程内部同时执行的多个"子任务"便称为线程（thread），线程是程序工作的最小单元。

单个 CPU 在某一个时点只能执行一个任务（进程），然而我们在实际操作计算机时可以同时执行多个任务（进程），如一边用浏览器听歌，一边用 QQ 和好友聊天，这又是如何实现的呢？

答案是操作系统会通过调度算法，轮流让各个任务（进程）交替执行。以时间片轮转调度算法为例：假设有 5 个正在运行的程序（即 5 个进程）——QQ、微信、谷歌浏览器、网易云音乐、腾讯会议，操作系统会让 CPU 轮流调度运行这些进程，一个进程每次运行 0.1 ms，因为 CPU 的执行速度非常快，所以看起来就像多个进程在同时运行。同理，对于多个线程，例如,在谷歌浏览器（进程）中同时访问网页（线程 1）、听在线音乐（线程 2）和下载文件（线程 3），也是通过类似的时间片轮转调度算法使得各个子任务（线程）近似于同时执行。

虽然单个 CPU 可以通过调度算法"近似同时"执行多个任务，但是如果想真正地并行执行多个任务（同时执行多个任务），还是得在多核 CPU 上实现。现实中由于任务数量远大于 CPU 的数量，就算 CPU 是多核的，操作系统也会自动把很多任务轮流调度到每个核心上执行。

现在计算机中的 CPU 基本都能处理多线程，而且多核 CPU 已经普及。如下图所示就是一个四核 CPU，每个进程可以处理多个线程。

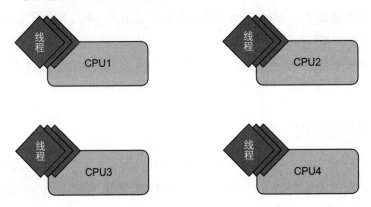

2. 线程与进程在爬虫中的应用

通过 Python 执行一个爬虫任务，如"启动爬虫→等待响应→接收源代码"这一系列操作就可以看成是一个线程。如果有多个爬虫任务，在一个线程里只能依次执行，如下图所示。

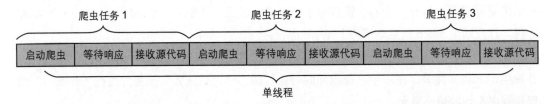

可以看到这样效率是很低的，因为在等待响应的过程中 CPU 处于闲置状态。合理的安排应该是启动另一个爬虫任务，而不是让程序在那里呆呆地等待。对于这种效率低下的情况，通常有两种解决方案：

方案 1：在一个进程中启动多个线程，通过多个线程执行多个爬虫任务。

方案 2：启动多个进程，通过多个进程执行多个爬虫任务。

下面就来重点讲解多线程和多进程的相关定义和注意事项。

7.1.3　单线程、多线程与多进程

初步理解了线程和进程的基本含义后，可以通过下图快速理解常规 CPU 操作和 IO 操作下的单线程（串行）、多线程（并发）与多进程（并行）。总结来说：对于常规 CPU 操作和 IO 操作，多线程和多进程都能提高代码运行效率。

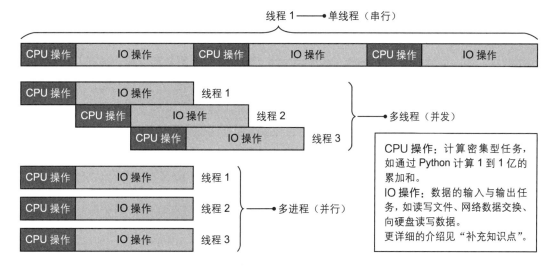

1．单线程

单线程又称为串行操作。如上图所示，对于常规单线程操作而言，必须等待上一个程序执行完毕后才能执行下一个程序。在 Python 中，程序默认都是以单线程的方式执行。

2．多线程

多线程又称为并发操作，指在一个时间段里执行多个任务，通常针对单核 CPU 而言。虽说单核 CPU 在一个时间点上只能执行一个任务，但是如果执行任务的过程中有不需要用到 CPU 的环节，如上图中的 IO 操作是用不到 CPU 的，那么就可以在线程 1 不再使用 CPU 时执行线程 2，从而提高工作效率。

3．多进程

多进程又称为并行操作，指在同一时刻可以执行多个任务，通常针对多核 CPU 而言。因为一个 CPU 同一时刻只能执行一个任务，所以真正的多进程往往对应多核 CPU。通过多进程可以同时执行多个任务，从而提高工作效率。

补充知识点：CPU 操作与 IO 操作

计算机任务可以分为 CPU 计算密集型操作和 IO（Input/Output）密集型操作。

CPU 计算密集型操作（简称 CPU 操作）是指需要进行大量计算和逻辑判断的任务，如计算从 1 到 1 亿的累加和、机器学习、视频解码、图片处理等。这种任务主要依靠 CPU 的运算能力来完成。

IO 密集型操作（简称 IO 操作）主要是指数据的输入与输出任务，如读写文件、网络数据交换、向硬盘读写数据等。这种任务除了涉及与硬盘的数据交换，还涉及与网络的数据交换。例如，在爬取网页时，首先需要发送数据（output），告诉网站服务器想要某网页的源代码，随后服务器把网页源代码发回来，这就是从网络接收数据（input）。在 IO 操作中，CPU 参与较少，使用多进程和多线程都能提高效率。

如果是纯 CPU 操作（如数字加减乘除、机器学习中的模型训练），因为一个 CPU 同一时间只能执行一个 CPU 操作，那么对于下图中的线程 1、2、3 而言，多线程是失效的，而多进程仍然有效，这一点将在 7.3.1 节用代码进行演示。

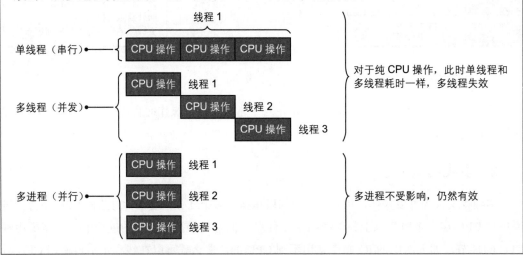

7.1.4 爬虫任务中的多线程与多进程

爬虫任务涉及的 CPU 操作和 IO 操作如下表所示。

操作类型	具体内容	工作耗时
CPU操作	启动爬虫、解析网页源代码等	时间很短
IO操作	请求网址、等待响应、接收网页源代码等	时间长，尤其是等待响应的过程

　　从上表可以看出，爬虫涉及的操作大部分是 IO 操作，其主要耗时用在等待网络响应以及网络数据交换。因此，在爬虫任务中使用多线程和多进程都能提高效率，如下图所示。

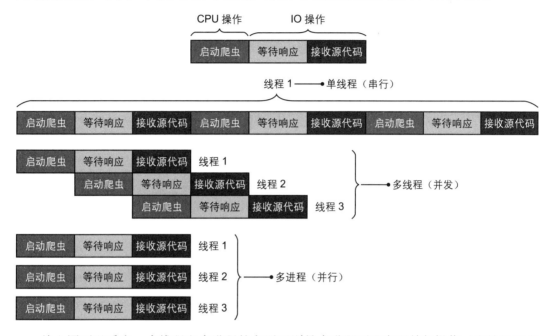

　　从上图可以看出，多线程和多进程的主要区别是多进程可以实现并行操作（也就是所有任务同时执行），而多线程只能实现并发操作（IO 操作可以同时执行，但是 CPU 操作不能同时执行），因此，看上去是多进程比多线程效率更高。不过计算机中的实际执行过程要复杂一些，由于受进程激活及分配等各种因素的影响，多进程的效果不一定比多线程好。不过如果是纯 CPU 操作，多线程会失效，那么多进程就一定会比多线程效果好。

　　需要说明的是，这里为了方便演示，省略了用正则表达式解析网页源代码等 CPU 操作过程。不过相比 IO 操作，爬虫任务中的 CPU 操作耗时都很短，因此，是否省略 CPU 操作都不影响上图要表达的核心意思。而且，因为 CPU 操作耗时短，多线程爬虫其实不太会受到 CPU 操作的影响，所以多线程爬虫和多进程爬虫的速度差别不会很大，在之后的编程实战中大家会对这一点有更深刻的体会。

　　下面再举一个现实生活中的例子来帮助大家加深理解：在饭店吃饭，有服务员上菜，吃饭的过程属于 CPU 操作，等待上菜的过程（类似于等待网络响应）则属于非 CPU 操作。

　　单线程意味着必须吃完一份菜才等待上菜，假设吃完一份菜耗时 20 分钟，而等待一份菜耗时 10 分钟，那么吃完 3 份菜共耗时 90 分钟。

　　多线程意味着可以边吃边等待下一份菜，虽然并不能同时吃两份菜，但是因为可以在吃菜的过程中等菜，所以吃完 3 份菜共耗时 60 分钟，比单线程还是节省了不少时间。

多进程则是多人同时吃多份菜。假设一次性把 3 份菜上齐，那么 3 个人吃完 3 份菜耗时 20 分钟。当然，计算机中的实际执行过程要复杂一些。

补充知识点：多线程和多进程中的一些常见问题

问题 1：什么情况下用多线程？

回答 1：常规情况下用一个线程，让它慢慢地执行。如果有很多任务需要同时执行，或者任务中大部分是 IO 操作，那么可以使用多线程。

很多人都说因为 Python 有 GIL 锁限制（GIL 规定每个时刻单个 CPU 只能执行一个线程，在 7.2.2 节的"补充知识点"会讲解），多线程在 Python 中无效，这个观点是错误的。IO 操作（如网络数据交换、文件读写）并不依赖 CPU，是可以通过使用多线程来大大提高程序的运行效率的。

问题 2：一般可以使用多少个线程？使用多线程有什么注意事项？

回答 2：一般建议线程数量以 5～10 个或不超过 2×CPU 数为佳。虽然 IO 操作不消耗 CPU 资源，但会消耗计算机的其他资源，线程太多会很快耗完系统资源，并不会提高效率。

使用多个线程时，不同线程间尽量不要修改全局变量，或者说尽量不要共用数据，否则可能会出现数据冲突。如果的确需要共用数据，可用 global 语句进行声明（在 7.2.2 节的"补充知识点"会讲解）。此外，函数中的局部变量不算共用数据，关于全局变量和局部变量的知识参见 1.4 节。

问题 3：什么情况下用多进程？

回答 3：通常能使用多线程的操作都可以使用多进程来完成。但如果任务中大部分是 CPU 操作，如每个任务都是计算 1 到 1 亿的累加和，那么多线程会失效，此时只能使用多进程。

问题 4：一般可以使用多少个进程？使用多进程有什么注意事项？

回答 4：一般建议进程数量不超过 CPU 数量（7.3.1 节将讲解如何查看本机的 CPU 数量）。因为一个 CPU 同一时间只能执行一个进程，所以如果设置了超过 CPU 数量的进程，CPU 也只会通过调度算法轮流执行这些进程。此外，因为多进程是在不同的 CPU 中操作，所以通常不用担心数据冲突的问题，但与多线程一样，还是尽量不要在不同进程中共用全局变量。

▶ 7.2　Python 多线程爬虫编程实战

学习完线程和进程的理论知识，下面来学习如何编写多线程的 Python 代码，并应用于完成爬虫任务，提高爬虫效率。

7.2.1　Python 多线程编程基础知识

先来讲解 Python 多线程编程的基础知识，为之后学习进阶知识做准备。

1．Python 多线程编程初步体验

首先定义两个函数 test1() 和 test2()，分别用 time.sleep() 强制休息 3 秒和 2 秒。代码如下：

```
1   import time
2
3   def test1():
4       print('任务1进行中，任务1持续3秒')
5       time.sleep(3)  # 此处用time.sleep()强制休息3秒
6       print('任务1结束')
7
8   def test2():
9       print('任务2进行中，任务2持续2秒')
10      time.sleep(2)  # 此处用time.sleep()强制休息2秒
11      print('任务2结束')
```

然后用常规方法调用函数，并计算代码运行的总耗时，代码如下：

```
1   start_time = time.time()  # 记录开始时间
2   test1()  # 用常规方法调用test1()函数
3   test2()  # 用常规方法调用test2()函数
4   end_time = time.time()  # 记录结束时间
5   total_time = end_time - start_time  # 计算代码运行的总耗时
6   print('所有任务结束，总耗时为：' + str(total_time))  # 若只想保留两位
    小数，可写成str(round(total_time, 2))
```

运行结果如下：

```
1    任务1进行中，任务1持续3秒
2    任务1结束
3    任务2进行中，任务2持续2秒
4    任务2结束
5    所有任务结束，总耗时为：5.001791954040527
```

上述代码就是一个传统的单线程操作：test1() 函数和 test2() 函数是依次执行的，test1() 函数执行完才执行 test2() 函数。但其实在 test1() 函数用 time.sleep(3) 进入休息状态时，完全可以去执行 test2() 函数中的任务，从而提高效率。

下面以多线程的方式调用函数，代码如下：

```python
1    import threading  # 导入多线程库
2    start_time = time.time()  # 记录开始时间
3    t1 = threading.Thread(target=test1)  # 创建线程t1
4    t2 = threading.Thread(target=test2)  # 创建线程t2
5    t1.start()  # 线程t1启动
6    t2.start()  # 线程t2启动
7    t1.join()  # 等待线程t1结束后再执行主线程
8    t2.join()  # 等待线程t2结束后再执行主线程
9    end_time = time.time()  # 记录结束时间
10   total_time = end_time - start_time  # 计算代码运行的总耗时
11   print('所有任务结束，总耗时为：' + str(total_time))
```

第 1 行代码导入 Python 内置的多线程库 threading。

第 3 行和第 4 行代码以 threading.Thread(target=函数名) 的方式创建两个线程。

第 5 行和第 6 行代码用 start() 函数分别启动两个线程。

第 7 行和第 8 行代码用 join() 函数实现执行完子线程后再执行主线程，详细的解释见后面的"补充知识点 1"。

运行结果如下：

```
1    任务1进行中，任务1持续3秒
2    任务2进行中，任务2持续2秒
```

3	任务2结束
4	任务1结束
5	所有任务结束，总耗时为：**3.0044543743133545**

可以看到此时 test1() 函数和 test2() 函数不再是依次执行。test1() 函数启动后，先打印输出"任务 1 进行中，任务 1 持续 3 秒"，再开始休息 3 秒，此时 CPU 闲置，或者说进入了 7.1.3 节介绍的 IO 操作时间，test2() 函数便启动了。随后 test2() 函数依次执行自己的功能代码，在打印输出"任务 2 结束"后结束，接着 test1() 函数在休息完 3 秒后打印输出"任务 1 结束"并结束。整个过程耗时约 3 秒，比单线程的耗时（约 5 秒）短了不少。

📎 **补充知识点 1：join() 函数的作用**

前面以多线程方式调用函数的代码中使用了 join() 函数（第 7 行和第 8 行）。在多线程任务中，join() 函数的作用是让主线程必须等到子线程结束才能继续运行。这样说可能比较抽象，下面用代码来帮助理解。把第 7 行和第 8 行代码删除，修改后的代码如下：

```
1   import threading
2   start_time = time.time()
3   t1 = threading.Thread(target=test1)
4   t2 = threading.Thread(target=test2)
5   t1.start()   # 线程t1启动
6   t2.start()   # 线程t2启动
7   end_time = time.time()
8   total_time = end_time - start_time
9   print('所有任务结束，总耗时为：' + str(total_time))
```

然后运行代码，结果如下：

1	任务1进行中，任务1持续3秒
2	任务2进行中，任务2持续2秒
3	所有任务结束，总耗时为：**0.00093841552734375**
4	任务2结束
5	任务1结束

可以看到，程序没有等待 test1() 函数和 test2() 函数（即线程 t1 和 t2）结束，便打印输出了总耗时。这是因为程序开始运行时会默认启动一个主线程，可以将它视为线程 t0。相对于主线程而言，其他定义的线程称为子线程，如下图所示。

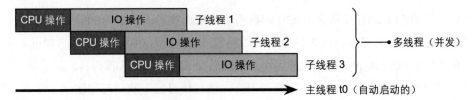

主线程默认不会等待子线程执行完毕，因此，当第 5 行和第 6 行代码用 start() 函数启动子线程后，主线程会直接执行后续代码，从而过早地打印输出了总耗时。

而解决这一问题的办法非常简单，就是用 start() 函数启动完所有子线程后，用 join() 函数让主线程等待子线程结束之后再继续执行主线程中剩下的代码。在这个案例中，先是线程 t2 执行完毕（2 秒），然后还要等线程 t1 执行完毕（3 秒），又因为它们几乎是同时开始执行的，所以 3 秒后才会执行主线程中剩下的代码。

有时候需求会反过来：不仅希望主线程不要等待子线程，还要求主线程一结束子线程就立即结束。此时可以使用 setDaemon() 守护线程函数来实现，不过这个函数在多线程爬虫中几乎毫无作用，简单了解即可。

最后需要注意的是，必须先用 start() 函数启动所有子线程，再使用 join() 函数，而不能像下面这样启动一个子线程后就使用 join() 函数：

```
1    t1.start()
2    t1.join()
3    t2.start()
4    t2.join()
```

上述写法把多线程又变成了单线程。因为第 2 行代码会导致主线程停下来等待线程 t1 全部执行完，才继续执行第 3 行和第 4 行代码（它们虽然是用于启动线程 t2 的，但仍属于主线程的代码，因而也会受到 join() 函数的影响）。

2. Python 多线程爬虫编程初步体验

下面通过一个爬虫案例来体会多线程的作用。先定义两个爬虫函数 test1() 和 test2()，代码如下：

```
1   import time
2   import requests
3   import threading
4   headers = {'User-Agent': 'Mozilla/5.0 (Windows NT 10.0; Win64;
    x64) AppleWebKit/537.36 (KHTML, like Gecko) Chrome/83.0.4103.106
    Safari/537.36'}
5
6   def test1():
7       url = 'https://www.baidu.com/s?tn=news&rtt=4&word=阿里巴巴'
8       res = requests.get(url, headers=headers).text
9       print(len(res))
10
11  def test2():
12      url = 'https://www.baidu.com/s?tn=news&rtt=4&word=贵州茅台'
13      res = requests.get(url, headers=headers).text
14      print(len(res))
```

因为这里主要讲解的是多线程爬虫编程，所以对代码做了简化，只打印输出获取到的网页源代码的长度。感兴趣的读者可以在此基础上添加其他代码，如解析和提取数据的代码等。

先用常规方法运行这两个函数，并计算总耗时，代码如下：

```
1   start_time = time.time()
2   test1()
3   test2()
4   end_time = time.time()
5   total_time = end_time - start_time
6   print('所有任务结束，总耗时为：' + str(total_time))
```

运行结果如下，总耗时约为 2 秒，平均爬取一个网页耗时约 1 秒。

```
1   214065
2   156567
3   所有任务结束，总耗时为：2.0819427967071533
```

然后启用多线程，代码如下：

```
1   start_time = time.time()
2   t1 = threading.Thread(target=test1)
3   t2 = threading.Thread(target=test2)
4   t1.start()
5   t2.start()
6   t1.join()
7   t2.join()
8   end_time = time.time()
9   total_time = end_time - start_time
10  print('所有任务结束，总耗时为：' + str(total_time))
```

运行结果如下，可以看到总耗时约为 0.97 秒，爬取效率提升了 1 倍多。

```
1   214067
2   156555
3   所有任务结束，总耗时为：0.9735295295715332
```

注意：爬虫程序的运行耗时与计算机配置和网络环境有关，读者在自己的计算机上得到的运行结果不一定和书上的一致。

3. 为多线程传入参数

前面用于演示的函数都没有参数，如果有参数，可以通过参数 args 传入，语法格式如下：

threading.Thread(target=test1, args=(参数1, 参数2, 参数3……))

演示代码如下：

```
1   import threading
2   import time
3
4   def test1(x):
5       print('任务1进行中，此时参数为' + str(x))
6       time.sleep(3)  # 强制休息3秒
7       print('任务1结束')
```

```
8
9    def test2(x):
10       print('任务2进行中，此时参数为' + str(x))
11       time.sleep(2)   # 强制休息2秒
12       print('任务2结束')
13
14   start_time = time.time()
15   t1 = threading.Thread(target=test1, args=('x1', ))
16   t2 = threading.Thread(target=test2, args=('x2', ))
17   t1.start()
18   t2.start()
19   t1.join()
20   t2.join()
21   end_time = time.time()
22   total_time = end_time - start_time
23   print('所有任务结束，总耗时为：' + str(total_time))
```

运行结果如下，可以看到成功地为函数传入了参数。

```
1    任务进行中，此时参数为x1
2    任务进行中，此时参数为x2
3    任务2结束
4    任务1结束
5    所有任务结束，总耗时为：3.0010738372802734
```

需要注意的是，args 的值应为一个元组。如果只传入一个参数，那么一定要在该参数后加一个逗号，如 args=(参数 1,)，否则就不是一个元组。如果是传入多个参数，就不用考虑该问题，如写成 args=(参数 1, 参数 2) 即可。

下面演示一个爬虫的例子。先定义一个爬虫函数 test()，函数的功能为爬取百度新闻中不同公司的新闻，函数的参数 company 代表公司名称，代码如下：

```
1    import time
2    import requests
3    import threading
```

```
4    headers = {'User-Agent': 'Mozilla/5.0 (Windows NT 10.0; Win64;
     x64) AppleWebKit/537.36 (KHTML, like Gecko) Chrome/83.0.4103.106
     Safari/537.36'}
5
6    def test(company):
7        url = 'https://www.baidu.com/s?tn=news&rtt=4&word=' + company
8        res = requests.get(url, headers=headers).text
9        print(len(res))
```

然后通过多线程爬取多家公司的百度新闻，代码如下：

```
1    companies = ['阿里巴巴', '华能信托', '京东', '腾讯', '京东']
2    start_time = time.time()
3
4    thread_list = []  # 创建一个空列表，用来存储每一个线程
5    for i in range(len(companies)):
6        t = threading.Thread(target=test, args=(companies[i],))
7        thread_list.append(t)
8
9    for i in thread_list:
10       i.start()
11
12   for i in thread_list:
13       i.join()
14
15   end_time = time.time()
16   total_time = end_time - start_time
17   print('所有任务结束，总耗时为：' + str(total_time))
```

第 1 行代码定义要爬取的公司名称列表。

第 4～7 行为核心代码。这里的写法和之前有所不同，因为并不清楚有多少家公司需要爬取，所以用第 4 行代码创建了一个空列表 thread_list，用于存储每一个线程。然后用第 5～7 行代码遍历公司名称列表，为每一家公司创建独立的线程，并通过 args=(companies[i],) 传入公司名称，最后用 append() 函数将每个线程添加到线程列表 thread_list 中。

第 9～10 行代码用于启动各个线程。

第 12～13 行代码对每个线程应用 join() 函数。

需要注意的是，根据前面"补充知识点 1"的讲解，不能把第 9～13 行代码合并写成如下形式：

```
1  for i in thread_list:
2      i.start()
3      i.join()
```

运行结果如下：

```
1  269206
2  214220
3  269210
4  213654
5  151082
6  所有任务结束，总耗时为：0.9554851055145264
```

可以看到，通过 5 个线程爬取 5 家公司所花的时间和之前爬取一家公司所花的时间差不多，因此可以说这 5 个爬虫任务几乎是同时启动和同时完成的，爬虫效率获得了极大的提升，这也是多线程爬虫的主要意义。

上述代码其实还可以继续改进。如果有 1000 家公司的网页需要爬取，尽管爬虫任务主要涉及 IO 操作，但是因为计算机的性能终归是有限的，所以也不太可能同时运行 1000 个爬虫线程。就算能同时启动 1000 个线程，每个线程执行完就不再使用，也会造成计算资源的浪费。此时合理的代码编写思路应该是创建固定数量的线程，如 5～10 个线程，然后把 1000 个网页分配给各个线程去爬取，哪个线程空闲了就去爬取没爬的网页，具体操作将在下一节讲解。

补充知识点 2：用参数 timeout 防止子线程卡死

有时子线程中的网络请求会等待很久都没有响应，此时可通过设置参数 timeout（参见 3.3.4 节的"补充知识点"）来防止主线程因子线程卡死而停滞不动，然后用 try/except 语句避免程序因超时报错而终止，代码如下：

```
1  def test(company):
```

```
2        url = 'https://www.baidu.com/s?tn=news&rtt=4&word=' + company
3        try:
4            res = requests.get(url, headers=headers, timeout=10).text
5            print(len(res))
6        except:
7            res = '访问超时'
```

7.2.2　Python 多线程编程进阶知识

在上一节的结尾讲到，我们希望创建固定数量的线程，如 5～10 个线程，然后把多个网址分配给各个线程去爬取。要实现这样的操作，肯定需要有一个容器存放这些网址，而且还要能无放回地取出这些网址，也就是取出一个网址后容器里就少一个网址，这样不会重复爬取同一个网址。

那么如何构造这个容器呢？很多读者可能会第一时间想到使用列表，但是列表是线程不安全的（参见本节的"补充知识点"），因此这里引入一个新的工具——队列（Queue）。队列的用法和列表类似，而且是线程安全的，适合多线程任务。

1．队列的基础知识

使用队列的主要目的有两个：一是写入数据；二是读取数据。这两个目的分别对应队列的两个函数：put() 和 get()。下面用一个简单的例子进行演示，代码如下：

```
1    import queue
2    q = queue.Queue()  # 创建一个空队列
3    # 用put()函数写入数据
4    q.put(0)
5    q.put(1)
6    q.put(2)
7    print(q.queue)  # 打印输出队列中的所有数据
```

第 1 行代码导入 Python 内置的队列库 queue。

第 2 行代码用 Queue() 函数创建一个空队列。

第 4～6 行代码用 put() 函数依次向队列写入数据，注意，先写入的数据会先被提取。

第 7 行代码打印输出队列中的所有数据。

运行结果如下，可以看到 3 个数字被成功依次写入：

```
1    deque([0, 1, 2])
```

将数据存储进队列后，可以用 get() 函数提取队列中的数据，代码如下：

```
1    keyword = q.get()  # 用get()函数提取队列中的数据（先进先出）
2    print(keyword)  # 打印输出提取的数据
3    print(q.queue)  # 打印输出队列中的所有数据，此时有一个数据已被提取走了
```

第 1 行代码用 get() 函数提取队列中的一个数据并赋给变量 keyword。在队列中提取数据默认按"先进先出"的规则进行，也就是先存入的数据（本例中为数字 0）会被先提取出来。

第 2 行代码打印输出 keyword，第 3 行代码打印输出此时的队列。

运行结果如下：

```
1    0
2    deque([1, 2])
```

可以看到成功实现了无放回取出。如果此时再执行一遍 q.get()，按照"先进先出"的规则，数字 1 会被取出。如果需要实现"后进先出"，可使用另一种类型的队列——LifoQueue，这种队列在实战中用得很少，感兴趣的读者可以自行查阅其他资料。

除了 put() 函数和 get() 函数，关于队列还需要掌握 empty() 函数，该函数用于判断队列是否为空，如果为空则返回 True，反之则返回 False。举例来说，在上述代码之后继续运行如下代码：

```
1    print(q.empty())  # 查看此时队列是否为空
2    # 把队列中剩下的数据取光，再查看队列是否为空
3    q.get()
4    q.get()
5    print(q.empty())
```

第 1 行代码用于查看此时的队列是否为空，因为此时队列里还有内容 deque([1, 2])，所以会打印输出 False；第 3 行和第 4 行代码把剩下的两个数也取出来（这里为了快速演示，没有把取出的数赋给某个变量）；第 5 行代码用于查看此时的队列是否为空，因为数都被取光了，

所以应该打印输出 True。代码运行结果如下：

```
1  False
2  True
```

2. 队列的初步实战应用

了解了队列的基础知识后，下面对队列进行初步实战应用，代码如下：

```
1  companies = ['阿里巴巴', '贵州茅台', '格力电器', '中兴通讯']
2  url_queue = queue.Queue()  # 创建一个空队列
3  for company in companies:
4      url_i = 'https://www.baidu.com/s?rtt=4&tn=news&word=' + company
5      url_queue.put(url_i)  # 将网址写入队列
6  while not url_queue.empty():  # 当队列里还有内容时，就执行下面的代码
7      url = url_queue.get()
8      print(url)
```

第 1 行代码给出要爬取的公司名称列表。

第 2 行代码创建一个空队列 url_queue，用来存储后面构造的网址。

第 3～5 行代码通过 for 循环语句遍历公司名称列表，以字符串拼接的方式构造各家公司的百度新闻网址，再用 put() 函数把构造的网址写入队列 url_queue 中。

第 6 行代码是核心代码，其含义是当队列里还有内容时，就一直执行下面的代码。此时 url_queue.empty() 的值为 False，那么 while not False 就是 while True，因此会一直执行下面的代码，直到队列里的所有内容都被取光为止。

第 7 行代码用 get() 函数无放回地取出 url_queue 中的各个网址。

第 8 行代码打印输出提取的网址。

运行结果如下：

```
1  https://www.baidu.com/s?rtt=4&tn=news&word=阿里巴巴
2  https://www.baidu.com/s?rtt=4&tn=news&word=贵州茅台
3  https://www.baidu.com/s?rtt=4&tn=news&word=格力电器
4  https://www.baidu.com/s?rtt=4&tn=news&word=中兴通讯
```

有了网址，就可以结合多线程来批量爬取网页了，具体内容将在下一节讲解。

补充知识点：Python 中的线程安全问题与 GIL 锁

这里简单介绍一下 Python 中的线程安全问题与 GIL 锁的相关知识。本书的代码在编写时都考虑了线程安全问题，所以读者可以只做简单了解，如果不感兴趣也可以直接跳过。

用 append() 函数可以在列表中添加内容，用 pop() 函数可以取出列表中的内容，其执行效果和队列的 put() 函数和 get() 函数差不多，主要区别是在列表中提取数据是"后进先出"，而在队列中提取数据是"先进先出"。演示代码如下：

```
1   a = []
2   a.append(0)
3   a.append(1)
4   a.append(2)
5   print(a)  # 打印输出结果为[0, 1, 2]
6
7   keyword = a.pop()  # 用pop()函数提取列表中的内容
8   print(keyword)  # 打印输出结果为2，pop()函数提取的是最后一个元素
9   print(a)  # 此时列表为[0, 1]，看上去和使用队列的效果差不多
```

那么为什么还需要使用队列呢？这是因为列表是线程不安全的，而队列是线程安全的。线程是否安全，针对的不是对象，而是操作。像 a.append(i) 这样的操作其实是线程安全的。而像 a[0] = a[0] + 1 这样的操作不是原子性操作（就是说这个操作其实是由多个操作合成的），如果不加以保护，就会导致线程不安全。这里举一个列表导致线程不安全的例子，代码如下：

```
1   import threading
2   import time
3
4   a = [10]  # 初始列表，里面只有1个元素10
5   def change():
6       global a  # 因为函数的功能代码要修改全局变量，所以用global语句
                  声明a为全局变量
7       for i in range(1000000):  # 下面的操作执行1000000次
```

```
8        a[0] = a[0] + 1   # 第1个元素的值增加1
9        a[0] = a[0] - 1   # 第1个元素的值减少1
10
11   t1 = threading.Thread(target=change)
12   t2 = threading.Thread(target=change)
13   t1.start()
14   t2.start()
15   t1.join()
16   t2.join()
17   print(a)
```

函数的功能代码是将列表 a 的第 1 个元素的值先增加 1 再减少 1，那么最后输出的 a 应该还是原来的 [10]，但是实际上运行结果每次都不一样，这是因为 a[0] = a[0] + 1 这样的操作不是原子性操作，该操作可以分解成如下步骤：

```
1    x = a[0] + 1
2    a[0] = x
```

在实际执行过程中，很有可能在执行第 1 步后，GIL 锁就给了其他线程，第 2 步来不及执行，导致数据混乱，产生线程不安全的情况。

GIL 锁是 Python 多线程编程中的一个概念。对于单核 CPU 而言，某一时点只能执行一个线程的 CPU 操作，而且会给这个线程分配一个运行许可证，这个许可证就称为 GIL 锁。当线程 A 执行完一个 CPU 操作（如 x = a[0] + 1），还没来得及执行下一步操作（如 a[0] = x），CPU 的调度算法可能就会提前将 GIL 锁（运行许可证）交给另一个线程 B，从而导致数据通信混乱，线程不安全。

为了保证线程安全，最好的办法就是尽量不要在不同线程间共用数据。如果不得不修改全局变量，可以使用线程锁来保证线程安全，代码如下：

```
1    import threading
2    import time
3
4    a = [10]
```

```
5     lock = threading.Lock()  # 创建一把线程锁
6
7     def change():
8         global a
9         for i in range(1000000):
10            with lock:  # 为线程加锁
11                a[0] = a[0] + 1
12                a[0] = a[0] - 1
13
14    t1 = threading.Thread(target=change)
15    t2 = threading.Thread(target=change)
16    t1.start()
17    t2.start()
18    t1.join()
19    t2.join()
20    print(a)
```

第 5 行代码创建了一把线程锁，第 10 行代码为线程加锁，强行保证了操作的原子性（也就是保证 a[0] = a[0] + 1 在执行它的第 2 步时不会被打断）。

但是，强行阻止 CPU 进行线程调度会降低执行效率，甚至会导致多线程的执行时间比单线程还要久。感兴趣的读者可以用 7.2.1 节的方法通过 start_time 和 end_time 计算总耗时，会发现加锁后最终输出的 a 的确为 [10]，但是总耗时约为 2 秒。而如果用常规方法执行两次 change() 函数，总耗时也只有约 1 秒。因此，总体来说，在多线程任务中，还是尽量不要共用数据。

总结来说，在传统 Python 多线程任务中，之所以使用队列而不使用列表，就是因为担心 a[0] = a[0] + 1 这种非原子操作可能产生的线程不安全，人为加锁又有可能导致效率下降。而 Python 的 queue 库提供了线程同步机制（类似上面的加锁的过程），可以直接使用队列轻松实现多线程同步。

本补充知识点读者简单了解即可，只需记住在多线程任务中，优先推荐使用队列来存储和调用数据。

7.2.3　案例实战：多线程爬取百度新闻

本节以百度新闻为例进行多线程爬虫编程的实战演练。需要提前说明的是，本节的内容写作于 2020 年，然而百度新闻在 2021 年设置了 IP 反爬措施，如果爬取过于频繁，可能导致爬取失败，进而导致多线程爬取时获取不到内容，因此，本节的代码仅作为演示。读者在理解和掌握了本节代码的核心知识后，如果想要动手实践，可以将百度新闻换成还没有设置 IP 反爬措施的网站（如新浪财经新闻）进行尝试。

首先导入相关库，代码如下：

```
1  import queue
2  import requests
3  import threading
4  import re
5  import time
6  headers = {'User-Agent': 'Mozilla/5.0 (Windows NT 10.0; Win64;
   x64) AppleWebKit/537.36 (KHTML, like Gecko) Chrome/85.0.4183.83
   Safari/537.36'}
```

然后将目标公司的百度新闻网址添加到队列 url_queue 中，代码如下：

```
1  companies = ['阿里巴巴', '贵州茅台', '格力电器', '中兴通讯', '五粮
   液', '腾讯', '京东']
2  url_queue = queue.Queue()  # 创建一个空队列
3  for company in companies:
4      url_i = 'https://www.baidu.com/s?rtt=4&tn=news&word=' + company
5      url_queue.put(url_i)  # 将网址添加到队列中
```

接着定义爬虫函数，代码如下：

```
1  def crawl():
2      while not url_queue.empty():  # 当队列里还有内容时一直执行
3          url = url_queue.get()  # 提取队列中的网址（先进先出）
4          res = requests.get(url, headers=headers, timeout=10).text
5          p_title = '<h3 class="news-title_1YtI1">.*?>(.*?)</a>'
6          title = re.findall(p_title, res, re.S)
```

```
7          for i in range(len(title)):
8              title[i] = re.sub('<.*?>', '', title[i])
9              print(str(i + 1) + '.' + title[i])
```

第 2 行和第 3 行是核心代码，它们会一直从队列中提取网址，直到取完队列里的网址为止；第 4～9 行代码用于获取网页源代码，并解析、清洗和输出数据。

最后激活 5 个线程，代码如下：

```
1   start_time = time.time()  # 起始时间
2
3   thread_list = []
4   for i in range(5):   # 激活5个线程
5       thread_list.append(threading.Thread(target=crawl))
6
7   for t in thread_list:
8       t.start()
9   for t in thread_list:
10      t.join()
11
12  end_time = time.time()   # 结束时间
13  total_time = end_time - start_time
14  print('所有任务结束，总耗时为：' + str(total_time))
```

第 3～5 行是核心代码，可以看到这里设置激活了 5 个线程，而不是有多少网址就激活多少线程。这 5 个线程会一起执行前面定义的爬虫函数 crawl()，各自提取队列 url_queue 中的网址，直到所有网址被提取完毕，即所有爬虫任务都完成为止。

最终运行结果如下：

```
1   1.中兴通讯的革新与蜕变
2   2.A股：周末，中兴通讯等四家公司发布消息
3   ···········
4   9.京东徐雷：京东是供应链技术公司，颠覆你的可能是你想象不到的玩家
5   10.京东健康今日在香港成功上市
6   所有任务结束，总耗时为：1.80404442787170
```

可以看到打印输出的第 1 条新闻标题并不是列表 companies 里的第 1 家公司"阿里巴巴"的相关新闻，这是因为 5 个线程同时启动，哪个线程先爬完并输出爬取结果是随机的。这里的总耗时约为 1.8 秒（读者的计算机配置和网络环境不同，会得到不同的结果）。感兴趣的读者可以把上面第 4 行代码中的 5 改成 1，看看单线程的总耗时。笔者得到的单线程总耗时约为 4 秒，由此可见，多线程的确可以提高爬虫效率。

补充知识点：多线程爬虫遇到反爬措施的解决办法

多线程爬虫有时会被网站视为访问频率过高，从而触发网站的反爬机制，导致获取不到真正的网页源代码。下图所示即为笔者用多线程爬取百度新闻次数过多，导致触发反爬机制，打印输出获取到的网页源代码（需先用 5.1.3 节讲解的方法处理中文乱码），可以看到其中有"网络不给力，请稍后重试"的文字，说明百度对笔者的爬虫程序采取了 IP 反爬措施。此时的解决办法有两种：一是等待一段时间（通常几分钟）后再运行代码；二是利用第 8 章讲解的方法在每次爬取时添加 IP 代理。

```python
def crawl():
    while not url_queue.empty():  # 当队列里还有内容时一直执行
        url = url_queue.get()  # 提取队列中的网址（先进先出）
        try:
            res = requests.get(url, headers=headers, timeout=10).text
            res = res.encode('ISO-8859-1').decode('utf-8')
            print(res)
        except:
            res = '访问超时'
```

```
<body>
    <div class="timeout hide">
        <div class="timeout-img"></div>
        <div class="timeout-title">网络不给力，请稍后重试</div>
        <button type="button" class="timeout-button">返回首页</button>
    </div>
    <div class="timeout-feedback hide">
        <div class="timeout-feedback-icon"></div>
        <p class="timeout-feedback-title">问题反馈</p>
    </div>
</body>
```

7.3 Python 多进程爬虫编程实战

熟悉了多线程编程后，再来学习多进程编程就相对容易多了。在 7.1 节中讲过，对于 IO 操作很多的任务，多线程和多进程都可以提高程序的运行效率；对于纯 CPU 操作型任务，多线程会失效，多进程还能发挥较大作用。本节就来讲解多进程编程的知识以及多进程编程在爬虫领域的应用。

7.3.1　Python 多进程编程基础知识

多进程通过导入 multiprocessing 库实现。首先可以通过如下代码查看 CPU 是几核的：

```
1  import multiprocessing
2  print(multiprocessing.cpu_count())
```

在笔者的计算机上运行上述代码，输出结果为 6，说明 CPU 是 6 核的。那么在这台计算机上启用的进程就尽量不要超过 6 个，因为一个 CPU 同一时间只能执行一个进程，对于多个进程也是使用时间片轮转算法进行轮流调度。

下面通过一个简单的案例来快速掌握多进程的基础用法，代码如下：

```
1   import multiprocessing   # 导入多进程库
2   import time
3
4   def test1():
5       result = 0
6       for i in range(20000000):
7           result += i   # 也可以写成result = result + i
8       print(resull)
9
10  def test2():
11      result = 0
12      for i in range(20000000):
13          result += i
14      print(result)
15
16  if __name__ == '__main__':   # 这行代码的作用详见本节的"补充知识点"
17      start_time = time.time()
18      t1 = multiprocessing.Process(target=test1)   # 创建进程1
19      t2 = multiprocessing.Process(target=test2)   # 创建进程2
20      t1.start()
21      t2.start()
22      t1.join()
23      t2.join()
```

```
24      end_time = time.time()
25      total_time = end_time - start_time
26      print('所有任务结束，总耗时为：' + str(total_time))
```

可以看到上述代码和 7.2.1 节的多线程代码非常相似，主要区别有：第 1 行代码把 import threading 换成了 import multiprocessing，用于导入多进程库；第 18 行和第 19 行代码把多线程中的 threading.Thread() 函数换成了 multiprocessing.Process() 函数，如果需要，同样可以通过参数 args 为多进程传入参数。

这里的 test1() 函数和 test2() 函数是笔者有意创建的 CPU 操作型任务，任务内容是计算 0 ～ 19999999 的和，运行结果如下：

```
1    199999990000000
2    199999990000000
3    所有任务结束，总耗时为：1.5859105587005615
```

为了进行对比，把多进程的代码换成单线程的代码，如下所示：

```
1    test1()
2    test2()
```

运行结果如下，可以看到对于 CPU 操作型任务，启用两个进程后，耗时缩短了约 35.2%。

```
1    199999990000000
2    199999990000000
3    所有任务结束，总耗时为：2.4460363388061523
```

也可以把多进程的代码换成多线程的代码，如下所示：

```
1    t1 = threading.Thread(target=test1)
2    t2 = threading.Thread(target=test2)
```

运行结果如下，可以看到对于 CPU 操作型任务，多线程和单线程的总耗时相近，说明多线程在 CPU 操作型任务中会失效。

```
1    199999990000000
```

```
2    199999990000000
3    所有任务结束，总耗时为：2.4347240924835205
```

> **补充知识点：“if __name__ == '__main__':” 在多进程编程中的作用**
>
> 　　首先来解释这行代码的含义。一个 Python 代码文件有两种使用方法：一种是直接执行；另一种是通过 import 语句导入到其他 Python 代码文件中执行，例如，import requests，其实调用的就是 Python 代码文件 "requests.py"。"if __name__ == '__main__':" 的作用就是控制在这两种情况下执行代码的过程。在这行代码下的代码只有在第一种情况下才会被执行，在第二种情况下则不会被执行。这是因为每个 Python 代码文件其实都有一个内置名字 __main__，而 __name__ 是每个 Python 代码文件的内置属性。感兴趣的读者可以在代码文件中输入 print(__name__) 后运行，会发现打印结果就是 __main__。
>
> 　　通常情况下是在 Python 代码文件里直接执行代码，不写 "if __name__ == '__main__':" 也可以，那么为什么在多进程的相关代码里一定要写这行代码呢？
>
> 　　这是因为使用多进程时，主模块（主进程）会被 import 到各子进程中，所以对创建子进程的代码段必须使用 "if __name__ == '__main__':" 进行保护，否则会产生 runtime error，或者导致递归创建子进程。在 Windows 环境下的 Jupyter Notebook 中，即使使用 "if __name__ == '__main__':" 进行保护，也会产生 runtime error（或者不报错，但是也不会执行进程里的函数内容），此时可以将 Jupyter Notebook 中的代码下载成 ".py" 文件并直接运行。
>
> 　　总结来说，运行多进程任务时一定要加上 "if __name__ == '__main__':" 这行代码，并且需要在 ".py" 文件中运行（PyCharm 或 Spyder 都可以），尽量不要在 Jupyter Notebook 中运行。

7.3.2　Python 多进程编程进阶知识

　　当需要的进程数量不多时，可以直接用 multiprocessing 库中的 Process 来创建进程。但如果任务数量多，手动创建进程的工作量大，而且进程创建太多也没有效果（最终会受限于 CPU 的数量和性能）。此时可以像 7.2.3 节那样创建固定数量的进程，以爬取 1000 个网页为例，应该是把这 1000 个网页分配给各个进程去爬取，哪个进程空闲了就去爬取没爬的网页。这种方式的多进程爬虫可以像前面那样用队列（Queue）来实现，不过在 multiprocessing 库中，还有一个更简便的工具——进程池（Pool）。

初始化进程池时，可以指定一个最大进程数。当有新的请求提交到进程池中时，如果池中的进程数还未达到指定的最大值，那么就会创建一个新的进程用来执行该请求；但如果池中的进程数已经达到指定的最大值，那么该请求就会进入等待状态，直到池中有进程结束，才会创建新的进程来执行该请求。

初始化进程池的代码如下：

```
pool = multiprocessing.Pool(processes=2)
```

参数 processes 用于设置进程池的最大进程数，这里设置为 2。这个参数不能设置得太大，一般小于等于 CPU 内核数。如果设置得太大，CPU 会通过时间片轮转算法轮流执行过多的进程。可以使用如下代码直接设置进程数为 CPU 内核数，计算机的 CPU 有多少个内核便可以同时执行多少个进程。

```
pool = multiprocessing.Pool(multiprocessing.cpu_count())
```

创建完进程池后，接下来将执行函数传递给进程，代码如下：

```
pool.map(test, num)  # 传入两个参数：函数名和函数的参数列表
```

map() 函数的第 1 个参数为函数名，第 2 个参数为要传入函数的参数列表，这样进程就有了对应的执行函数。

下面通过一个例子进行完整的演示，代码如下：

```
import multiprocessing
import time

def test(x):  # 这里为自定义函数设置了参数
    result = 0
    for i in range(x):
        result += i
    print('从0到' + str(x - 1) + '的累加和为：' + str(result))

if __name__ == '__main__':
    start_time = time.time()
    pool = multiprocessing.Pool(processes=6)
```

```
13    num = [10000000, 20000000, 30000000, 40000000, 50000000,
      60000000]
14    pool.map(test, num)  # 传入两个参数：函数名和函数的参数列表
15    end_time = time.time()
16    total_time = end_time - start_time
17    print('所有任务结束，总耗时为：' + str(total_time))
```

第 4～8 行代码创建了一个自定义函数 test()，该函数的参数为 x，函数的功能为求从 0 到 x − 1（Python 中序号从 0 开始）的累加和，这是一个 CPU 操作型任务。

第 12 行代码初始化进程池，设置进程池的最大进程数为 6。

第 13 行代码设置 test() 函数的参数列表，感兴趣的读者可以再添一些数字。

第 14 行代码用 map() 函数传入函数名和函数参数列表，开始执行多进程任务。

最终运行结果如下：

```
1    从0到9999999的累加和为：49999995000000
2    从0到19999999的累加和为：199999990000000
3    从0到29999999的累加和为：449999985000000
4    从0到39999999的累加和为：799999980000000
5    从0到49999999的累加和为：1249999975000000
6    从0到59999999的累加和为：1799999970000000
7    所有任务结束，总耗时为：4.616928339004517
```

为了进行对比，把第 12 行代码中的 6 改成 1，将多进程变为单进程，再次运行代码，得到的总耗时如下：

```
1    所有任务结束，总耗时为：13.645807266235352
```

可以看到多进程的确可以显著提高 CPU 操作型任务的执行效率。

7.3.3　案例实战：多进程爬取百度新闻

本节以百度新闻为例进行多进程爬虫的实战演练。同样需要提前说明一下，百度新闻在 2021 年启用了 IP 反爬措施，多进程爬虫可能会爬取不到内容，所以本节的代码仅作为演示。读者可用没有设置 IP 反爬措施的网站（如新浪财经新闻）进行实践。完整代码如下：

```
1    import multiprocessing
2    import time
3    import requests
4    import re
5    headers = {'User-Agent': 'Mozilla/5.0 (Windows NT 10.0; Win64;
     x64) AppleWebKit/537.36 (KHTML, like Gecko) Chrome/85.0.4183.83
     Safari/537.36'}
6
7    def baidu(company):   # 百度新闻爬虫相关知识参见3.1.6节
8        url = 'https://www.baidu.com/s?tn=news&rtt=4&word=' + company
9        res = requests.get(url, headers=headers).text
10       p_title = '<h3 class="news-title_1YtI1">.*?>(.*?)</a>'
11       title = re.findall(p_title, res, re.S)
12       for i in range(len(title)):
13           title[i] = re.sub('<.*?>', '', title[i])
14           print(str(i + 1) + '.' + title[i])
15
16   if __name__ == '__main__':
17       start_time = time.time()
18       pool = multiprocessing.Pool(processes=6)
19       companies = ['阿里巴巴', '贵州茅台', '格力电器', '中兴通讯', '五
         粮液', '腾讯', '京东']
20       pool.map(baidu, companies)   # 传入两个参数：函数名和函数的参数列表
21       end_time = time.time()
22       total_time = end_time - start_time
23       print('所有任务结束，总耗时为：' + str(total_time))
```

　　可以看到多进程爬虫的代码比之前的多线程爬虫代码简洁不少，其中核心代码为第 18 行创建的 6 个进程，然后在第 20 行代码用 map() 函数传入函数名和函数的参数列表，并启动进程开始爬取数据。最终运行结果如下：

```
1    1.五粮液打不过茅台，向"老乡"挥刀？
2    ...........
```

```
3      9.京东徐雷：京东是供应链技术公司，颠覆你的可能是你想象不到的玩家
4      10.京东健康今日在香港成功上市
5      所有任务结束，总耗时为：1.7023423194885254
```

可以看到打印输出的第 1 条新闻标题并不是列表 companies 里的第 1 家公司"阿里巴巴"的相关新闻，这也是因为 6 个进程同时启动，哪个进程先爬完并输出爬取结果是随机的。此外，这里的多进程爬虫的总耗时约为 1.7 秒（读者的计算机配置和网络环境不同，会得到不同的结果），7.2.3 节多线程爬虫的总耗时约为 1.8 秒，两者相差不大，原因在 7.1.4 节解释过：因为爬虫任务涉及的操作大多是 IO 操作，所以多线程爬虫和多进程爬虫的效果类似。

上述代码还可以做改进，如为第 9 行代码加上 timeout 参数，并用 try/except 语句避免程序因超时报错而终止。如果因为爬取太频繁触发了网站的反爬机制，可以休息一段时间再爬，或者用第 8 章讲解的方法在每次爬取时添加 IP 代理。

总结来说，多线程和多进程都能较好地提高爬虫任务的执行效率，读者可以根据需求选择使用多线程或多进程来完成自己的爬虫任务。

课后习题

1. 使用多线程爬取百度新闻中关于"贵州茅台"的多页新闻。

2. 使用多线程爬取百度新闻中关于"贵州茅台""五粮液""腾讯"等多家公司的多页新闻。

3. 使用多进程爬取百度新闻中关于"贵州茅台"的多页新闻。

4. 使用多进程爬取百度新闻中关于"贵州茅台""五粮液""腾讯"等多家公司的多页新闻。

第8章

IP 代理使用技巧与实战

有些网站设置了 IP 反爬措施，即对来访的 IP 地址进行监控，如果发现一个 IP 地址在短时间内访问网站的次数太多，就将该 IP 地址冻结，也就是将其所在网络列入"黑名单"。此时如果继续访问该网站的网页，会看到"您的 IP 地址访问频率太高"的提示并拒绝访问，或者要求输入验证码才可以继续访问。本章就来讲解如何通过 IP 代理应对 IP 反爬措施这只"拦路虎"。

8.1 结合 Requests 库使用 IP 代理

本节先讲解如何结合 Requests 库使用 IP 代理，在 8.3 节将讲解如何结合 Selenium 库使用 IP 代理。

8.1.1 IP 代理基础知识

IP 地址可以理解为所用网络的身份证号码。一般来说，固定网络下的 IP 地址是不变的。在百度搜索"IP 地址"，第一个搜索结果就是当前计算机的 IP 地址，如下图所示。

注意：有时搜索结果页面中显示的 IP 地址不一定准确，需要单击第一个搜索结果，在弹出的网页中才会显示真正的本机 IP 地址。

IP 代理就是 IP 地址伪装，把本机的 IP 地址伪装成其他 IP 地址。要在爬虫任务中使用 IP

代理，首先需要拥有 IP 代理地址，然后就可以通过编写代码，把自己的 IP 地址伪装成 IP 代理地址，从而躲过某些网站对于固定 IP 地址访问次数的限制。

我们可以自己找一些 IP 代理地址，但是这样做既费时又费力，并不推荐。通常建议向 IP 代理服务提供商购买 IP 代理服务，这些专业的提供商一般拥有海量的 IP 地址，称为 IP 代理池。我们购买 IP 代理服务后，所要做的就是在爬虫代码里从 IP 代理池中提取 IP 代理地址，然后应用于向网站发起访问请求。

8.1.2 IP 代理的使用

了解了 IP 代理的基本概念后，下面来学习在爬虫代码中使用 IP 代理地址的基本方法，以及如何购买 IP 代理服务并将其应用到爬虫任务中。

1. 在爬虫代码中使用 IP 代理地址的基本方法

IP 代理的使用其实非常简单。如果是用 Requests 库完成爬虫任务，那么通过如下代码就可以应用 IP 代理：

```
1  import requests
2  proxy = 'IP代理地址'
3  proxies = {'http': 'http://' + proxy, 'https': 'https://' + proxy}
4  url = 'https://httpbin.org/get'
5  res = requests.get(url, proxies=proxies).text
```

第 2 行代码中的"IP 代理地址"需要替换为要实际使用的 IP 代理地址，后面会讲解如何购买和获取 IP 代理地址。

第 3 行代码是配置 IP 代理地址的固定写法，其作用是将 IP 代理地址配置到 HTTP 和 HTTPS 协议上。

第 4 行代码是要访问的网址，这里设置为 https://httpbin.org/get，因为这个网页能显示当前所使用的 IP 地址，可以帮助我们验证 IP 代理地址是否调用成功。

第 5 行代码在访问具体网址时调用 IP 代理地址，其写法和之前设置 headers=headers、timeout=10 一样，只要在 get() 函数的括号中加入 proxies=proxies 即可。在实战中，可以把 headers 和 timeout 都加上，如下所示：

```
1  res = requests.get(url, headers=headers, timeout=10, proxies=proxies)
```

技巧：在浏览器中直接打开网址 https://httpbin.org/get，可以看到如下图所示的页面，其中 origin 对应的就是请求此页面时使用的 IP 地址。

```
←  →  C  🔒 httpbin.org/get
{
  args: { },
- headers: {
      Accept: "text/html,application/xhtml+xml,application/xml;q=0.9,image/webp,image/apng,*/*;q=0.8,application/signed-exchange;v=b3;q=0.9",
      Accept-Encoding: "gzip, deflate, br",
      Accept-Language: "zh-CN,zh;q=0.9",
      Host: "httpbin.org",
      Referer: "https://shimo.im/docs/wvQXwDytxtxWqcrH",
      Sec-Fetch-Dest: "document",
      Sec-Fetch-Mode: "navigate",
      Sec-Fetch-Site: "cross-site",
      Sec-Fetch-User: "?1",
      Upgrade-Insecure-Requests: "1",
      User-Agent: "Mozilla/5.0 (Windows NT 10.0; Win64; x64) AppleWebKit/537.36 (KHTML, like Gecko) Chrome/83.0.4103.116 Safari/537.36",
      X-Amzn-Trace-Id: "Root=1-5efbecce-a85a41118094c8b6829b4f1e"
  },
  origin: "60.247.21.10",
  url: "https://httpbin.org/get"
}
```

2. 购买 IP 代理服务并获取 API 链接

IP 代理服务提供商有很多，这里以"讯代理"为例讲解 IP 代理服务的购买和使用方法。讯代理官网地址为 http://www.xdaili.cn/，IP 代理服务购买地址为 http://www.xdaili.cn/buyproxy，页面如下图所示，可以看到讯代理提供优质代理、混拨代理、独享代理等多种服务套餐，大家可根据自己的需求灵活选择。

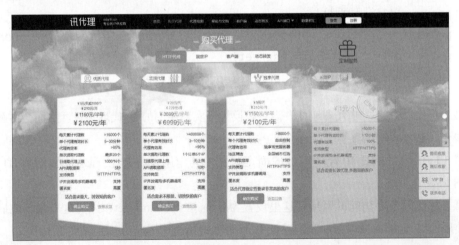

对于爬虫技术学习，购买优质代理即可。优质代理的优点是可以按量购买，如右图所示，比较适合初学者练习时使用。如果使用量非常大，可以选择按时长购买，如包日、包月或包年。

下单购买套餐后，还需要获取 API 链接，下面来讲解具体步骤。

第 1 步：如下图所示，❶登录账号后，单击右上角的头像进入个人中心；❷在左侧单击"我的订单"，在右侧可看到购买的订单；❸单击"生成 API"链接，进入生成 API 的新页面。

第 2 步：如右图所示，❶在弹出的生成 API 页面中选择刚才购买的订单；❷设置"提取数量"为 1；❸设置"数据格式"为 TXT；❹单击"生成 API 链接"按钮；❺然后单击"复制"按钮，复制 API 链接。

第 3 步：如下图所示，❶把复制的链接粘贴到浏览器的地址栏中并打开，❷可以看到已成功提取了一个 IP 代理地址。

这时 IP 代理的准备工作已经基本完成，下面就可以把 IP 代理写到爬虫代码里了。

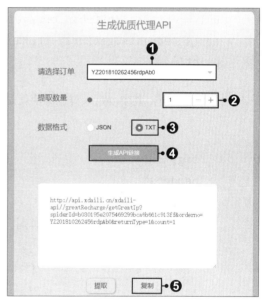

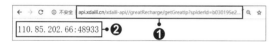

3. 在爬虫代码中应用购买的 IP 代理地址

前面在浏览器中打开获取的 API 链接，能看到一个 IP 代理地址，我们可以直接将其复制、粘贴到爬虫代码中使用，但不建议这样做。原因是每次调用 API 链接后 IP 代理地址都会变化，并且每个 IP 代理地址还有使用时间限制（通常为 30 分钟到几个小时）。实战中通常是在爬虫代码中访问 API 链接并获取网页源代码，从中提取 IP 代理地址来使用。

在浏览器中查看打开 API 链接所得网页的源代码，会发现只有两行内容，一行是 IP 代理地址，另一行是空行，如右图所示。因此，获取到网页源代码后，还要利用 strip() 函数清除其中的换行符和空格，才能得到我们需要的 IP 代理地址。代码如下：

```
1  proxy = requests.get('讯代理API链接').text
2  proxy = proxy.strip()  # 这一步很重要，因为要清除换行符等多余的字符
```

完整代码如下：

```
1  import requests
2  proxy = requests.get('讯代理API链接').text
3  proxy = proxy.strip()
4  proxies = {'http': 'http://' + proxy, 'https': 'https://' + proxy}
5  url = 'https://httpbin.org/get'
6  res = requests.get(url, proxies=proxies).text
7  print(res)
```

运行结果如下，其中 origin 对应的值就是此时使用的 IP 代理地址。

```
1   {
2     "args": {},
3     "headers": {
4       "Accept": "*/*",
5       "Accept-Encoding": "gzip, deflate",
6       "Host": "httpbin.org",
7       "User-Agent": "python-requests/2.18.4"
8     },
9     "origin": "125.109.196.87, 125.109.196.87",
10    "url": "https://httpbin.org/get"
11  }
```

注意：IP 代理地址的调用频率不要太高，两次调用的时间间隔不要短于 5 秒，否则讯代理会报错。一个有效的 IP 代理地址通常可以使用 30 分钟以上，所以不需要频繁切换 IP 代理地址。8.2.3 节会讲解如何根据需要智能切换 IP 代理地址。

至此，结合 Requests 库使用 IP 代理的知识就讲解完毕了，实际应用时只需把代码中的网址 https://httpbin.org/get 换成想访问的网址。下一节将利用 IP 代理爬取微信公众号文章。

8.2　IP 代理实战 1：用 Requests 库爬取公众号文章

搜狗微信（https://weixin.sogou.com/）是一个微信公众号的搜索引擎，如下图所示。只需在搜索框中输入关键词，单击"搜文章"按钮，即可搜索微信公众号文章。本节要用 Requests 库从搜狗微信爬取微信公众号文章。

爬取微信公众号文章时，如果爬取频率不高，如一天只爬几十次或几百次，不用 IP 代理也能完成；如果爬取频率较高，那么最好使用 IP 代理。下面会先不使用 IP 代理进行爬取，再添加 IP 代理进行爬取，最后通过搭建智能 IP 切换系统让爬取更加顺利。

8.2.1　直接用 Requests 库爬取

用 Requests 库爬取微信公众号文章的基本思路没有特别之处，主要有 4 步：❶获取网页源代码；❷解析和提取需要的数据，如标题、日期等；❸数据清洗及打印输出；❹定义函数并批量调用。

1．获取网页源代码

以爬取阿里巴巴的相关文章为例，先在搜狗微信中搜索"阿里巴巴"，将地址栏中的网址复制、粘贴到 IDE 中，会变为 https://weixin.sogou.com/weixin?type=2&query=%E9%98%BF%E9%87%8C%E5%B7%B4%E5%B7%B4&ie=utf8&s_from=input&_sug_=y&_sug_type_=&w=01019900&sut=1606&sst0=1545892567921&lkt=1%2C1545892567817%2C1545892567817。把中间由百分号、字母和数字组成的内容直接改成"阿里巴巴"，得到 https://weixin.sogou.com/

weixin?type=2&query=阿里巴巴&ie=utf8&s_from=input&_sug_=y&_sug_type_=&w=01019900&sut=1606&sst0=1545892567921&lkt=1%2C1545892567817%2C1545892567817。

之前讲过，网址中的很多参数不是必需的。将上述网址中"阿里巴巴"后的内容全部删除，仍然可以正常访问，因此，将网址简化为 https://weixin.sogou.com/weixin?type=2&query=阿里巴巴，然后用如下代码来获取网页源代码：

```
1  import requests
2  headers = {'User-Agent': 'Mozilla/5.0 (Windows NT 10.0; Win64;
   x64) AppleWebKit/537.36 (KHTML, like Gecko) Chrome/69.0.3497.100
   Safari/537.36'}
3  url = 'https://weixin.sogou.com/weixin?type=2&query=阿里巴巴'
4  res = requests.get(url, headers=headers, timeout=10).text
5  print(res)
```

运行后打印输出的结果中没有乱码，并且包含需要的数据，所以第一步就算完成了。

2．编写正则表达式提取数据

接下来需要从获取的网页源代码中提取所需数据，可以用正则表达式或 BeautifulSoup 库来完成。这里用正则表达式提取文章的标题、网址、来源、日期。

（1）标题

先用开发者工具简单观察与标题相关的网页源代码，如下图所示。

然后在 Python 打印输出的网页源代码中观察和寻找规律（可以利用快捷键【Ctrl+F】搜索标题内容来快速定位，注意不要搜索整个标题，而是搜索标题中的几个字，因为标题中可能含有类似 <em> 的 HTML 标签），如下图所示。

发现包含标题的网页源代码有如下规律：

uigs="article_title_文章序号">标题</a>

其中文章序号是我们不关心的内容，可以用 ".*?" 代替，标题是我们需要的内容，可以用 "(.*?)" 来提取。所以提取标题的正则表达式如下：

```
1    p_title = 'uigs="article_title_.*?">(.*?)</a>'
```

（2）网址

网址的提取稍微有些难度。首先要提取下图中 <a> 标签的 href 属性值。

观察 href 属性值前后的网页源代码，可以找到如下规律：

<div class="txt-box">换行<h3>换行<a target="_blank" href="网址的一部分"

这里用 ".*?" 代替换行，用 "(.*?)" 提取需要的内容，编写出正则表达式如下：

```
1    p_href = '<div class="txt-box">.*?<h3>.*?<a target="_blank" href=
     "(.*?)"'
```

这里有两点需要注意：一是因为使用了 ".*?" 来匹配换行，所以之后在 findall() 函数中需要添加 re.S 修饰符（或者用 "\n" 代替 ".*?" 来表示换行）；二是提取出的网址并不完整，是格式类似 "/link?url=×××" 的内容，还缺少网站域名 "https://weixin.sogou.com"，之后数据处理时需要加上。

　　有的读者可能会问：为什么不用如下所示的正则表达式来提取网址呢？这是因为这种写法过于简单，网页源代码中的其他网址也符合其规律，所以很容易匹配到一些不需要的内容。

```
1    p_href = '<a target="_blank" href="(.*?)"'
```

（3）来源

用相同的方法找到包含来源的网页源代码有如下规律：

uigs="article_account_账号序号">来源</a>

其中账号序号是我们不关心的内容，可以用“.*?”代替，来源是我们需要的内容，可以用“(.*?)”来提取。所以提取来源的正则表达式如下：

```
1    p_source = 'uigs="article_account_.*?">(.*?)</a>'
```

（4）日期

日期的提取也有一定难度，不感兴趣的读者可以跳过分析过程，直接使用最后的完整代码。用开发者工具能看到常规格式的日期，如“2020-5-30”，如下图所示。

　　但是在 Python 获取的网页源代码中却找不到日期“2020-5-30”，这是因为它是以时间戳“1590828682”的形式存在的，如下图所示。上图中也标出了时间戳的位置。

　　时间戳也是日期的一种表现形式。在开发者工具中看到的常规格式日期“2020-5-30”实际上是由 JavaScript 脚本用时间戳“1590828682”渲染出来的。而 Requests 库获取网页源代码时无法进行实时渲染，所以获取结果不包含常规格式日期。现在需要做的就是先提取时间戳，再把它转换为常规格式日期。

包含日期时间戳的网页源代码规律如下：

timeConvert('时间戳')

正则表达式的编写似乎也很简单：

```
1  p_date = 'timeConvert('(.*?)')'
```

但是这行代码在运行时会报错，原因有两方面：首先，单引号在 Python 中有特殊含义，这里有嵌套的两对单引号，外层单引号用于定义字符串，内层单引号需要作为普通文本对待。而现在的写法会让 Python 无法区分内外层的单引号，导致正则表达式在第 2 个单引号处中断，如下图所示，Python 无法理解后面的内容的意义，就会报错。其次，括号在正则表达式中有特殊含义，这里有嵌套的两对括号，其中外层括号需要作为普通文本对待。

正则表达式提前中断
p_date = 'timeConvert('(.*?)')'

解决办法也很简单：用 "\" 号来取消符号的特殊含义。即在需要作为普通文本对待的单引号和括号前面都加上 "\" 号，一共加 4 个 "\" 号，代码如下：

```
1  p_date = 'timeConvert\(\'(.*?)\'\)'
```

类似情况并不多见，读者做简单了解即可，以后如果在实践中遇到类似的问题，可以模仿上述方法来解决。

用正则表达式提取数据的完整代码如下：

```
1  p_title = 'uigs="article_title_.*?">(.*?)</a>'  # 标题
2  p_source = 'uigs="article_account_.*?">(.*?)</a>'  # 来源
3  p_date = 'timeConvert\(\'(.*?)\'\)'  # 日期
4  p_href = '<div class="txt-box">.*?<h3>.*?<a target="_blank" href=
   "(.*?)"'  # 网址
5  title = re.findall(p_title, res)
6  source = re.findall(p_source, res)
7  date = re.findall(p_date, res)
8  href = re.findall(p_href, res, re.S)  # 因为有换行，所以要加上re.S
```

提取出的标题还夹杂着许多无用的内容，日期还是时间戳的形式，网址也不完整，将在数据清洗环节进行处理。

3. 数据清洗和打印输出

首先清理标题中的 `<em>`、`</em>`、`<!--red_beg-->` 等无用内容，代码如下：

```
1    title[i] = re.sub('<.*?>', '', title[i])
```

接着清理标题中 "&×××;" 格式的内容，代码如下：

```
1    title[i] = re.sub('&.*?;', '', title[i])
```

如果还有其他格式的无用内容，同样可以用 sub() 函数进行清理。

将时间戳转换成常规格式的日期，代码如下：

```
1    import time
2    timestamp = int(date[i])
3    timeArray = time.localtime(timestamp)
4    date[i] = time.strftime('%Y-%m-%d', timeArray)
```

第 1 行代码导入 time 库，用于将时间戳转换为常规格式的日期。用正则表达式提取的时间戳是字符串，所以在第 2 行代码用 int() 函数将其转换为数字。第 3 行代码将时间戳转换成常规日期。第 4 行代码指定日期格式为 "年-月-日"，其中 "月" 和 "日" 为两位数格式。

为网址拼接网站的域名 "https://weixin.sogou.com"，代码如下：

```
1    href[i] = 'https://weixin.sogou.com' + href[i]
```

数据清洗和打印输出的完整代码如下：

```
1    for i in range(len(title)):
2        title[i] = re.sub('<.*?>', '', title[i])
3        title[i] = re.sub('&.*?;', '', title[i])
4        timestamp = int(date[i])
5        timeArray = time.localtime(timestamp)
6        date[i] = time.strftime('%Y-%m-%d', timeArray)
7        href[i] = 'https://weixin.sogou.com' + href[i]
8        print(str(i + 1) + '.' + title[i] + ' + ' + source[i] + ' + '
         + date[i])
```

```
9    print(href[i])
```

输出结果如下图所示。

此时的完整代码如下：

```
1    import requests
2    import re
3    import time
4    headers = {'User-Agent': 'Mozilla/5.0 (Windows NT 10.0; Win64;
     x64) AppleWebKit/537.36 (KHTML, like Gecko) Chrome/69.0.3497.100
     Safari/537.36'}
5
6    # 1. 获取网页源代码
7    url = 'https://weixin.sogou.com/weixin?type=2&query=阿里巴巴'
8    res = requests.get(url, headers=headers, timeout=10).text
9    print(res)
10
11   # 2. 编写正则表达式提取数据
12   p_title = 'uigs="article_title_.*?">(.*?)</a>'  # 标题
13   p_source = 'uigs="article_account_.*?">(.*?)</a>'  # 来源
14   p_date = 'timeConvert\(\'(.*?)\'\)'  # 日期
15   p_href = '<div class="txt-box">\n<h3>\n<a target="_blank" href=
     "(.*?)"'  # 网址
16   title = re.findall(p_title, res)
17   source = re.findall(p_source, res)
18   date = re.findall(p_date, res)
19   href = re.findall(p_href, res, re.S)  # 因为有换行，所以要加上re.S
20
```

```
21    # 3. 数据清洗和打印输出
22    for i in range(len(title)):
23        title[i] = re.sub('<.*?>', '', title[i])
24        title[i] = re.sub('&.*?;', '', title[i])
25        timestamp = int(date[i])
26        timeArray = time.localtime(timestamp)
27        date[i] = time.strftime('%Y-%m-%d', timeArray)
28        href[i] = 'https://weixin.sogou.com' + href[i]
29        print(str(i + 1) + '.' + title[i] + ' ' + ' ' + source[i] + ' ' + ' '
          + date[i])
30        print(href[i])
```

4. 定义和调用函数

接下来可以定义和调用函数了。只要把网址中的"阿里巴巴"换成其他公司的名称，就可以爬取关于不同公司的公众号文章信息。

定义函数的核心代码如下：

```
1    def weixin(company):
2        url = 'https://weixin.sogou.com/weixin?type=2&query=' + company
```

再添加 try/except 异常处理语句（如果爬取不到内容，可以删除异常处理语句，通过报错信息来分析原因），爬取微信公众号文章的完整代码如下：

```
1    import requests
2    import re
3    import time
4    headers = {'User-Agent': 'Mozilla/5.0 (Windows NT 10.0; Win64;
     x64) AppleWebKit/537.36 (KHTML, like Gecko) Chrome/69.0.3497.100
     Safari/537.36'}
5
6    def weixin(company):
7        # 1. 获取网页源代码
8        url = 'https://weixin.sogou.com/weixin?type=2&query=' + company
```

```
 9        res = requests.get(url, headers=headers, timeout=10).text
10        # print(res)
11
12        # 2. 编写正则表达式提取数据
13        p_title = 'uigs="article_title_.*?">(.*?)</a>'  # 标题
14        p_source = 'uigs="article_account_.*?">(.*?)</a>'  # 来源
15        p_date = 'timeConvert\(\'(.*?)\'\)'  # 日期
16        p_href = '<div class="txt-box">.*?<h3>.*?<a target="_blank"
          href="(.*?)"'  # 网址
17        title = re.findall(p_title, res)
18        source = re.findall(p_source, res)
19        date = re.findall(p_date, res)
20        href = re.findall(p_href, res, re.S)
21
22        # 3. 数据清洗和打印输出
23        for i in range(len(title)):
24            title[i] = re.sub('<.*?>', '', title[i])
25            title[i] = re.sub('&.*?;', '', title[i])
26            timestamp = int(date[i])
27            timeArray = time.localtime(timestamp)
28            date[i] = time.strftime('%Y-%m-%d', timeArray)
29            href[i] = 'https://weixin.sogou.com' + href[i]
30            print(str(i + 1) + '.' + title[i] + ' ' + ' ' + source[i] + ' ' + '
              ' + date[i])
31            print(href[i])
32
33    # 4. 批量调用函数
34    companies = ['华能信托', '阿里巴巴', '万科集团']
35    for i in companies:
36        try:
37            weixin(i)
38            print(i + ': 该公司微信公众号文章爬取成功')
39            time.sleep(3)  # 每爬完一个网页休息3秒，降低触发IP反爬的概率
```

```
40        except:
41            print(i + ': 该公司微信公众号文章爬取失败')
```

至此就完成了用常规手段爬取微信公众号文章的代码编写，下一节将在此基础上添加 IP 代理，让爬虫任务不会因为爬取过于频繁而中断。

8.2.2 添加 IP 代理进行爬取

当爬取微信公众号文章的操作太过频繁时，如进行 24 小时不间断爬取，那么即使设置每 3 小时爬取一次，如果爬取的公司很多，依然容易导致 IP 地址被冻结，如下图所示。此时可以借助 IP 代理来保障爬虫任务的顺利进行。

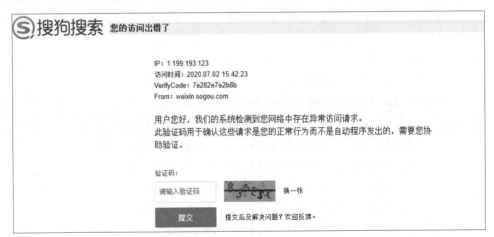

最简单的方法就是在批量调用 weixin() 函数的代码前添加下面几行代码：

```
1   proxy = requests.get('讯代理API链接').text
2   proxy = proxy.strip()
3   proxies = {'http': 'http://' + proxy, 'https': 'https://' + proxy}
```

添加后的代码如下：

```
1   proxy = requests.get('讯代理API链接').text
2   proxy = proxy.strip()
3   print('提取IP为：' + proxy)
4   proxies = {'http': 'http://' + proxy, 'https': 'https://' + proxy}
```

```
5
6    companies = ['华能信托', '阿里巴巴', '万科集团']
7    for i in companies:
8        try:
9            weixin(i)
10           print(i + ': 该公司微信公众号文章爬取成功')
11       except:
12           print(i + ': 该公司微信公众号文章爬取失败')
```

然后在 weixin() 函数中访问网址的 get() 函数中添加 proxies=proxies，代码如下：

```
1    res = requests.get(url, headers=headers, timeout=10, proxies=prox-
     ies).text
```

这样就可以使用 IP 代理地址访问搜狗微信网站了。运行结果如右图所示。

如果通过 IP 代理地址不能成功获取到网页源代码，可能的原因是 IP 代理池里的 IP 代理地址质量参差不齐，有的 IP 代理地址已

被搜狗微信列入黑名单。此时可以重新运行代码，提取一个新的 IP 代理地址（提取频率不要过高，至少间隔 5 秒），或者利用下一节要讲解的智能 IP 切换系统。

本节的完整代码如下：

```
1    import requests
2    import re
3    import time
4    headers = {'User-Agent': 'Mozilla/5.0 (Windows NT 10.0; Win64;
     x64) AppleWebKit/537.36 (KHTML, like Gecko) Chrome/69.0.3497.100
     Safari/537.36'}
5
6    def weixin(company):
7        url = 'https://weixin.sogou.com/weixin?type=2&query=' + company
8        res = requests.get(url, headers=headers, timeout=10, proxies=
         proxies).text
```

```python
9        # print(res)
10
11       p_title = 'uigs="article_title_.*?">(.*?)</a>'
12       p_source = 'uigs="article_account_.*?">(.*?)</a>'
13       p_date = 'timeConvert\(\'(.*?)\'\)'
14       p_href = '<div class="txt-box">.*?<h3>.*?<a target="_blank"
         href="(.*?)"'   # 网址
15       title = re.findall(p_title, res)
16       source = re.findall(p_source, res)
17       date = re.findall(p_date, res)
18       href = re.findall(p_href, res, re.S)
19
20       for i in range(len(title)):
21           title[i] = re.sub('<.*?>', '', title[i])
22           title[i] = re.sub('&.*?;', '', title[i])
23           timestamp = int(date[i])
24           timeArray = time.localtime(timestamp)
25           date[i] = time.strftime('%Y-%m-%d', timeArray)
26           href[i] = 'https://weixin.sogou.com' + href[i]
27           print(str(i + 1) + '.' + title[i] + ' ' + ' ' + source[i] + ' ' + '
             + date[i])
28           print(href[i])
29
30   proxy = requests.get('讯代理API链接').text
31   proxy = proxy.strip()
32   print('提取IP为：' + proxy)
33   proxies = {'http': 'http://' + proxy, 'https': 'https://' + proxy}
34
35   companies = ['华能信托', '阿里巴巴', '万科集团']
36   for i in companies:
37       try:
38           weixin(i)
39           print(i + '：该公司微信公众号文章爬取成功')
```

```
40        except:
41            print(i + ': 该公司微信公众号文章爬取失败')
```

8.2.3　添加智能 IP 切换系统

上一节使用 IP 代理的方式是每运行一次代码就重新获取一次 IP 代理地址，这样会产生两个问题：第一，一个有效的 IP 代理地址通常可以使用 30 分钟以上，过于频繁地重新获取 IP 代理地址会导致 IP 资源的浪费；第二，每次运行只在开头获取 IP 代理地址，如果获取的是无效地址，会导致本次运行中的所有爬取操作都失败。本节就来搭建一个智能 IP 切换系统，它会自动判断 IP 代理地址是否有效，如果有效就一直使用，如果失效则智能切换新的有效地址。

在本案例中，当使用的 IP 代理地址触发了搜狗微信的反爬机制，就认为该地址失效，需要切换。搜狗微信的反爬机制被触发后会显示一个要求用户输入验证码的页面，其网页源代码中含有"请输入图中的验证码"的文本，如下图所示。因此，我们可以通过判断获取的网页源代码中是否含有"验证码"三个字来确定是否触发了反爬机制。

```
<script>imgRequestTime=new Date();</script>
<a onclick="changeImg2();" href="javascript:void(0)">
    <img id="seccodeImage" onload="setImgCode(1)" onerror="setImgCode(0)" src="util/seccode
.php?tc=1560084323" width="100" height="40" alt="请输入图中的验证码" title="请输入图中的验证码">
</a>
</span>
```

具体而言，微信公众号文章爬取的智能 IP 切换系统搭建主要要完成 4 项工作：

❶处理验证码页的乱码；

❷将网页源代码设置为 weixin() 函数的返回值，用于判断是否触发反爬机制；

❸编写获取 IP 代理地址的函数，以方便重复调用；

❹合理地构造循环，实现智能 IP 切换。

1．验证码页乱码的处理

直接使用 Requests 库获取搜狗微信验证码页的网页源代码，会出现乱码，如下图所示。

```
<p class="p5">
    <a href="javascript:void(0);" id="submit">æ¢å!</a>
    <span>æ¢åå æ²¡è£å³å³é-é¶é¶Ï¼Ya-¢è¡<a href="http://fankui.help.sogou.com/index
.php/web/web/index?type=10&anti_time=1622105732&domain=weixin.sogou.com&verifycode=d198dcb9f5d2" target="_blank">å é¦</a>ã</span>
</p>
</div>
<div id="ft"><a href="http://fuwu.sogou.com/" target="_blank">åå ä¸ã ˜åᵍ</a><a href="http://corp.sogou.com/"
target="_blank">åä³âæ æ œçï-</a><a href="/docs/terms.htm?v=1" target="_blank">åé£åfæ˜</a><a href="http://fankui.help.sogou
.com/index.php/web/web/index?type=10&anti_time=1622105732&domain=weixin.sogou.com" target="_blank">æ,è§ åé</a><br> &copy;
 2021<span id="footer-year"></span> Sogou Inc. <a href="http://www.miibeian.gov.cn" target="_blank"
class="g">äᵍ-ICPâ 050897å</a> - äᵍ-å …ç¡å°å‰å½1100<span class="ba">00000025å</span></div>
<script src="static/js/index.min.js?v=0.1.7"></script>
```

因此，需要在获取网页源代码后处理中文乱码。根据 5.1.3 节的知识，要添加的代码如下：

```
res = requests.get(url, headers=headers, timeout=10, proxies=proxies)
.text
try:
    res = res.encode('ISO-8859-1').decode('utf-8')
except:
    try:
        res = res.encode('ISO-8859-1').decode('gbk')
    except:
        res = res
print(res)    # 如果IP代理地址无效且没有做上面的乱码处理，就能在打印输出
的内容中看到乱码
```

2．weixin() 函数返回值设置

先简单复习一下函数返回值的相关知识，演示代码如下：

```
def y(x):
    return x + 1

a = y(1)
if a > 2:
    print('a大于2')
else:
    print('a小于等于2')
```

用 return 语句能够把函数的运行结果保存下来，也称为获取函数的返回值。上述第 4 行代码在调用函数后将函数的返回值（即 1＋1＝2）赋给变量 a，再将 a 用于之后的计算或逻辑判断。运行结果如下：

```
a小于等于2
```

本案例需要依据获取的网页源代码判断是否触发了反爬机制，所以需要在 weixin() 函数的功能代码最后添加 return 语句，将获取的网页源代码设置为函数的返回值。具体如下：

```
1   def weixin(company):
2       ...........
3       # 3. 数据清洗和打印输出
4       for i in range(len(title)):
5           ...........
6           print(href[i])
7
8   return res   # 将获取的网页源代码设置为函数的返回值
9   ...........
```

weixin() 函数的返回值还要用于之后的操作（查看 res 中是否含有"验证码"三个字），因此，通过如下代码调用函数并获取函数的返回值：

```
1   res = weixin(i)
```

3．编写获取 IP 代理地址的函数

利用函数返回值的知识，我们可以将获取 IP 代理地址的代码编写成一个函数，以方便重复调用，代码如下：

```
1   def changeip():
2       proxy = requests.get('讯代理API链接').text
3       proxy = proxy.strip()
4       print('提取IP为： ' + proxy)
5       proxies = {'http': 'http://' + proxy, 'https': 'https://' + proxy}
6       time.sleep(5)
7       return proxies
```

从讯代理提取 IP 代理地址的频率上限为每 5 秒 1 次，如果提取得太快，会提取失败，如下图所示。因此用第 6 行代码在提取一个 IP 代理地址后休息 5 秒，防止提取过快。

```
↑     提取IP为: 113.121.241.133:31561
↓     原代理IP失效，开始切换IP
⇄     提取IP为: {"ERRORCODE":"10055","RESULT":"提取太频繁，请按规定频率提取！"}
```

第 7 行代码为函数设置了返回值，之后就可以通过如下代码来获取 IP 代理地址了：

```
1    proxies = changeip()
```

4．构造循环，实现智能 IP 切换

先来讲解 while 循环语句的一个新知识点——while else 语句。与 if else 语句类似，while else 语句也可用于做条件判断，区别在于如果 while 后的条件一直成立，则会一直执行 while 下方的代码，而 if else 语句在 if 后的条件成立时只会执行一次 if 下方的代码。while else 语句的演示代码如下：

```
1    i = 0
2    while i < 3:
3        print('i小于3')
4        i = i + 1
5    else:
6        print('i大于等于3')
```

上述代码的意思是先判断 i 是否小于 3，如果小于 3 则执行 while 下方的代码，如果 i 不再小于 3，则执行 else 下方的代码。运行结果如下：

```
1    i小于3
2    i小于3
3    i小于3
4    i大于等于3
```

利用 while else 语句构造循环，就能实现智能 IP 切换，核心代码如下：

```
1    res = weixin(i)
2    while '验证码' in res:  # 判断网页源代码中是否存在“验证码”三个字
3        print('原IP代理地址失效，开始切换IP代理地址')
4        proxies = changeip()
5        res = weixin(i)
6    else:
7        print(i + ': 该公司微信公众号文章爬取成功')
```

智能 IP 切换系统的完整代码如下：

```
1   proxies = changeip()  # 获取一个IP代理地址
2
3   companies = ['华能信托', '阿里巴巴', '万科集团']
4   for i in companies:
5       try:
6           res = weixin(i)
7           while '验证码' in res:
8               print('原IP代理地址失效，开始切换IP代理地址')
9               proxies = changeip()
10              res = weixin(i)
11          else:
12              print(i + ': 该公司微信公众号文章爬取成功')
13      except:
14          print(i + ': 该公司微信公众号文章爬取失败')
```

第 1 行代码调用 changeip() 函数获取一个 IP 代理地址并赋给变量 proxies，这样第 6 行代码调用 weixin() 函数时才不会报错，因为在 weixin() 函数中访问网址时为 get() 函数设置了 proxies 参数。运行结果如下图所示。

```
提取IP为: 116.239.107.90:40172
原代理IP失效，开始切换IP
提取IP为: 115.221.127.12:45468
1.华能信托2019年先进集体及个人 + 华能梦青春行 + 2020-02-12
```

讯代理提供的 IP 代理地址是公共 IP 地址，失效的可能性较大，使用上述智能 IP 切换系统则能较好地保证爬虫代码的正常运行。不过笔者还是推荐以使用自己的 IP 地址为主，并控制好访问频率，例如，每爬完一页后用 time.sleep(3) 休息 3 秒。

整个项目的完整代码如下：

```
1   import requests
2   import re
3   import time
4   headers = {'User-Agent': 'Mozilla/5.0 (Windows NT 10.0; Win64;
    x64) AppleWebKit/537.36 (KHTML, like Gecko) Chrome/69.0.3497.100
```

```
     Safari/537.36'}

5

6    def weixin(company):
7        # 1. 获取网页源代码
8        url = 'https://weixin.sogou.com/weixin?type=2&query=' + company
9        # url = 'https://httpbin.org/get'  # 用于查看IP代理地址是否应用成功
10       res = requests.get(url, headers=headers, timeout=10, proxies=
         proxies).text
11       try:
12           res = res.encode('ISO-8859-1').decode('utf-8')
13       except:
14           try:
15               res = res.encode('ISO-8859-1').decode('gbk')
16           except:
17               res = res
18       # print(res)
19

20       # 2. 编写正则表达式提取数据
21       p_title = 'uigs="article_title_.*?">(.*?)</a>'  # 标题
22       p_source = 'uigs="article_account_.*?">(.*?)</a>'  # 来源
23       p_date = 'timeConvert\(\'(.*?)\'\)'  # 日期
24       p_href = '<div class="txt-box">.*?<h3>.*?<a target="_blank"
         href="(.*?)"'  # 网址
25       title = re.findall(p_title, res)
26       source = re.findall(p_source, res)
27       date = re.findall(p_date, res)
28       href = re.findall(p_href, res, re.S)
29

30       # 3. 数据清洗和打印输出
31       for i in range(len(title)):
32           title[i] = re.sub('<.*?>', '', title[i])
33           title[i] = re.sub('&.*?;', '', title[i])
34           timestamp = int(date[i])
```

```
35          timeArray = time.localtime(timestamp)
36          date[i] = time.strftime('%Y-%m-%d', timeArray)
37          href[i] = 'https://weixin.sogou.com' + href[i]
38          print(str(i + 1) + '.' + title[i] + ' ' + ' ' + source[i] + ' ' + '
            + date[i])
39          print(href[i])
40
41      return res  # 将获取的网页源代码设置为函数的返回值
42
43  def changeip():
44      proxy = requests.get('讯代理API链接').text
45      proxy = proxy.strip()
46      print('提取IP为: ' + proxy)
47      proxies = {'http': 'http://' + proxy, 'https': 'https://' + proxy}
48      time.sleep(5)
49      return proxies
50
51  proxies = changeip()
52
53  # 下面开始进行智能IP切换
54  companies = ['华能信托', '阿里巴巴', '万科集团']
55  for i in companies:
56      try:
57          res = weixin(i)
58          while '验证码' in res:
59              print('原IP代理地址失效，开始切换IP代理地址')
60              proxies = changeip()
61              res = weixin(i)
62          else:
63              print(i + ': 该公司微信公众号文章爬取成功')
64      except:
65          print(i + ': 该公司微信公众号文章爬取失败')
```

8.3 结合 Selenium 库使用 IP 代理

前面是结合 Requests 库使用 IP 代理，但有时仅用 Requests 库难以爬取需要的内容（如动态渲染的页面、网址不明确的页面等），此时就需要借助 Selenium 库完成爬取。如果该网站有 IP 反爬机制，则还要同时使用 IP 代理。

在使用 Selenium 库时，可以通过如下代码为模拟浏览器设置 IP 代理：

```
1  from selenium import webdriver
2  proxy = 'IP代理地址'
3
4  # 为模拟浏览器设置IP代理
5  chrome_options = webdriver.ChromeOptions()
6  chrome_options.add_argument('--proxy-server=' + proxy)  # 核心代码
7  browser = webdriver.Chrome(options=chrome_options)
```

下面为模拟浏览器设置讯代理的 IP 代理地址，并用 https://httpbin.org/get 测试 IP 代理地址是否设置成功，代码如下：

```
1  from selenium import webdriver
2  import requests
3
4  # 从讯代理获取IP代理地址
5  proxy = requests.get('讯代理API链接').text
6  proxy = proxy.strip()
7
8  # 为模拟浏览器设置IP代理
9  chrome_options = webdriver.ChromeOptions()
10 chrome_options.add_argument('--proxy-server=' + proxy)
11 browser = webdriver.Chrome(options=chrome_options)
12
13 # 用https://httpbin.org/get进行测试
14 url = 'https://httpbin.org/get'
15 browser.get(url)
16 data = browser.page_source
```

```
17    print(data)
```

运行代码后，在模拟浏览器中的网页和 Python 的打印输出结果中都能看到访问网页时使用的 IP 地址，下图所示为 Python 打印输出结果中的 IP 地址。如果该 IP 地址与本机实际的 IP 地址不同，则说明 IP 代理地址设置成功。重新运行上述代码，该 IP 地址也会相应变化。

```
<html><head></head><body><pre style="word-wrap: break-word; white-space: pre-wrap;">{
  "args": {},
  "headers": {
    "Accept": "text/html,application/xhtml+xml,application/xml;q=0.9,image/avif,image/webp,image/apng,*/*;q=0.8,application/signed-exchange;
    "Accept-Encoding": "gzip, deflate, br",
    "Accept-Language": "zh-CN,zh;q=0.9",
    "Host": "httpbin.org",
    "Sec-Fetch-Dest": "document",
    "Sec-Fetch-Mode": "navigate",
    "Sec-Fetch-Site": "none",
    "Sec-Fetch-User": "?1",
    "Upgrade-Insecure-Requests": "1",
    "User-Agent": "Mozilla/5.0 (Windows NT 10.0; Win64; x64) AppleWebKit/537.36 (KHTML, like Gecko) Chrome/90.0.4430.30 Safari/537.36",
    "X-Amzn-Trace-Id": "Root=1-60766a3b-49f8ef2f63c458b73ede6a0a"
  },
  "origin": "171.15.51.69",
  "url": "https://httpbin.org/get"
}
</pre></body></html>
```

8.4　IP 代理实战 2：用 Selenium 库爬取公众号文章

了解了如何结合 Selenium 库使用 IP 代理后，下面同样以从搜狗微信爬取微信公众号文章为例进行实战演练。和 8.2 节类似，先不使用 IP 代理进行爬取，再添加 IP 代理进行爬取，最后通过搭建智能 IP 切换系统让爬取更加顺利。

8.4.1　直接用 Selenium 库爬取

爬取微信公众号文章，用 Selenium 库和用 Requests 库仅在获取网页源代码的步骤上不同，之后的数据提取、数据清洗、定义函数等操作基本相同。

获取网页源代码的代码如下：

```
1    from selenium import webdriver
2    browser = webdriver.Chrome()
3    url = 'https://weixin.sogou.com/weixin?type=2&query=阿里巴巴'
4    browser.get(url)
5    data = browser.page_source
```

使用 Selenium 库的第一个好处是其获取的内容和用开发者工具看到的内容基本一致，所以不用担心网页源代码乱码问题。第二个好处是用 Selenium 库可以爬取用 Requests 库爬取不到的内容，例如，在 8.2.1 节中常规格式的日期是通过转换时间戳获得的，而用 Selenium 库获取的网页源代码直接包含常规格式的日期，如下图所示。不过我们希望日期的格式还要再规范一些（2020-4-14 不如 2020-04-14 规范），所以在之后的处理中，还是先获取时间戳，再转换为常规格式的日期。

之后的代码基本和 8.2.1 节的代码一致。唯一的区别是 8.2.1 节用 res 表示获取的网页源代码，而这里用 data 表示获取的网页源代码，所以正则表达式中需要做相应的修改。完整代码如下：

```
# 1. 获取网页源代码
from selenium import webdriver
import re
import time
browser = webdriver.Chrome()
url = 'https://weixin.sogou.com/weixin?type=2&query=阿里巴巴'
browser.get(url)
data = browser.page_source
print(data)

# 2. 编写正则表达式提取数据
p_title = 'uigs="article_title_.*?">(.*?)</a>'  # 标题
p_source = 'uigs="article_account_.*?">(.*?)</a>'  # 来源
p_date = 'timeConvert\(\'(.*?)\'\)'  # 日期
p_href = '<div class="txt-box">.*?<h3>.*?<a target="_blank" href="(.*?)"'  # 网址
title = re.findall(p_title, data)
source = re.findall(p_source, data)
date = re.findall(p_date, data)
```

```
19    href = re.findall(p_href, data, re.S)
20
21    # 3. 数据清洗和打印输出
22    for i in range(len(title)):
23        title[i] = re.sub('<.*?>', '', title[i])
24        title[i] = re.sub('&.*?;', '', title[i])
25        timestamp = int(date[i])
26        timeArray = time.localtime(timestamp)
27        date[i] = time.strftime('%Y-%m-%d', timeArray)
28        href[i] = 'https://weixin.sogou.com' + href[i]
29        print(str(i + 1) + '.' + title[i] + ' ' + ' ' + source[i] + ' ' + '
          ' + date[i])
30        print(href[i])
```

此外，如果认为代码已经调试得很完善了，还可以启用无界面浏览器模式，将 browser = webdriver.Chrome() 替换为如下代码：

```
1    chrome_options = webdriver.ChromeOptions()
2    chrome_options.add_argument('--headless')
3    browser = webdriver.Chrome(options=chrome_options)
```

8.4.2　添加 IP 代理进行爬取

用 Selenium 库爬取微信公众号文章同样需要解决 IP 反爬机制的问题。本节就在 Selenium 库的爬取过程中添加 IP 代理，需要修改的内容不多，这里仅展示修改的部分，完整代码请参考本书的配套代码文件。

根据 8.3 节讲解的知识，修改的部分如下：

```
1    from selenium import webdriver
2    import requests
3
4    # 从讯代理获取IP代理地址
5    proxy = requests.get('讯代理API链接').text
```

```
6    proxy = proxy.strip()
7
8    # 为模拟浏览器设置IP代理
9    chrome_options = webdriver.ChromeOptions()
10   chrome_options.add_argument('--proxy-server=' + proxy)
11   browser = webdriver.Chrome(options=chrome_options)
12   url = 'https://weixin.sogou.com/weixin?type=2&query=阿里巴巴'
13   browser.get(url)
14   data = browser.page_source
```

8.4.3　添加智能 IP 切换系统

和 8.2.3 节一样，我们也可以在使用 Selenium 库爬取时实现智能 IP 切换，具体的思路参考 8.2.3 节，这里直接展示代码，并讲解哪些地方需要调整。完整代码如下：

```
1    from selenium import webdriver
2    import re
3    import time
4    import requests
5
6    def weixin(company):
7        # 1. 使用IP代理获取网页源代码
8        chrome_options = webdriver.ChromeOptions()
9        chrome_options.add_argument('--proxy-server=' + proxy)
10       browser = webdriver.Chrome(options=chrome_options)
11       url = 'https://weixin.sogou.com/weixin?type=2&query=' + company
12       browser.get(url)
13       data = browser.page_source
14       # print(data)
15
16       # 2. 编写正则表达式提取数据
17       p_title = 'uigs="article_title_.*?">(.*?)</a>'    # 标题
18       p_source = 'uigs="article_account_.*?">(.*?)</a>'  # 来源
```

```
19      p_date = 'timeConvert\(\'(.*?)\'\)'  # 日期
20      p_href = '<div class="txt-box">.*?<h3>.*?<a target="_blank"
        href="(.*?)"'  # 网址
21      title = re.findall(p_title, data)
22      source = re.findall(p_source, data)
23      date = re.findall(p_date, data)
24      href = re.findall(p_href, data, re.S)
25
26      # 3. 数据清洗和打印输出
27      for i in range(len(title)):
28          title[i] = re.sub('<.*?>', '', title[i])
29          title[i] = re.sub('&.*?;', '', title[i])
30          timestamp = int(date[i])
31          timeArray = time.localtime(timestamp)
32          date[i] = time.strftime('%Y-%m-%d', timeArray)
33          href[i] = 'https://weixin.sogou.com' + href[i]
34          print(str(i + 1) + '.' + title[i] + ' ' + ' ' + source[i] + ' ' + ' '
             + date[i])
35          print(href[i])
36
37      return data
38
39  def changeip():
40      proxy = requests.get('讯代理API链接').text
41      proxy = proxy.strip()
42      print('提取IP为: ' + proxy)
43      return proxy
44
45  proxy = changeip()  # 获取一个IP代理地址
46
47  # 下面开始进行智能IP切换
48  companies = ['华能信托', '阿里巴巴', '万科集团']
49  for i in companies:
```

```
50      try:
51          data = weixin(i)
52          while '验证码' in data:  # 判断是否为验证码页
53              browser.quit()  # 如果是验证码页，关闭模拟浏览器
54              print('原IP代理地址失效，开始切换IP代理地址')
55              proxies = changeip()
56              data = weixin(i)
57          else:
58              print(i + ': 该公司微信公众号文章爬取成功')
59      except:
60          print(i + ': 该公司微信公众号文章爬取失败')
61  browser.quit()  # 关闭模拟浏览器
```

与 8.2.3 节的区别主要有以下 4 个方面：

❶第 7～14 行代码使用 8.3 节讲解的方法通过 IP 代理获取网页源代码，此外这里的网页源代码都用 data 来表示；

❷第 39～43 行代码定义的 changeip() 函数和 8.2.3 节定义的 changeip() 函数稍有不同，因为为模拟浏览器设置 IP 代理只需要 proxy（8.2.3 节还需要设置 proxies），所以最后用 return 语句设置返回值为 proxy；

❸第 53 行代码用 browser.quit() 关闭模拟浏览器，是因为此时已经触发 IP 反爬机制，需要关闭模拟浏览器来重新设置 IP 代理；

❹第 61 行代码是在所有爬取操作执行完毕后关闭模拟浏览器。

至此，便实现了用 Selenium 库 + 智能 IP 切换系统爬取微信公众号文章。

总体来说，对于设置了 IP 反爬的网站，无论是使用 Requests 库（速度快，但有时可能获取不到网页源代码），还是使用 Selenium 库（速度稍慢，但通常能获取到网页源代码），都可以利用 IP 代理（尤其是智能 IP 切换系统）来破解 IP 反爬。此外，对于像搜狗微信这种触发 IP 反爬机制后出现验证码页的情况，还可以通过验证码识别来解决，相关内容将在《零基础学 Python 网络爬虫案例实战全流程详解（高级进阶篇）》讲解。

──────────── 课后习题 ────────────

1. 已知搜狗资讯有 IP 反爬机制，试通过智能 IP 切换系统从搜狗资讯批量爬取 "阿里巴巴"

　　的相关新闻数据，网址为 https://news.sogou.com/news?query=阿里巴巴。

2. 用 Requests 库从搜狗微信爬取多页微信公众号文章的标题、日期与来源。（提示：观察
　　网址中 page 参数的变化）

3. 用 Selenium 库从搜狗微信爬取多页微信公众号文章的标题、日期与来源。（提示：用
　　Selenium 库模拟单击翻页按钮）

4. 在习题 2 和习题 3 的基础上实现 24 小时不间断爬取，每隔 1 小时爬取 1 次。（提示：结
　　合应用 while True 和 time.sleep(3600)）

5. 从搜狗微信爬取与"阿里巴巴"相关的前 10 篇微信公众号文章的正文，并导出为文本文
　　件。（提示：利用获取的网址列表 href）

后记 | POSTSCRIPT

　　至此，《零基础学 Python 网络爬虫案例实战全流程详解（入门与提高篇）》的内容就结束了，希望大家通过学习本书，可以快速上手并熟练应用 Python 编写网络爬虫程序。

　　如果读者想要进一步提升自己的爬虫应用技术水平，可以阅读《零基础学 Python 网络爬虫案例实战全流程详解（高级进阶篇）》。这本书的主要内容为 Cookie 模拟登录、验证码反爬的应对、Ajax 动态请求破解、手机 App 内容爬取、Scrapy 爬虫框架、爬虫云服务器部署等，请大家根据自己的编程能力水平选择学习。

推荐阅读

超简单：用 Python
让 Excel 飞起来

Power BI 智能数据分析
与可视化从入门到精通

Excel VBA 应用
与技巧大全

深度学习：算法入门
与 Keras 编程实践